반도체공학도를 위한

전자회로실험

김정규·박기철 공저

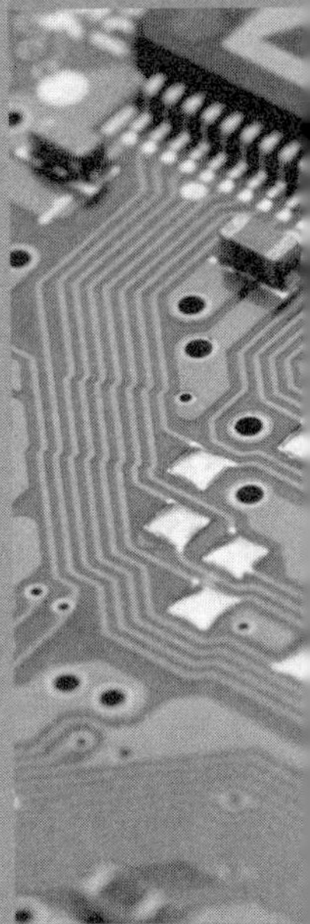

문운당

머리말

본 교재는 반도체공학에 관심이 있는 전기·전자공학 관련학과의 기초전자회로 실험을 위한 것으로 가급적 다이오드, 트랜지스터, JFET, MOSFET의 동작 특성과 관련하여 반도체의 물성과 소자의 구조가 각 소자의 동작에 미치는 영향을 설명하려 노력하였다.

본 교재는 Basic Electronics A Text-Lab Manual by Zbar, Malvino and Miller를 많이 참조하였고 물성 및 소자의 구조와 특성을 연관하기 위하여 물리전자 교재의 내용을 많이 인용하였다.

1장에서 15장까지는 전자회로 실험을 위한 기초지식, 다이오드, 트랜지스터, JFET, MOSFET의 동작과 간단한 응용회로에 대한 실험이고 16장부터 29장까지는 차동증폭기, 연산증폭기 특성 및 연산증폭기를 이용한 회로와 전압조정기, 발진기회로에 대한 것이다.

마지막 단원은 Multisim 사용에 대한 설명으로 회로 설계와 동작 검증을 위한 것이다. 회로 설계 과정을 통하여 이미 실험한 회로와 같은 정도의 난이도를 갖는 간단한 회로를 직접 설계해 봄으로써 설계 도구의 사용을 익히고 회로의 동작을 확인하기 위한 입출력관계, 설계 시 고려해야 할 원가계산, 팀웍, 발표능력 등에 대하여 공부할 수 있는 기회가 되리라 생각된다.

교재를 처음 만들어보는 과정이라 오타나 내용의 부실함이 많이 있으리라 생각되며 독자 여러분의 혜량과 질타를 바랍니다.

2021. 10.
저자

차 례

실험 1

전자회로실험의 기초지식

실험목표

1. 전자회로실험에 사용되는 용어의 이해
2. 전자회로실험 해석에 필요한 법칙의 이해
3. 전자회로실험에 사용되는 장비의 설명

1. 전자회로실험에 사용되는 용어

- Passive Device(수동소자) : R(Resistor, 저항), L(Inductor, 인덕터), C(Capacitor, 커패시터)
- Active Device(능동소자) : 다이오드(Diode), 트랜지스터(Transistor), JFET(Junction Field Effect Transistor), 연산증폭기(OP Amp) 등
- Shunt 연결 : 병렬연결
- Serial 연결 : 직렬연결
- Bypass Capacitor(바이패스 커패시터) : 일반적으로 저항과 병렬 연결되어 저항 양단의 교류신호는 단락시키고 직류신호는 저항에 걸리게 사용되는 커패시터로 오디오 신호 실험에서는 수십 μF을 사용한다. 커패시터가 바이패스역할을 충실히 하려면 커패시터의 임피던스가 최소한 병렬 연결되는 저항값의 1/10 보다 작아야 한다.
- Coupling Capacitor(커플링 커패시터) : 교류신호는 통과시키고 직류전압은 차단하는 역할을 하는 커패시터로 오디오 신호 실험에서는 수십 μF을 사용한다. 커플링 커패시터의 임피던스가 충분히 작아야 교류신호 전달에서 이 커패시터에 의한 진압

강하가 줄게 되는데 보통 회로의 입력저항보다 최소한 1/10 이하가 되어야 한다.

- Probe(프로브) : 오실로스코프(oscilloscope, OSC)에서 신호를 측정하기 위해 소자에 접촉하는 단자로 입력전압을 1/10으로 줄여 주는 10 : 1 프로브와 입력신호를 그대로 전달하는 1 : 1 프로브가 있다. 보통 220 V의 높은 전압을 바로 오실로스코프에 입력하면 장비가 파손됨으로 10 : 1 프로브를 사용하여 전압을 줄여 오실로스코프에 입력하고 오실로스코프가 정확한 전압을 표시하기 위해서는 10 : 1 프로브를 사용한다고 OSC에 입력하여야 한다.
- Coaxial cable(동축케이블) : 가운데 구리선이 있고 구리선을 절연체가 원형으로 둘러싸고 그 표면에 씰드선으로 싸고 있는 케이블로 잡음에 매우 안정적인 신호전달용 선이다. 보통 신호는 가운데 구리선으로 전달되고 표면의 씰드선은 접지된다. 함수발생기의 신호전달용 케이블이나 오실로스코프의 1 : 1 프로브로 사용된다.
- Terminal(터미널) : 단자
- Potentiometer(포텐쇼미터) : 3단자 가변저항으로 인식하면 된다.
- Ground(그라운드) : 접지
- Voltage(전압, V) : Voltage Potential 의 준말로 전압이다. 두 점사이의 전압차를 측정하며 전압의 측정은 전압계의 두 단자를 측정하려는 두 점에 병렬 연결하여 측정한다.
- Current(전류, I) : 전류, 도선에 흐르는 전류는 전하(주로 전자)의 흐름에 의한 것으로 전류를 측정하기 위해서는 회로의 일부를 개방하여 측정하려는 두 점 사이에 직렬로 전류계를 연결하여야 한다.
- Impedance(임피던스) : $X = R + j(X_L \text{ or } X_C)$, 임피던스 = 저항 + 인덕터나 커패시터의 허수 리액턴스
- 선형눈금(Linear Scale)과 대수눈금(Logarithmic Scale) : 측정한 파형의 변화가 크지 않을 경우는 선형눈금을 사용하나 변화폭이 10의 수 승배($\sim 10^3$)로 클 때는 대수눈금을 사용하는 것이 편리하다. 보통 주파수 특성의 관측 실험에 대수눈금이 자주 사용된다.
- dB(decibel) : 10의 수 승배($\sim 10^3$) 이상의 큰 이득(Av)을 표시할 경우 직접 그 이득을 사용하는 것 보다는 대수적으로 표시된 dB를 많이 사용한다. Av[dB] = 20 Log (A_v)로 표시한다. A_v는 전압이득, Voltage Amplification을 의미한다.

2. 전자회로실험 해석에 필요한 전기법칙의 이해

- R(Resistance, [Ω]) = V(Voltage, [V])/I(Current, [A]), 저항 = 전압/전류(Ohm 법칙)
- L(Inuctance, [H]) = Φ(Magnetic Flux, [Wb])/I(Current, [A]), 인덕턴스(Inductance)는 인덕터에 흐르는 전류에 대한 쇄교자속 비,
  교류회로에서 인덕터의 리액턴스는 $X_L = j2\pi fL$, f = 주파수 [Hz], L = 인덕턴스 [H], j = 허수(complex number)
  전류의 시간변화에 의한 인덕터 양단에 유기 되는 전압은 $V = L(dI/dt)$가 된다. 인덕터는 자성체 코어에 가는 에나멜선을 여러 번 감아 만든다.
- C(Capacitance, [F])= Q(Charge, [C])/ V(Voltage, V), 커패시턴스(Capacitance)는 커패시터 양 단에 가해진 전압에 대해 유기되는 전하량의 비,
  교류회로에서 커패시터의 리액턴스는 $X_C = 1/(j2\pi fC)$, f = 주파수 [Hz], C = 커패시턴스 [F], j = 허수
  전압의 시간변화에 의한 커패시터에 흐르는 전류는 $i = C(dV/dt)$가 된다. 커패시터는 유전체 양 쪽에 금속판을 형성하여 만든다.
- KVL(Kirchoff Voltage Law) : 전압원과 각종 소자를 포함한 폐경로에서 각 소자에 걸리는 전압과 전압원의 전압을 모두 합하면 0이 된다.
- KCL(Kirchoff Current Law) : 전류원과 각종 소자가 한 절점에서 만날 때각 소자에 흐르는 전류와 전류원의 전류를 모두 합하면 0이 된다.
- 전자회로의 해석은 각 소자의 전기적 등가모델을 사용한 해석적 방법이 있으며 주로 전자회로 과목에서 배우게 되고 이를 실험하고자하는 회로에 적용하여 자신의 실험 데이터와 해석적으로 구한 값을 비교해 볼 수 있다.
- 전자회로의 해석은 컴퓨터 프로그램을 사용하여 해석할 수 있는데 사용되는 프로그램은 pspice 나 multisim 등이다. 이 프로그램의 사용을 위해 우선 컴퓨터가 회로를 인지하게 위의 프로그램의 레이아웃에서 회로를 작성하는 것이다. 이 때 필요한 소자는 프로그램의 라이브러리에서 가져오게 되고 직류전압, 필요한 교류전압을 인가할 수 있다. 회로에 사용될 소자가 많으므로 실험에 맞는 소자를 선택하여야한다. 실험회로에서 관찰하려는 지점을 지정하여 직류 및 교류 파형을 볼 수 있다. 프로그램 사용에 대한 약간의 사전 공부가 요구되나 그리 어려운 일은 아니다.

저항값 읽는 법(색띠를 사용하는 방법)

표준에 대해서는 우리나라 KS 규격으로도 정해져 있다. 표 1-1에서 저항의 색띠에 대한 값을 표시하였다.

표 1-1 저항의 색띠

구 분	색 상	숫 자	승 수	오 차
저항값	흑색 (Black)	0	10 0	–
	갈색 (Brown)	1	10 1	–
	적색 (Red)	2	10 2	–
	주황 (Orange)	3	10 3	–
	노랑 (Yellow)	4	10 4	–
	녹색 (Green)	5	10 5	–
	파랑 (Blue)	6	10 6	–
	보라 (Violet)	7	10 7	–
	회색 (Gray)	8	10 8	–
	백색 (White)	9	10 9	–
오 차	흑색 (Black)	–	–	± 1 %
	금색 (Gold)	–	–	± 5 %
	은색 (Silver)	–	–	± 10 %

저항을 나타내는 색띠는 일반저항인 경우는 4개, 정밀저항인 경우는 5개로 구성되어 있다. 색띠가 4개인 경우는 왼쪽부터 2개는 숫자를 3번째는 승수를 4번째는 오차 [%]를 나타내고 색띠가 5개인 경우는 왼쪽부터 3개는 숫자를 4번째는 승수를 5번째는 오차 [%]를 나타낸다. 그리고 저항이 색띠로 되어 있을 경우 저항의 좌우를 꼭 구분해야만 올바른 저항값을 읽을 수 있다. 좌우를 구분하는 방법은 그림에서와 같이 좌측은 저항 끝단으로부터 색띠 있는 곳까지 간격이 좁고 우측은 끝단으로부터 색띠까지의 간격이 넓게 되어 있다. 그리고 간혹 오차를 나타내는 색때와 승수를 나타내는 색띠 간격이 넓은 경우가 있다.

예를 들어 그림 2에 있는 저항값 계산하는 방법을 알아보자.

(a)에서 저항은 녹색, 갈색, 파랑, 금색 4개의 색띠로 표시되어 있다. 색띠의 값은 각각 녹색(5), 갈색(1), 파랑(6), 금색(±5%)이다. 따라서 앞자리 2개는 51, 승수는 10^6, 오차는 ±5%이고 이 저항은 51×10^6 [Ω](오차 ±5%)인 저항이다.

(b)에서 저항은 정밀저항으로 적색, 보라, 파랑, 회색, 흑색 5개의 색띠로 표시되어 있다. 색띠의 값은 각각 적색(2), 보라(7), 파랑(6), 회색(8), 흑색(±1%)이다. 따라서 앞자리 3개는 276, 승수는 10^8이고, 오차는 ±1%이고 이 저항은 276×10^8 [Ω](오차 ±1%)인 저항이다.

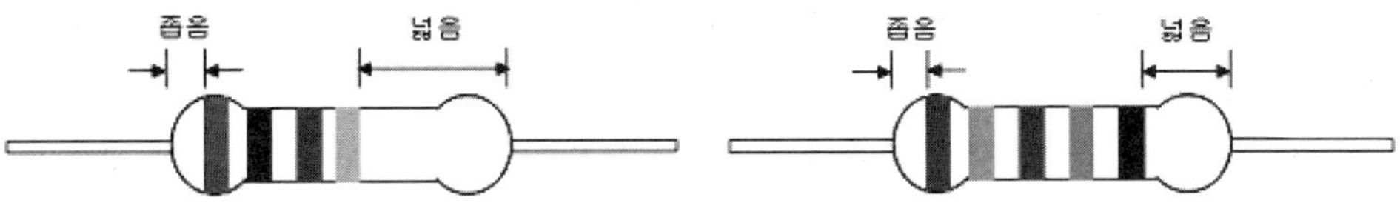

(a) 색띠 4개 (b) 색띠 5개

그림 1-1 색띠로 표시된 저항

커패시터 읽는 방법

22라고 적혀있는 캐패시터의 값은?

첫 번째 두 번째의 수가 유효한 숫자이고 단위는 pF 이다.

즉, 22 pF을 의미한다.

472 J라고 적혀있는 캐패시터의 값은?

커패시터는 첫 번째 두 번째의 수가 유효한 숫자이고 세 번째는 10의 지수 승이고 네 번째 J는 오차이다.

47×10^2 pF을 나타낸다. 그러므로 0.0047 μf의 값이 된다.

그리고 J의 값은 오차를 나타내는 것이다. JKLMN 순서대로 5, 10, 15, 20, 30%의 오차를 나타낸다. 오차표시가 없는 것은 +/−10%이다.

3. 전자회로실험에 사용되는 장비의 이해

- DMM(Digital Multi Meter) : 전압계, 전류계, 저항계가 하나의 장비에 들어 있는 계측장비로 계측에 필요한 전압과 전류의 공급 및 소자전압, 전류 및 저항의 측정을 디지털 방식으로 하며 보통 액정표시기로 그 값을 보여준다.
- Ohm Meter(옴 미터) : 저항을 측정하기 위한 장비이다. 옴 미터의 동작은 측정하고자하는 소자에 전류를 흘리고 소자양단에서 전압을 측정한 다음 R = V/I로 환산하여 그 값을 표시한다. 따라서 저항의 측정과 전압의 측정은 계측기의 같은 단자를 쓰게 된다. 저항이 클 때 전류를 많이 흘리면 전압이 너무 커져 측정이 되지 않으므로 저항이 클 경우 작은 전류를 흘려 소자 양단의 전압이 측정 범위에 있도록 전류범위를 조절해 주어야 한다.
- Ampere Meter(전류계) : 전류의 측정은 측정하고자 하는 곳에 직렬로 전류계를 연결하여야한다. 즉, 회로의 일부를 끊고 전류계를 연결하여야 하며 DMM의 경우 사용하는 단자가 전압을 측정하는 단자와 다름에 유의하여야 한다. 보통 전자회로실험용은 수 μA까지 측정가능하고 더 낮은 전류를 측정하기 위해서는 보다 고가의 전류계가 필요하다.
- DC Power Supplier(직류 전원공급기) : 회로 동작에 필요한 직류 전압을 제공하는 장비로 보통 2개의 독립전원을 공급할 수 있다. 회로에 과도한 전류가 흘러 회로나 전원공급기가 파손되는 것을 막기 위해 전류제한 단자가 있다. 두 개의 + 독립 전원은 하나의 + 전원과 하나의 − 전원을 만들 수 있는데 이 경우 첫 번째 전원의 − 단자와 두 번째 전원의 + 단자를 같이 묶으면 첫 번째 단자는 + 전원을 두 번째 단자는 − 전원을 쓸 수 있다. 이 때 묶인 공통 단자를 접지로 이용하여야 한다.
- Function Generator(함수발생기) : 설계한 회로의 입력에 필요한 사인파, 구형파, 삼각파를 제공하는 장비로 파의 형태, 파의 크기, 주파수, offset(편차) 등을 바꿀 수 있다. 출력은 동축케이블을 통해 회로에 전달된다. 사인파 입력에 대한 오디오증폭기의 전압이득, 증폭기의 주파수 특성 등을 조사하는데 사용된다.
- Oscilloscope(OSC, 오실로스코프) : 전압파형의 시간에 대한 파의 크기를 측정하는 장비로 정밀성이 높고 고가의 장비이다. 프로브를 통해 측정하고자 하는 전압을 OSC에 입력한다. 앞서 설명한 것처럼 파형을 그대로 전달하는 1 : 1 프로브와 파형을 1/10으로 줄여 입력하는 10 : 1 프로브가 있다. 10 : 1 프로브는 입력 파형이 너무 커 직접 입력하면 장비의 파괴가 염려될 때 사용하며 이 경우 10 : 1 프로브를

사용한다고 장비에 입력하여야 정확한 측정을 할 수 있다. 보통 ch1과 ch2의 두 곳으로 입력을 받아들일 수 있고 두 ch(channel)을 동시에 사용할 경우, 두 파형의 비교에 유용하게 사용된다. 시간에 대하여 변화하는 파형을 관찰해야하기 때문에 파형이 OSC 화면에 중첩되어 나타나야 한다. 이때 트리거를 조절하여 파형의 중첩이 매 화면 똑같이 되어야 화면에 정지한 신호를 볼 수 있다. 화면이 시간 축에 대하여 움직일 경우 트리거를 잘 조절하여야 한다. x−축의 시간축(Time/Div) 과 y−축의 전압(Volt/Div) 축을 잘 조절하여 파형을 적절하게 관찰하는 것이 필요하다.

실험 2

pn 접합 다이오드 특성

실험목표

1. 접합 다이오드에서 순방향, 역방향 바이어스에서 전압-전류특성을 측정한다.
2. Si과 Ge 접합 다이오드의 순방향, 역방향 전압-전류특성을 실험적으로 관찰하고 차이를 비교한다.

가. 실험 내용

◎ 반도체

반도체는 전기적으로 도체와 절연체 사이의 전기적 특성을 보인다. 광소자가 아닌 전자소자의 반도체 재료에는 주로 Si과 Ge이 사용된다. 도핑을 통해 정공이 주 전송자인 p형 반도체와 전자가 주 전송자인 n형 반도체를 만들 수 있으며 도핑 농도를 조절하여 전도도를 조절할 수 있다. 이렇게 도핑한 반도체를 외인성 반도체라고 한다.

낮은 밴드 갭(band gap)으로 사용빈도가 적은 게르마늄(Ge, 0.63 [eV])보다 밴드갭이 1.1 [eV]인 실리콘(Si)이 현재 반도체 소자를 만드는 주 재료이다. 실리콘은 보다 큰 밴드갭으로 인하여 온도에 대한 특성이 게르마늄에 비해 우수하여 주로 사용된다.

Si이 반도체 재료로 공정에 투입되기 위해서는 높은 순도를 가져야 한다. 순수 상태에서의 반도체는 도전율이 매우 낮다. 즉 저항율이 매우 높다. Ge이나 Si의 도전율은 매우 소량의 특정 불순물을 가함으로서 증가될 수 있다. 도핑을 통하여 불순물의 종류나 양을 조절함으로써 이들 원자간의 전자결합 구조를 변화시켜 전류전송자를 공급하고 도전율을 증가시킨다. Si에 인과 같은 5족 불순물을 첨가하면 음전하 전송자(전자)수를 증가시킴으로써 SI의 도전율을 증가시킨다. 인을 도핑 시킨 Si를 N형 반도체라 부른다. N형 반도체에도 약간의 양전하 전송자(정공)가 존재는 하나 이것들은 소수 이고 소수 전송자라 부른다. N형 반도체에서는 다수 전송자인 전자에 의해 전류가 흐르게 된다

붕소와 같은 3족 불순물을 첨가하여 정공의 수를 증가시킴으로 실리콘의 도전율을 증가시킬 수 있다. 붕소로 도핑된 실리콘을 P형 반도체라고 부른다. 그림 2-1은 P형 반도체에서 자유전자와 정공의 움직임을 보인다.

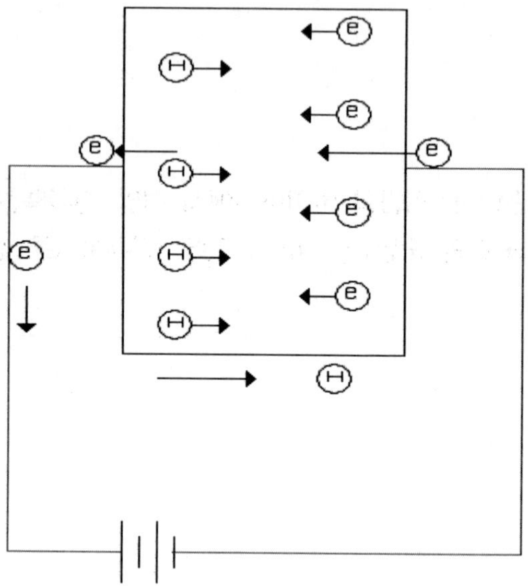

그림 2-1 P형에서의 자유전자와 정공의 움직임, H : 정공, e : 전자

P형 실리콘에도 약간의 전자가 존재하지만 이것은 소수 전송자이다. P형 실리콘에서 전류의 흐름은 다수 전송자인 정공에 의해 결정된다.

N형 또는 P형 반도체에서 다수전송자와 소수전송자의 밀도는 아인시타인 관계식에 의해 다음과 같이 결정된다.

$$n \cdot p = n_i^2$$

여기서 n_i는 도핑을 하지 않은 경우 Si의 진성전송자 농도로 상온에서 1.5×10^{10} [개/cm^3]이다.

반도체 접합 다이오드의 동작

그림 2-2와 같이 P형과 N형 Si를 접합시켜 접합 다이오드를 만든다. 이와 같이 두 개의 반도체를 접합하여 만들어진 소자는 한 방향으로만 전류를 잘 흐르게 하는 독특한 특성을 가진다.

N형에 -단자를, P형에 +단자를 연결하여 전류를 흐르게 하는 경우를 순방향 바이어스라 부른다. 자유전자와 정공은 각각 PN 접합을 넘어가 재결합하여 중성으로 소멸하고 이때 전지로부터의 자유전자(음전하)와 정공(양전하)은 계속 보충된다.

이 전자의 이동은 N형에서 접합면을 통과하여, P형으로 가고 전지의 +단자 방향으로 가게 된다. 자유전자의 흐름이 순방향 전류를 유지한다. 이 같은 접속의 경우, 전류가 잘 흘러 다이오드는 적은 순방향 저항을 갖게 된다.

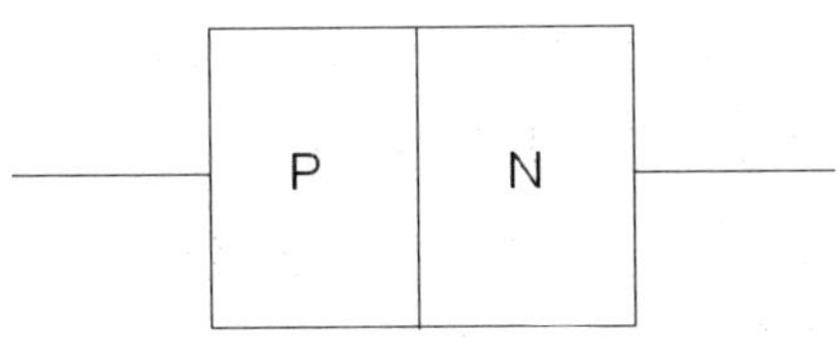

그림 2-2 접합 다이오드

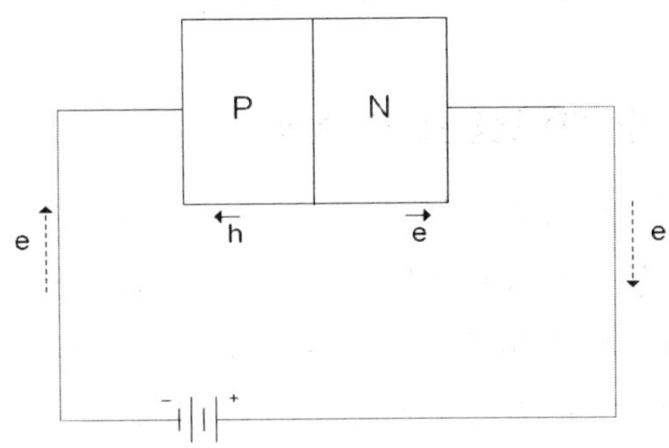

그림 2-3 접합 다이오드에 대한 역바이어스 효과

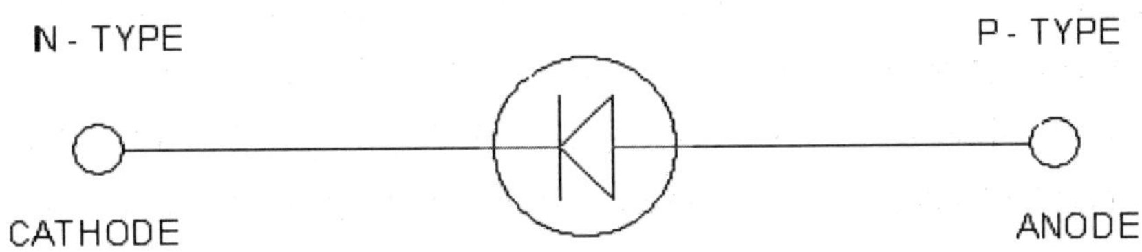

그림 2-4 반도체 다이오드의 회로기호

그림 2-3과 같이 역바이어스 접속의 경우는 전지의 +단자가 N형 실리콘의 자유전자를 끌어당겨 PN 접합면으로부터 멀어지게 한다. 또 전지의 −단자는 P형 내의 전공을 끌어당겨 PN 접합면으로부터 멀어지게 한다. 이 같은 경우에는 자유전자와 정공의 결합은 없고 다이오드의 다수 캐리어는 전류의 흐름에 기여치 못하게 된다. 역바이어스 접속의 경우에는 N형의 정공, P형의 자유전자와 같은 소수 캐리어에 의한 극소전류만이 흐른다. 이는 전지극성이 소수 캐리어에 대하여 전류의 흐름에 기여하기 때문이다. 소수 캐리어로 인한 전류는 수 nA 정도이다. 이 흐름은 그림 2-3에 점선 화살표로 나타내어져 있고, 역바이어스 접속의 경우에는 다이오드는 큰 역방향 저항을 보인다.

그림 2-4는 반도체 다이오드의 회로 기호이다. 화살 표시된 양극 단자(A, Anode)는 P형 반도체에 연결되고 음극 표시된 부분(K, Cathode)은 N형 반도체에 연결되었다. 이 다이오드에 전류흐름을 유지하기 위해서는 순바이어스 접속이 되도록 전지 +단자는 양극에, −단자는 음극에 연결되어야 한다.

◎ 순방향 전압-전류 특성

다이오드의 전압−전류 특성은 다이오드에 인가된 전압의 변화에 따라 어떻게 전류가 흐르는가를 보여주는 그림이다. 실험적으로 이 특성 곡선은 다이오드에 인가한 전압을 단계적으로 증가시킴에 따라 흐르는 전류를 측정하고 전압 대 전류의 값을 찍어 그린 것이다. 낮은 공급전압 범위에서는 다이오드에 매우 적은 전류가 흐름을 알 수 있다. 순바이어스 전압이 0.6−0.7 V 미만일 때 Si 다이오드는 적은 전류가 흐른다. 순바이어스 전압이 0.6−0.7 V와 같거나 그 이상일 때 다이오드는 동작 개시되어 전류가 흐르게 된다. 순바이어스 전압이 0.6−0.7 V를 넘어서 조금만 증가하여도 다이오드에는 크게 전류가 증가한다. SI 다이오드의 대표적인 순방향 전압−전류 특성곡선이 그림 2-5에 보인다.

Si 다이오드의 순바이어스 도통전압(문턱전압)이 전형적으로 약 0.7 V이고, Ge 다이오드는 약 0.3 V이다. 이 문턱전압은 보통 반도체 물질의 밴드갭, 전송자수와 연관이 있으며 Si과 Ge의 밴드갭은 각각 1.1 eV와 0.63 eV로 밴드갭이 큰 Si이 높은 도통전압을 보인다.

다이오드가 역바이어스 되었을 때 어느 특정전압에 이르기까지는 전압값에 무관하게 소수 캐리어로 인한 작은 전류가 비교적 일정하게 흐른다. 역바이어스에서 이 특정전압을 넘어서면 어벌런시 항복(Avalanche Breakdown) 이라는 현상이 생겨 매우 큰 전류가 흐르며 외부회로에 의해 전류가 제한되지 않으면 다이오드에서 전력소비가 많아져 다이오드를 파괴시킬 수 있다. 따라서 다이오드는 이 항복전압 한계 내에서 동작되어야만 한다. 안전 동작 한계는 생산자에 의해서 최대 순방향전압(V_{FM}), 최대 역방향전압(V_{RM}) 이하라고 규정지어 제시하는 것이 보통이다. 순방향 최대 허용전류(I_{FM})도 마찬가지이다.

역방향에서 수 mA 이상의 많은 전류가 흐르면 단락된 것을 의미하고, 반면에 순방향 저항이 비정상적으로 높게 나타나면 개방된 다이오드를 의미한다.

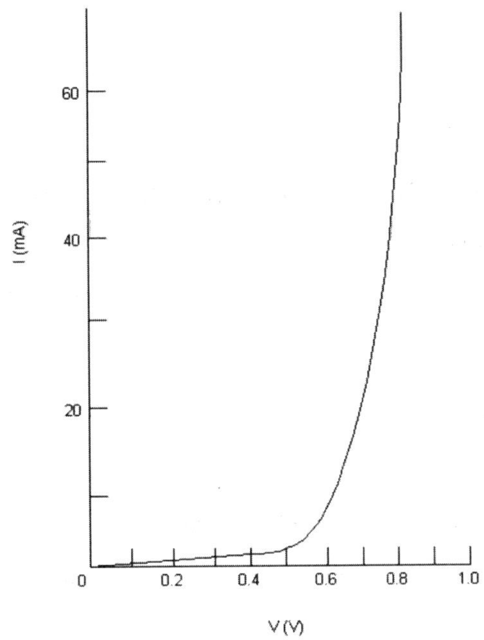

그림 2-5 실리콘 접합 다이오드의 순방향 전압 전류특성

벌크 저항(교류저항)

도통전압을 넘어서면 다이오드 전류는 급격히 증가한다. 즉 다이오드 전압이 조금 증가하여도 다이오드 전류는 크게 증가한다. 도통전압(문턱전압)을 초과한 후에 다이오드 전류에 저항하는 P, N영역 저항이 그림 2-6에 각각 r_P와 r_N으로 표시되었다. 이 저항들의 합을 다이오드 벌크 저항이라 부르며 기호로 다음과 같이 표시할 수 있다

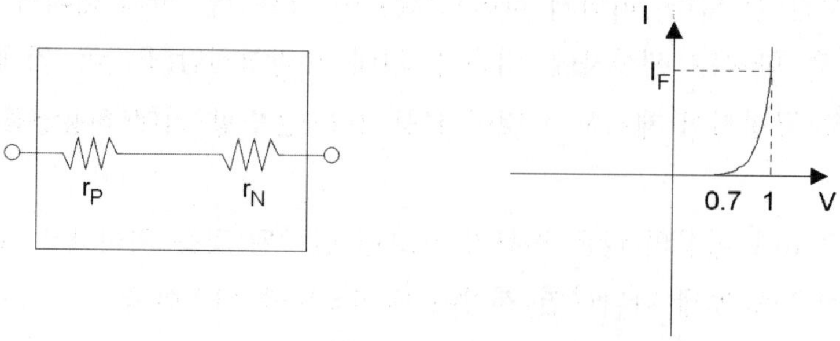

(a) (b)

그림 2-6 (a) 벌크 저항, (b) 1V 때의 순방향 전류

$$r_B = r_P + r_N \tag{1-3}$$

보통 r_B는 1~25 Ω 정도이다.

Si 다이오드의 벌크 저항의 계산법을 보자. 생산자 자료에서는 보통 1 V에서의 순방향 전류 I_F로 규정짓는다. Si 다이오드에서는 먼저 0.7 V가 도통전압을 초과하는데 필요하고 남은 0.3 V가 다이오드의 벌크 저항에 걸린다. 따라서 벌크 저항은 다음 식을 써서 계산할 수 있다.

$$r_B = \frac{(1-0.7)0.3\ \mathrm{V}}{I_F} \tag{2-4}$$

여기서 I_F는 다이오드 전압 1 V일때 순방향 전류이다.

예를 들어 보면 1N4001 Si 다이오드이고 1 V에서 $I_F = 40$ mA이므로, 벌크 저항은 다음과 같이 된다.

$$r_B = \frac{0.3\ \mathrm{V}}{40\ \mathrm{mA}} = 7.5\ \Omega \tag{2-5}$$

실제적인 근사

다이오드의 "실제적 근사"에서는 벌크저항 r_B를 포함하며 그림 2-7 (a)에 도통전압과 r_B의 효과를 나타내었다. Si 다이오드가 동작 시 전류는 r_B에 전압을 강하시킨다. 따라서 전류를 크게 증가 시키려면 전압을 증가시켜야 한다.

"실제적 근사"에 따른 등가 회로는 스위치가 0.7 V 전지, r_B 저항과 직렬 연결된 것이다[그림 2-7 (b)]. 외부 회로가 도통전압(문턱전압)을 넘은 후 벌크 저항을 통해 전류를 흐르게 한다.

"실제적 근사"의 예로 1N4001 다이오드의 그림 2-7 (a)를 사용하면, 회로는 벌크 저항 7.5 Ω이 있다. 그림 2-7 (a)의 등가저항과 문턱전압은 그림 2-7 (c)로 등가 대치되고 이 회로에 흐르는 전류는 다음과 같이 계산된다.

$$I = \frac{10\ \mathrm{V} - 0.7\ \mathrm{V}}{2\ \mathrm{k\Omega} + 7.5\ \Omega} = \frac{9.3\ \mathrm{V}}{2007.5\ \Omega} = 4.63\ \mathrm{mA} \qquad (2\text{-}6)$$

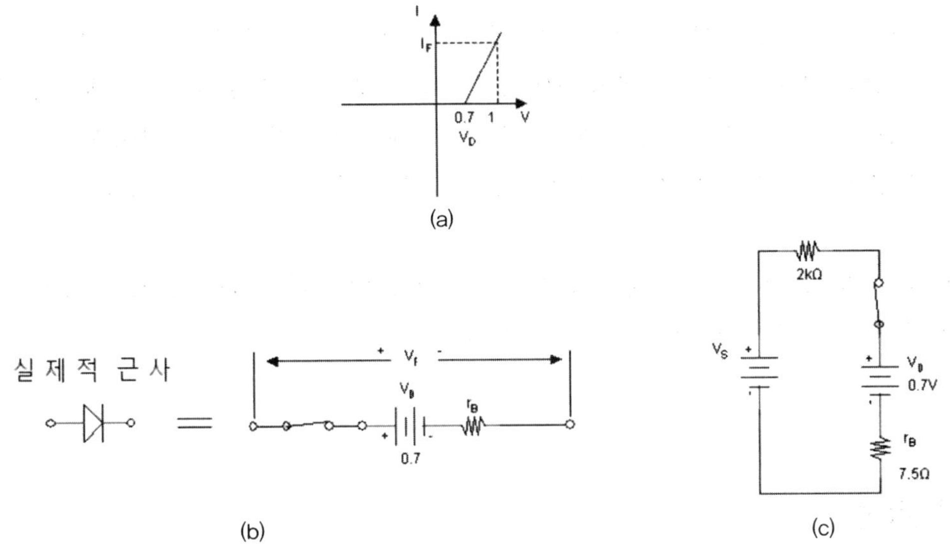

그림 2-7 다이오드의 "실제적 근사" (a) 그래프, (b) 순방향 등가회로, (c) 회로에 적용

◎ 요 약

1. 반도체 소자는 크기가 작고 소비 전력이 적으며, 전자장치의 회로 등을 초소형화 시킬 수 있다.
2. 반도체의 기초가 되는 물질은 Si, Ge이며 순수상태에서는 절연체에 가깝다. 이 반도체의 저항율을 낮추고 도전율을 높이기 위해 불순물을 도핑 한다.
3. N형(음전하 전송자 : 전자)과 P형(양전하 전송자 : 정공)반도체가 접합이 될 때 접합 다이오드가 만들어진다.

4. 접합 다이오드는 정류작용을 가진다. 즉 한 방향으로는 전류가 잘 흐르고 (순바이어스 상태), 다른 방향으로는 잘 흐르지 않는다(역바이어스 상태).
5. 접합 다이오드의 정격전력으로 인하여 다이오드에 걸어줄 수 있는 최대 순방향 전압(전원부 +단자를 P형에 연결)과 최대역방향전압(−단자를 P형에 연결)에는 한계가 있다.
6. Si 접합 다이오드의 도통전압(문턱전압)은 약 0.7 V, Ge의 경우는 약 0.3 V이며 다이오드에 이 전압이 공급되면 도통이 감지되기 시작하고, 순바이어스전압의 증가는 다이오드의 전류를 급격히 증가시킨다.
7. 다이오드는 옴미터로 검사할 수 있다. 옴미터는 메타에서 공급된 전압에 의해 소자에 흐르는 전류를 읽는다. 옴의 법칙을 이용하여 읽은 전류값을 저항 측정값으로 변환한다. 옴미터 리드가 순방향(P형에 빨간색 리드)되도록 다이오드에 연결되면 큰 전류가 흘러 작은 저항값을 지시한다. 반대로 옴미터 리드로 다이오드를 역방향(N형에 빨간색 리드)으로 하면 전류흐름이 차단되고 높은 저항값을 지시한다.
8. 일반적인 Si 다이오드의 "실제적 근사"는 다이오드의 순바이어스 상태는 0.7 V 전지가 직렬 연결된 벌크 저항을 가진 것이다.

나. 실험 과정

실험 장비 및 재료

- 공급전원 : 가변 정전압원
- 장비 : 디지털 멀티미터 ; 전류계
- 저항 : 250 Ω, 0.5 W
- Si 다이오드 : 1N4001(대치품 : 소신호용 Si 다이오드)
- Ge 다이오드 : 1N34(대치품 : 소신호용 Ge 다이오드)
- 브레드보드

다이오드의 바이어스

[Si과 Ge 다이오드에 대한 각각의 실험]

1. 1N4001 Si 다이오드(1N34 Ge 다이오드)의 양극, 음극 단자를 구별하여 다이오드가 순바이어스 되도록 그림 2-8 회로를 구성한다.
2. 다이오드에서 측정되는 전압(V_{AK})이 0.7 V가 되도록 가변직류 전원출력을 맞추어라. 표 2-1에 다이오드 전류 I_D를 측정하여 기록한다.
3. 다이오드를 반대 극성으로 연결하고 I_D를 측정하여 결과를 표 2-1에 기록한다.
4. 다이오드를 역바이어스하고 V_{AK}를 측정하여 그 값을 표 1-1에 기록한다. 다이오드의 순방향, 역방향 바이어스 때의 다이오드 저항 $\left(\frac{V_{AK}}{I_D}\right)$을 계산해서 기록한다.

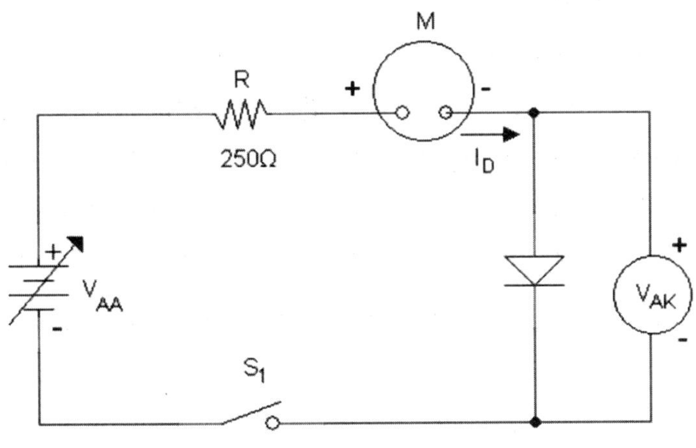

그림 2-8 다이오드의 전압-전류 특성 측정

5. 다이오드를 회로에서 분리한 후 그 저항값을 측정한다. 옴미터의 리드를 반대로 하고 다시 다이오드 저항을 읽는다. 옴미터 내의 전지는 극성을 가지므로 옴미터의 검사리드도 역시 극성을 나타낼 것이다. 옴미터 리드의 올바는 접속 위치(극성)에서의 측정값을 표 2-1에 기록한다. 옴미터 리드의 빨간색이 +전압이다.

표 2-1 다이오드 측정(Si, Ge diode 각각)

과정	V_{AK}	I_D	다이오드 저항
2	0.7V		
3,4			
5	X	X	순방향 : ______ 역방향 : ______
12	X	X	r_B :

전압-전류 특성

6. 다이오드를 회로에 다시 연결하여 순방향 바이어스 되게 한다. 가변 직류전원을 표 2-2(Si diode)와 표 2-3(Ge diode)에 주어진 V_{AK}값들로 맞춰놓고 각각의 V_{AK}값에 대한 I_D를 측정, 기록한다.
7. 다이오드를 반대 연결하여 역바이어스 되도록 하고, 표 2-2 (Si), 표 2-3 (Ge)에 지시된 값으로 가변 직류 전원를 다시 맞춘다 . 이때의 I_D를 측정, 기록한다. 이 전류값은 작아서, μA 전류를 읽을 수 있는 기능의 전류계를 필요로 할 것 이다.
8. 그래프 용지에 X축을 따라 V_{AK}, Y축을 따라 I_D를 점으로 찍어 다이오드 특성곡선을 그린다. 순바이어스된 V_{AK}값은 정(+), 역바이어스 된 값은 부(−)인 것을 주목한다. 다이오드를 통해 흐르는 순바이어스 전류는 음극에서 양극 방향으로 흐르는 전류이므로 정방향 값으로 간주한다. 역바이어스로 인한 전류는 누설전류이고 순방향전류의 반대 방향으로 흐른다. 그러므로 Y축 상의 부(−) 값이다. 수치의 간격은 정 X축은 0에서 2.0 V 되게 취하고, 부 X축은 0에서 20 V 되도록 한다. 마찬가지로 Y축도 순, 역바이어스에 따른 전류크기가 나타나도록 눈금을 조절하여야 한다. 따라서 각 축을 따라 0에서부터 간격이 변해가는 두 가지 눈금을 가지는 그림이 된다.

표 2-2 전압 전류 특성(Si diode)

과정6 V_{AK} [V]	순방향 바이어스 I_D [mA]	순서 7 V_{AK} [V]	역방향 바이어스 I_D [μA]
0		0	
0.1		−5	
0.2		−10	
0.3		−15	
0.4		−20	
0.5			
0.6			
0.7			
0.8			

표 2-3 전압 전류 특성(Ge diode)

과정6 V_{AK} [V]	순방향 바이어스 I_D [mA]	순서 7 V_{AK} [V]	역방향 바이어스 I_D [μA]
0		0	
0.1		−2	
0.2		−4	
0.3		−6	
0.4		−10	
0.5			

실제적인 근사법

9. "순서 8"에서 만든 그래프 상에 "실제적 근사"에 의한 다이오드 특성곡선을 그린다.

10. V_{AK}와 I_D에 대한 순바이어스 특성곡선의 선형부분 중에 있는 2점을 사용하여 다이오드의 벌크 저항 r_B를 계산한다. 아래 식을 이용하여 r_B를 구한다.

$$r_B = \frac{V_{AK}}{I_D}$$

Si과 Ge 다이오드의 r_B를 표 2-1에 기록한다.

다. 검토사항

1. Si diode와 Ge diode의 V-I 특성의 차이점을 설명하시오.
2. Si diode와 Ge diode의 V-I 특성의 차이점이 나타나는 원인은 무엇인가?
3. Si diode와 Ge diode의 r_B의 차이점을 설명하시오.
4. Si diode와 Ge diode의 r_B의 차이점이 나타나는 원인은 무엇인가?
5. Si diode와 Ge diode의 역방향 전압-전류특성의 차이점을 설명하시오.
6. 순바이어스 시 도통전압(문턱전압, cut-in voltage, knee voltage)이란 무슨 의미인가?

실험 **3**

제너 다이오드 특성 및 정전압원

실험목표

1. 제너 다이오드의 순방향, 역방향 전압-전류특성을 조사한다.
2. 제너 정전압 회로를 구성하고 정전압 출력 범위를 실험적으로 측정한다.

가. 실험 내용

◎ 제너 다이오드 동작

고체 상태인 다이오드의 특성은 다이오드를 구성하는 반도체 물질, 도핑된 불순물의 종류와 농도, 물리적인 구조, 소자의 크기에 따라 결정된다.

실험 2에서 공부한 반도체 다이오드는 순방향 바이어스에서 동작되게 사용하였다. 다이오드의 전자회로에 응용은 한쪽방향으로 전류가 잘 흐르는 정류특성을 이용하나 제너 다이오드라 불리는 다이오드는 완전히 다른 응용분야에 사용되며 역방향 바이어스 전압-전류 특성을 이용한다.

제너다이오드는 Si pn접합의 p와 n영역을 모두 매우 높게 도핑하여 제작하며 순방향 특성은 정류용 다이오드의 순방향특성과 동일하나 역방향특성은 낮은 역방향 전압에서 전송자 증배에 의한 애벌런치(avalanch) 항복이나 턴널링에 의한 제너 항복현상이 일어난다. 이 낮은 전압에서 일어나는 역방향 항복전압은 주로 p와 n 영역의 도핑에 의해 결정되며 도핑이 높을수록 낮은 전압에서 항복현상이 일어난다. 이런 항복현상을 이용한 다이오드를 보통 제너 다이오드라 하고 기호는 그림 3-1과 같다.

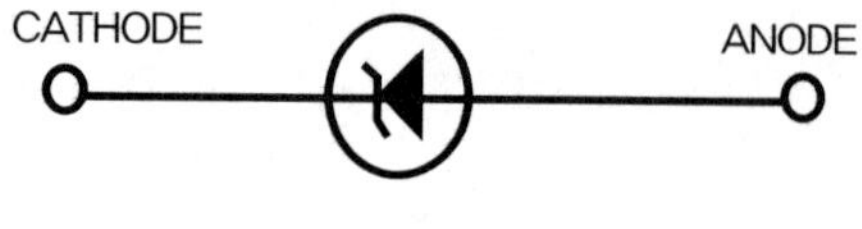

그림 3-1 제너 다이오드 기호

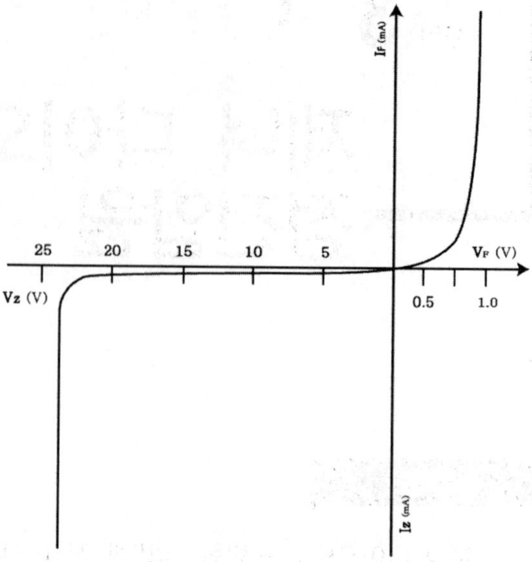

그림 3-2 제너 다이오드 특성곡선

그림 3-2는 제너 다이오드의 전형적인 전압-전류 특성이다. 다이오드가 순방향바이어스일 때 정류다이오드와 같은 동작을 한다. 다이오드가 역방향바이어스 되었을 때 역방향포화 전류라 부르는 작은 역방향전류 I_S가 흐른다. I_S는 거의 제너 항복전압, V_Z에 이를 때까지, 역방향바이어스의 증가에도 불구하고 비교적 일정한 값으로 남아 있다. 전압이 역방향으로 증가하여 V_Z부근이 되면 역방향 전류는 어벌란시 효과로 인해 급격하게 증가하기 시작한다. 결국, 제너 전압 V_Z에 도달하였을 때 제너 항복(급격한 전류증가)현상이 일어난다.

이 제너 전압 V_Z 영역에서는 작은 전압변화가 큰 전류변화를 가져온다. 결국 이 영역에서는 교류저항은 매우 작아지게 된다.

제너 항복이 다이오드의 파괴를 초래하는 것은 아니다. 다이오드를 통해 흐르는 전류가 정격전력 범위 내에 있도록 외부 회로에 의해 전류가 제한되면 다이오드는 파괴되지 않고 정상동작을 하게 된다. 또한 역방향바이어스 전압을 제너 항복 전압보다 감소시킴으로써 다이오드를 항복범위에서 벗어나게 할 수 있고 역방향포화 전류 범위로 회귀시킬 수 있다.

정 격

다이오드 제조회사는 각종 제너 다이오드에 대한 특성 설명서(data sheet)를 제공한다. 제너 전압, 제너 전압의 편차, 최대 제너 전류, 최대 소모전력, 최대 동작온도, 최대 제너 임피던스, mW/℃로 나타낸 정격 감소율, 누설전류 등이 다이오드의 정격에 해당된다. 다이오드를 구성하는 물질의 성질과 다이오드의 응용분야 등도 제시한다. 제너다이오드의 항복전압에서 제너 전압을 수 V ~ 수십 V까지 가할 수 있도록 설계된다. 제너 다이오드 제조사는 회로설계에 필요로 하는 특성에 거의 근접하는 것을 선택할 수 있도록 다양한 종류의 다이오드를 만든다.

적용분야

제너다이오드는 정전압기, 전압표준기에 사용된다. 그림 3-3은 병렬형 정전압기로 사용된 회로를 보여준다. 제너다이오드는 부하저항 R_L과 병렬이다. 제너 다이오드의 목적은 직류전원의 전압이 변하여도, 또한 부하저항이 변하여 그에 따라 부하전류가 변하더라도, 부하에 걸리는 전압을 일정하게 유지하는 것이다.

전류제한용 직렬저항(R_s)과 제너 다이오드의 설계는 회로의 요구사항에 따라 계산 되어질 수 있다. 부하전류 I_L을 5~20 mA로 변화시키면서 일정한 출력전압 $V_{OUT} = 10$ V(±0.7) V을 요구한다고 하자. 전력은 고정된 20 V 직류전원에서 회로에 공급된다. 이 조건하에서 정전압 회로를 설계하여 보자. $V_Z = 10$ V인 정전압용 제너 다이오드를 선택한다. 회로전체전류 I_T가 부하전류 변화 범위보다 큰 일정 전류 40 mA로 제너다이오드의 동작전류 전류 I_Z와 부하전류 I_L이라고 가정한다. 여기에 키르히호프 전압법칙을 적용하면 다음과 같이 된다.

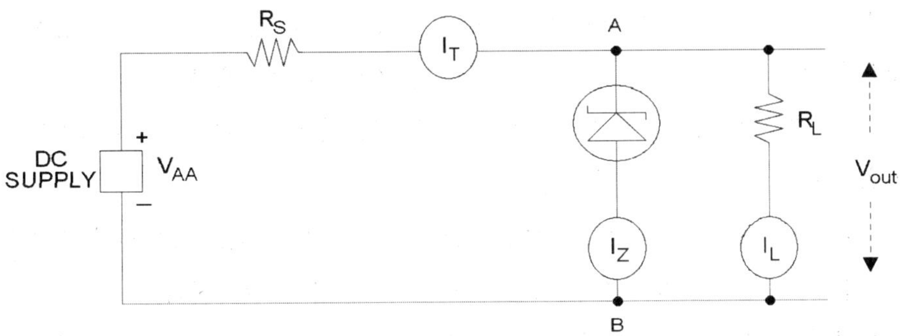

그림 3-3 병렬 전압조정기에 사용된 제너 다이오드

$$V_{AA} = I_T \times R_S + V_{out} \tag{3-1}$$

$$R_s = \frac{V_{AA} - V_{out}}{I_T} \tag{3-2}$$

식 (3-2)에 주어진 값 $V_{AA}= 20\,\mathrm{V}$, $V_{out}= 10\,\mathrm{V}$, $I_T = 40\times 10^{-3}\mathrm{A}$를 대입하면

$$R_s = \frac{20-10}{40\times 10^{-3}} = 250\,\Omega$$

R_s에서의 소모전력을 계산하면 전압강하가 10 V이므로

$$P = \frac{V^2}{R_s} = \frac{10^2}{250} = \frac{1}{4}\,\mathrm{W} \tag{3-3}$$

올바른 저항의 선택은 정격보다 높은 전력의 사양을 사용하는 것이 안전하다. 따라서 250 Ω ± 5%, 0.5 W 이상의 정격을 갖는 저항을 써야 한다.

다이오드의 전력 손실은 회로에 의해 요구되는 최대 I_Z 전류에 따라 결정된다.

부하에 최소 전류인 $I_L = 5\,\mathrm{mA}$ 일 때, 제너다이오드에는 최대 $I_Z = 35\,\mathrm{mA}$가 흐르게 되고 이때 제너다이오드에서 소모되는 전력, W_Z는 아래와 같다.

$$W_Z = V \times I_Z = 10\times 35 \times 10^{-3} = 0.35\,\mathrm{W} \tag{3-4}$$

적절한 제너다이오드에는 계산값 이상의 정격을 사용하는 것이 안전함으로 정격전력이 0.5 W 다이오드이면 된다.

요 약

1. 제너 다이오드는 역방향바이어스 되게 사용하는 것이 일반적이고 정격전력특성 내에서 동작되면 다이오드는 출력에 일정 전압 V_Z를 제공한다.
2. 다이오드가 제너 전압 V_Z 이상에서 동작될 때, 다이오드에 걸리는 전압의 작은 변화에도 전류 I_Z는 크게 변화한다.
3. 제너 다이오드는 (a) 제너 전압 V_Z, (b) V_Z의 편차 범위, (c) 제너 전류의 한계, (d) 최대 소비전력, (e) 최대 동작온도 등의 정격이 주어진다.
4. 수 V에서 수십 V까지 전압을 공급할 수 있는 많은 종류의 제너 다이오드가 있다.

5. 제너 다이오드는 정전압장치와 표준 전압용으로 사용 된다
6. 적절히 설계된 병렬형정전압 회로(그림 3-3)는 입력전압의 변화 또는 부하전류의 규정한도 내의 변화에서 일정한 출력전압 V_Z를 유지한다.
7. 그림 3-3의 병렬형 정전압 회로에서 V_{AA}, I_T, V_{OUT} 이 주어지면 아래 식에 의해 R_s값 계산이 가능하다.

$$R_s = \frac{V_{AA} - V_{out}}{I_T}$$

나. 실험 과정

실험 장비 및 재료

- 전원 : 가변 DC 정전압원
- 장비 : DMM, VOM, 전류계
- 저항기 : 270 Ω, 1 kΩ, 3.3 kΩ (1 W) 저항들
- 반도체 소자 : 1 W 10 V 제너 다이오드
- 기타 : 브레드보드

역방향 전압-전류 특성

1. 그림 3-4 회로를 구성하고 스위치 S를 개방한다. V_{AA}는 0 V에 맞추어 놓은 정전압원이다. 전류계는 가장 낮은 전류 범위에 맞춘다.
2. 스위치 S를 닫고 $V_{AA}=0$으로 맞추었을 때 다이오드 전류가 있다면 측정한다. 결과는 표 3-1에 기록하여라.
3. 다이오드에 걸리는 전압 $V_{AB}=2.0$ V가 되도록 V_{AA} 출력을 조정하여라. 다이오드 전류를 측정하여 그 값을 표 3-1에 기록하라.
4. 표 3-1에 주어진 V_{AB} 값에 대하여 "순서 3" 과정을 반복하여라. 필요하다면 전류계의 범위를 변경하여라. 다이오드저항 $R_Z(R_Z = V_{AB}/I)$을 계산하여 결과를 표 3-1에 기록하여라.

5. 다이오드 전류가 2 mA가 되도록 V_{AA} 출력을 맞추어라. 다이오드에 걸리는 전압 V_{AB}를 측정하여 표 3-1에 기록하여라. R_Z를 계산하여 표 3-1에 기록한다.
6. 주어진 각 전류값에 대하여 "순서 5"를 반복하고 상응하는 V_{AB}와 R_Z값을 표 3-1에 기록하여라.

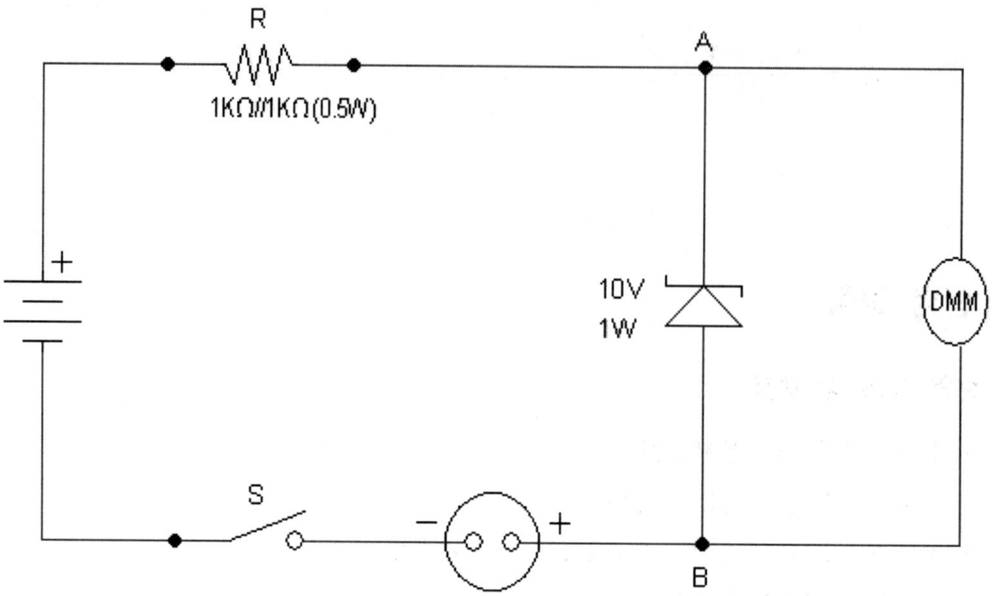

그림 3-4 제너 다이오드의 역 바이어스 특성 측정 회로

표 3-1 역방향 특성

과정	V_{AB}	I[mA]	R_Z	과정	V_{AB}	I[mA]	R_Z
2	0.0			6		5	
3	2.0			6		10	
4	6.0			6		20	
4	7.0			6		30	
4	8.0			6		40	
5		2.0		6		50	

순방향 전압-전류 특성

7. 회로에 전원이 공급되지 않도록 스위치 S를 개방하여라. 전원출력을 0 V로 맞추고 회로의 다이오드를 반대로 연결한다.
8. 스위치 S를 닫고, 표 3-2에 주어진 V_{AB} 값에서의 다이오드 순방향 전류를 측정하여 기록한다. 순방향 저항 $R_F = V_{AB}/I$를 계산하여 결과를 표 3-2에 기록한다.
9. 표 3-1, 표3 -2의 자료로 모눈종이에 아래 내용들의 그림을 그린다.
   (a) 다이오드 전압(수평축) 대 전류(수직축)
   (b) 제너 영역(역방향 10V 근처)에서 다이오드 전압 대 전류의 그래프

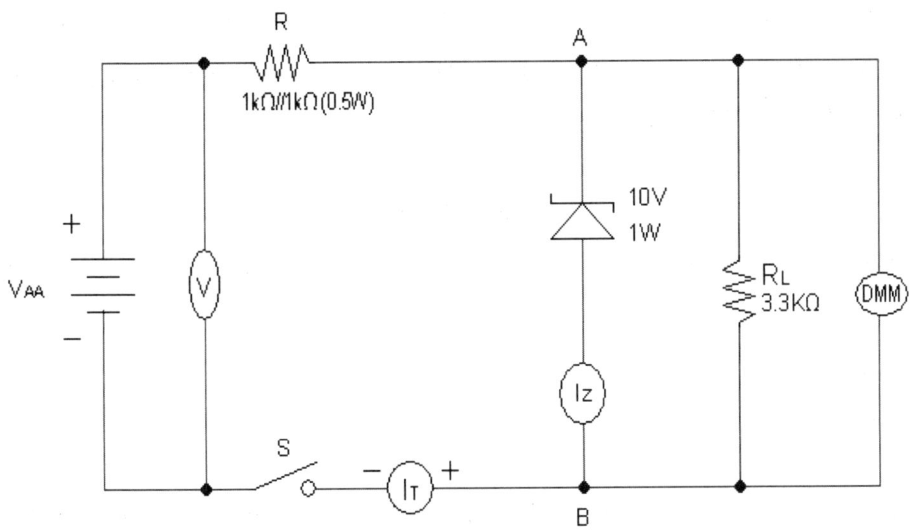

그림 3-5 정전압 실험회로

표 3-2 순방향 특성

Step 8	V_{AB}	0	0.1	0.2	0.3	0.4	0.5	0.6	0.7
	I[mA]								
	순방향저항								

정전압 소자인 제너 다이오드

10. 그림 3-5 회로로 연결하고 스위치 S를 개방한다. 전원 V_{AA} 출력을 0 V로 맞춘다.
11. 스위치 S를 닫는다. 전류 I_Z가 20 mA가 될 때까지 공급전압 V_{AA}를 서서히 증가시킨다. 공급전압 V_{AA}와 부하에 걸리는 전압 V_{AB}를 측정하여 그 결과를 표 3-3에 기록한다. 전체전류 I_T를 측정하여 기록한다.
12. "순서 11"에서의 V_{AB}값이 ±0.1 V 편차 범위 내로 일정히 유지되는 V_{AA} 가변범위를 결정하고 기록한다. 이 범위 내에서 I_Z, I_T 변화를 측정하고 그 결과를 표 3-3에 기록한다.
13. 위의 특성의 제너 다이오드를 사용하여, 일정 전원 V_{AB}를 만드는 정전압원 회로를 설계한다. 이 회로는 출력전압 V_{OUT}는 평균치에서 0.2 V 편차 이내인 일정출력전압을 유지하고, 10~30 mA 범위의 부하전류를 유지하는 정전압회로가 되어야한다. 모든 소자들과 전압 들을 나타낸 회로를 그리고 앞의 식들을 이용하여 필요한 값들을 계산한다.

표 3-3 전압조정

과정	V_{AA}	V_{AB}	I_Z [mA]	I_T [mA]
11				
12				
13				

14. 회로를 측정하고 측정치를 표 3-4에 기록한다. 필요한 저항은 여러 저항을 조합하여 구성한다.

표 3-4 정전압 회로 설계특성

V_{AA}	R_S	I_L [mA]	R_L	V_{OUT}

다. 검토 사항

1. 앞 실험에서의 정류용 접합 다이오드 바이어스와 제너 다이오드의 일반 응용에서 바이어스를 비교하라.
2. 이 실험에서 얻어진 제너 다이오드의 전압-전류 특성 그래프의 특성을 설명하라.
3. 제너 다이오드 특성의 어느 부분이 정전압 회로 응용에 가장 유용한가? 또 그 이유는 무엇인가?
4. 표 3-3을 참조하여 이 정전압 회로가 어떻게 동작되는지 설명하라.
5. 그림 3-5의 정전압회로가 입력전압 V_{AA}의 변화와 부하전류 I_L의 변화를 어떻게 보상하는지 설명하라.
6. 표 3-4의 설계치와 표 3-4의 측정값을 비교하고 분석하라.

실험 4

광전소자

실험목표

1. 발광 다이오드(LED)의 전류–전압 특성을 조사한다.
2. 7–세그먼트(seven–segment) 지시기로 숫자를 표시한다.
3. 광 결합기의 신호 전달특성을 조사한다.

가. 실험 내용

사람은 다른 것보다 시각적인 감각을 많이 사용한다. 빛을 전기로 바꾸는 소자에 대하여 공부한다. 광전자 공학은 광학과 전자공학을 결합한 기술이다. 이 분야는 발광 다이오드, LED 표시소자와 광 결합기(photo–coupler)가 포함된다.

LED(Light Emitting Diode)

발광 다이오드(LED)는 고체상태의 광원이다. LED는 다음과 같은 이점 때문에 많은 응용 분야에서 백열등을 대신해왔다.

1. 낮은 구동 전압
2. 2만 시간 이상 구동의 긴 수명
3. 빠른 on–off 전환 속도[nsec]

순방향으로 바이어스된 정류용 다이오드에서는 자유전자와 정공이 접합에서 재결합한다. 자유전자가 정공과 결합할 때 전자는 높은 에너지 준위에서 낮은 에너지 준위로 떨어진다. 이러한 전자의 결합에 의한 에너지는 열과 빛의 형태로 방출된다. 실리콘에서는 결합에너지가 열로 바뀌기 때문에 빛이 주위로 나가지 않는다. 그러나 순방향으로 바이어스된 LED에서는 자유전자와 정공이 접합에서 결합될 때 결합에너지가 빛으로 방출된다. 주로 사용되는 LED 물질의 밴드갭은 1.5 eV 이상 커서 가시광의 대부분을 통과하므로 빛이 주위로 나가게 된다. LED에 대한 기호는 그림 4-1에 보여준다.

갈륨(Ga), 비소(As), 인(P)과 같은 원소의 화합물 반도체를 사용하여 적색, 녹색, 노란색, 또는 적외선을 방출하는 LED를 만들 수 있다. 가시광의 방출은 계기표시기나 계산기 그리고 디지털 시계에 사용된다. 적외선 LED는 보이지 않는 빛의 방출이 필요한 도난경보기나 통신분야의 응용에 사용된다.

LED는 10-50 mA 사이의 전류에 대하여 일반적으로 1.5 V에서 2.4 V까지의 전압강하를 갖는다. 정확한 전압강하는 색깔, 휘도(밝기) 등의 요소들에 의존한다. 예비적인 분석과 설계를 위하여 2 V의 오프셋 전압을 갖는 다이오드를 사용할 수 있다. LED는 낮은 역방향의 정격 전압을 갖는다. 예를 들면 이 실험에서 사용되는 적색 LED는 약 10 V의 최대 역방향 전압값을 갖는다. 이것은 10 V보다 큰 역방향 전압이 인가되면 파괴되거나 LED의 특성이 저하되는 것을 의미한다.

LED를 보호하는 한 방법으로 그림 4-2에서 보는 것과 같이 Si 다이오드를 병렬로 연결한다. Si 다이오드는 컷인 전압 0.7 V를 넘는 전압이 LED에 역방향으로 걸리는 것을 막아준다.

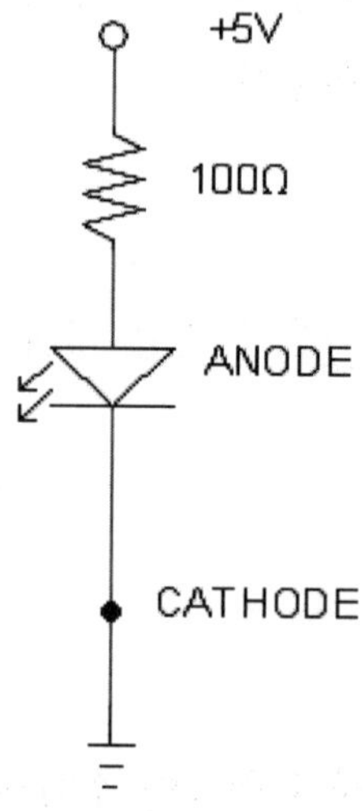

그림 4-1 순방향 바이어스된 LED

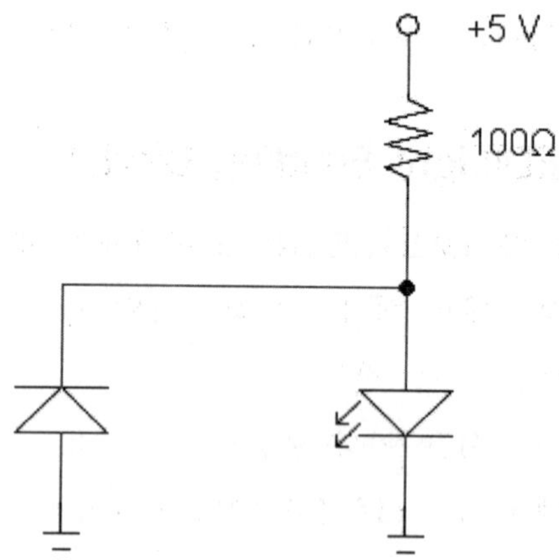

그림 4-2 역바이어스에 대한 LED 보호 회로

LED 배열

LED 배열은 숫자, 문자 및 다른 기호를 나타내기 위한 단위 LED들의 집합체이다. 가장 일반적인 LED 배열은 그림 4-3 (a)에서 보여준 7-세그먼트 표시기이다. 이 표시기는 7개의 막대형 LED로 구성된다(A에서 G까지). 각각의 LED는 표시될 문자의 한 부분을 형성하기 때문에 세그먼트라고 부른다.

그림 4-3 (b)는 회로도이다. 양(+)의 전압이 모든 양극에 인가된다. 하나 또는 더 많은 음극이 전류제한저항을 통하여 접지됨으로써 대부분의 알파벳 문자와 구두점, 기호, 그리고 0에서 9까지의 십진수를 만들 수 있다. 예를 들면, A, B와 C의 음극을 접지하면 그림 4-3 (a)에서는 7을 나타낸다. 또한 A, B, C, D와 G의 음극을 접지하면 3을 얻는다. 보통 7-세그먼트 배열은 개개의 세그먼트를 도통하기 위하여 각각의 양극 전압을 인가하고 음극을 공통으로 사용하는 공통-음극(common-cathode) 형태가 많이 사용된다. 또한 양극 전압을 공통으로 인가하고 각각의 음극 전압을 가하는 공통-양극(common-anode) 형태가 사용되기도 한다.

광다이오드(Photo Diode)

역방향으로 바이어스된 다이오드는 접합의 공핍층에 존재하는 소수 캐리어에 의해 수 nA의 작은 역방향전류가 흐른다. 이들 소수캐리어의 생성은 온도에 의존하거나 접합에 도달한 빛에 의존한다. 다이오드가 불투명하게 패키지된 경우 외부의 빛은 접합에 도달할 수 없다. 이 경우 빛이 전기적인 신호로 바뀌는 현상인 광전효과를 검출할 수 없다. 그러나 다이오드가 투명하게 패키지된 경우, 들어오는 가시광 빛은 역방향 전류를 증가시킨다.

광다이오드는 빛에 대한 감도가 최적화되어 있다. 이 다이오드에서 유리창은 접합을 통해 빛이 통과하도록 하고 들어오는 빛은 자유전자와 정공을 만든다. 다시 말해, 빛은 소수 캐리어의 수를 증가시키며 빛이 강하면 강할수록 더 많은 소수 캐리어를 만들어 역방향 전류를 증가시킨다.

그림 4-4는 광다이오드의 기호이다. 안쪽으로의 화살표는 들어오는 빛을 나타낸다. 광다이오드는 역방향 바이어스로 사용되는 것에 주의해야 한다. 이런 경우 빛이 더 강할수록 역방향전류는 증가한다. 빛을 받지 않을 경우에는, 역방향전류는 적으며 보통 수백 nA이다.

광다이오드는 들어오는 빛을 전기신호로 변환할 수 있는 장치로 광검출기의 한 예이다. 광검출기의 사용에는 광저항기, 광 트랜지스터가 있다.

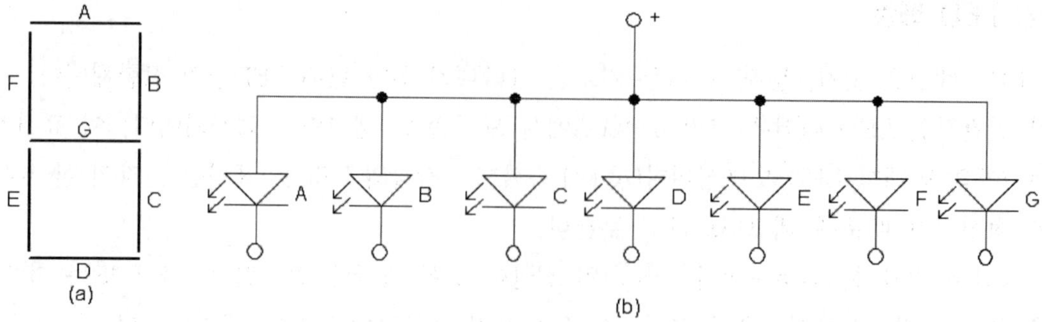

그림 4-3 (a) 7-세그먼트 표시기, (b)회로도

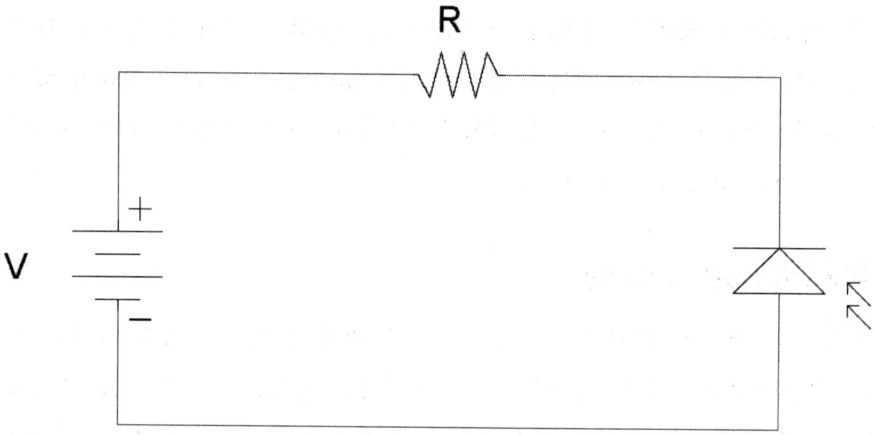

그림 4-4 광다이오드 역방향 바이어스

◉ 광결합기

광결합기는 단일 포장으로 LED와 광검출기를 결합한 것이다. 그림 4-5는 LED-광다이오드 결합기를 보여준다. 왼쪽에 있는 것이 LED이고 오른쪽에 있는 것이 광다이오드이다. LED전원은 전류가 LED를 통하여 흐르도록 한다. LED로부터 나온 빛은 광다이오드를 비추고 저항R_2를 통하여 역방향전류를 흐르게 한다. 광다이오드 양단의 전압은 다음과 같이 주어진다.

$$V_{out} = V_{SS} - IR_2 \qquad (4-1)$$

이 출력전압의 크기는 역방향 전류의 크기에 좌우된다. 만약 LED의 전압이 증가하면 빛의 양이 증가하고 이는 광다이오드 전류를 증가시킨다. 결과적으로 V_{out}이 감소하게 된다. LED에 흐르는 전류가 교류로 변화 하면 V_{out}도 교류로 변화한다.

광 결합기의 가장 큰 장점은 LED 회로와 광다이오드 회로 사이의 전기적인 분리이다. 일반적으로 입력과 출력회로 사이의 저항이 $10^{10}\,\Omega$보다 더 크다. 이것이 광결합기가 또한 광분리기로 불려지는 이유이다. 입력과 출력회로 사이의 연결은 단지 빛의 전달만으로 이루어진다.

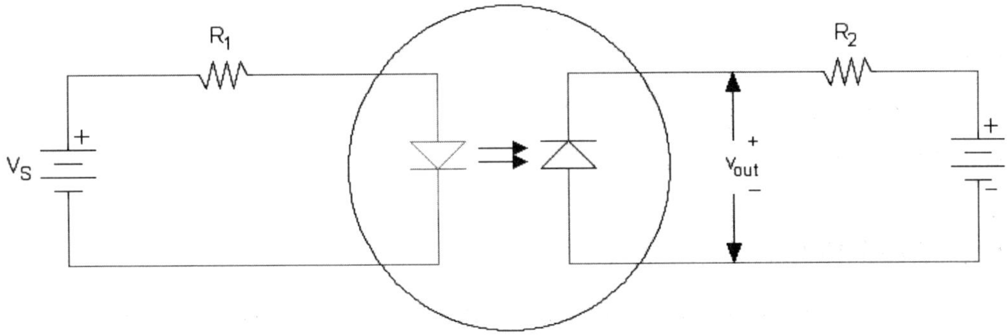

그림 4-5 광결합기 회로

요 약

1. LED에서 자유전자와 정공은 접합에서 재결합하여 열과 빛을 낸다.
2. Ga, As, P 등으로 구성된 복합반도체(compound semiconductor) 물질을 사용함으로써 적색, 녹색, 노란색 및 적외선을 방출하는 LED를 만들 수 있다.
3. 전류 10에서 50 mA에 대하여 LED 양단의 인가전압은 1.5 V에서 2.5 V 정도이다.
4. LED의 이점은 낮은 구동전압, 긴 수명, 빠른 on-off 스위칭이다.
5. 가장 공통적인 LED 배열은 7-세그먼트 표시기이다. 이것은 알파벳 문자와 0에서 9까지의 숫자를 나타낼 수 있다.
6. 광다이오드는 빛에 대한 감도가 최적화되어 있다. 광다이오드에서 빛이 접합을 통해 지나가면 자유전자와 정공을 만들어 낸다. 빛의 세기가 커질수록 큰 역방향 전류가 흐른다.
7. 광결합기는 단일 포장 내에서 LED와 광다이오드가 결합되어 있다. 광결합기에서는 LED로부터 나온 빛이 광다이오드의 역방향전류를 조절한다. 이러한 방법으로 입력과 출력회로는 전기적으로 분리된다.

나. 실험과정

실험 장비 및 재료

- 가변직류전원
- 디지털 멀티미터, DMM
- 저항 : 270 Ω
- 다이오드 : 1N4001
- 적색 LED, 녹색 LED
- 7-세그먼트 표시기
- 광결합기 : 4N25

적색 LED에 대한 전류-전압특성

1. 적색 LED를 시험한다. 패키지에서 한 쪽이 평평한 가장자리를 가진 것이 음극을 나타낸다(LED에서 음극 단자는 양극 단자보다 길이가 약간 짧다).
2. 적색 LED를 사용하여 그림 4-6과 같은 회로를 구성한다. DMM은 LED에 흐르는 전류를 측정하기 위해 전류계로 연결한다. 전압계는 LED 양단의 전압을 측정한다. 1N4001은 LED에 우연히 역방향 바이어스가 걸리는 것을 막아준다.
3. LED에 10 mA의 전류가 흐르도록 전원전압 V_S를 조정하고 표 4-1에 LED 전압을 기록한다.
4. 표 4-1에 기입된 전류가 흐르게 전원전압을 조정하고 각 LED 전압을 기록한다.

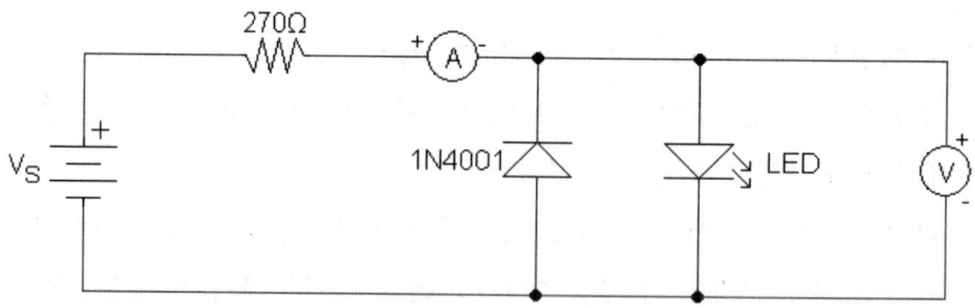

그림 4-6 LED 회로

표 4-1 LED 자료

I[mA]	V_{red} [V]	V_{green} [V]
10		
20		
30		
40		

녹색 LED에 대한 전류-전압특성

5. 그림 4-6 회로에서 적색 LED를 녹색 LED를 바꾼다.
6. 녹색 LED에 대하여 실험 과정 3,4를 반복하라.

7-세그먼트 표시기 사용

7. 그림 4-7 (a)는 이 실험에서 사용할 공통 양극형 7-세그먼트 표시기의 위에서 본 핀 배열이다. 여기에는 좌측 십진점(LDP, left decimal point))과 우측 십진점(RDP)이 들어있다. 그림 4-7 (b)와 같이 회로를 연결한다.
8. 그림 4-7 (c)는 TIL312의 회로도이다. 1, 10, 13번 핀은 접지이다. 만약 회로가 정확히 동작한다면 숫자 7이 나타날 것 이다.
9. 1, 10, 13번 핀을 접지에서 떼어낸다.
10. 그림 4-7의 (a)와 (c)를 참조하라. 어떤 핀을 접지시켜야 숫자 0이 나타나는가? 이들 핀을 접지시키고 회로가 정확하게 동작하면 표 4-2에 핀 번호를 써 넣는다.
11. 1에서 9까지의 남은 숫자와 소수점에 대하여 10의 과정을 되풀이한다.

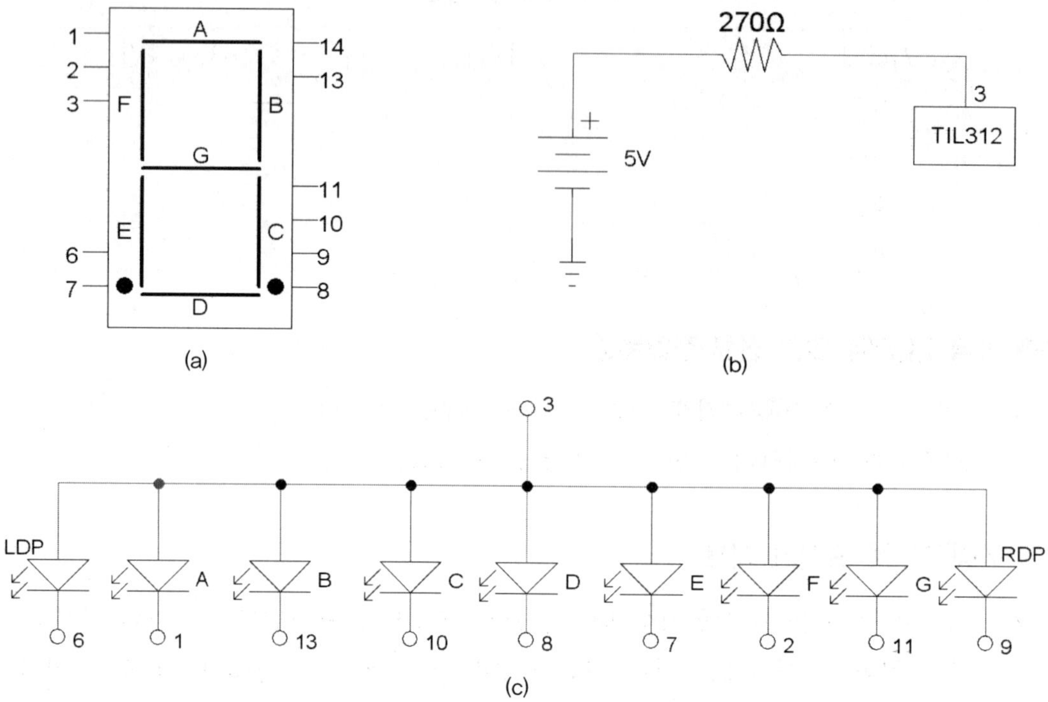

그림 4-7 (a) TIL 312의 핀번호, (b) TIL312 회로, (c) 회로도

표 4-2 7-세그먼트 표시기

표시값	접지시켜야 할 핀들
0	
1	
2	
3	
4	
5	
6	
7	
8	
9	
왼점	
오른점	

광결합기의 전달 그래프

12. 그림 4-8 (a)의 회로를 연결하고, 2 V로 전원전압을 조정하라. 표 4-3에 출력전압을 측정하고 기록한다.

13. 표 4-3에 주어진 전원전압에 대한 12의 과정을 반복한다.

14. 표 4-3의 데이터로부터 광결합기의 V_{out} 대 V_S 사이의 전달 그래프를 그래프 4-1에 그린다.

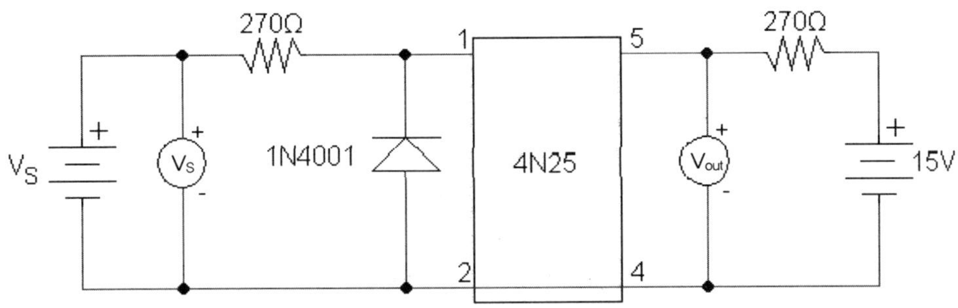

그림 4-8 광결합기 회로

표 4-3 광결합기

V_S [V]	V_{out} [V]
2	
4	
6	
8	
10	

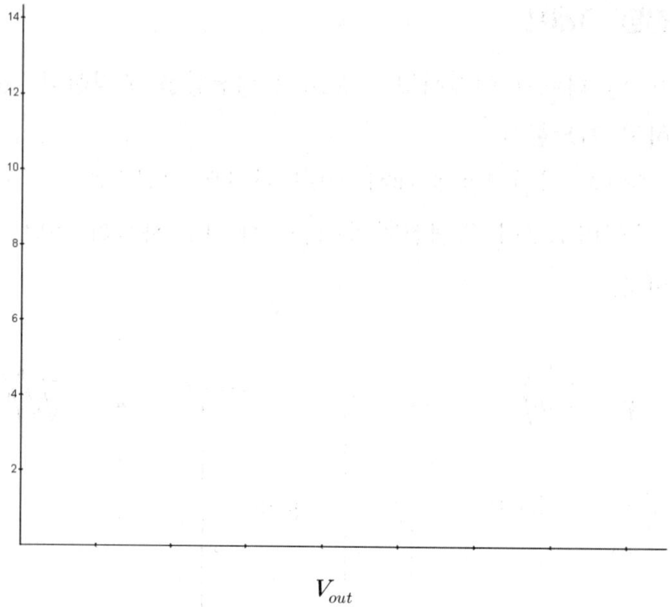

그래프 4-1 광결합기

다. 검토 사항

1. 전류가 30 mA일 때 적색 LED 양단의 전압강하는 얼마인가?
2. LED에 흐르는 전류변화에 따라 LED의 빛 밝기가 어떻게 달라지는가?
3. 그림 4-6에서 전원전압을 역으로 했다고 가정하라. 만약 $V_S = -15$ V이면, 대략 얼마나 많은 전압이 LED 양단에 걸리겠는가? 어떻게 실리콘 다이오드가 LED를 보호할까를 설명하라.
4. 전류가 30 mA일 때 녹색 LED 양단의 전압강하는 얼마인가? 같은 전류의 적색 LED 양단의 전압과 비교하시오.
5. 그림 4-7 (b)에서 숫자 8이 나타났다고 가정한다. 3번핀과 접지 사이의 전압강하가 1.6 V라면 얼마나 많은 전류가 270 Ω 저항을 통해 흐르겠는가?
6. 질문 5에서 각 LED에 같은 전류를 사용한다면 얼마나 많은 전류가 한 LED에서 사용될까?
7. 7-세그먼트 표시기가 숫자 8보다 1을 더 밝게 나타내는 이유를 설명하라.
8. 문자 1과 8이 같은 밝기를 가지려면 회로설계를 어떻게 해야 하는가?

실험 5

반파 및 전파 정류회로

실험목표

1. 반파 정류회로의 파형을 관찰하고 측정한다.
2. 전파 정류회로의 파형을 관찰하고 측정한다.

가. 실험 내용

직류 및 교류 전압과 전류는 다양한 전자장치에 전력을 공급하는데 이용된다. 보다 효과적이고 경제적인 전송 때문에 전력회사에서 일반적으로 교류전력을 공급한다. 이 교류전압과 전류를 직류로 바꾸려면 정류 작용이 필요하다.

직류전류는 한 방향으로만 흐르는 전류이다. 한쪽 방향 전류특성을 가진 다이오드는 정류를 하는데 적합하다. 한 방향으로 전류를 흐르게 하는 다이오드에는 Si(실리콘) 다이오드가 전력용 정류기로 주로 사용된다.

Si 정류기

이상적인 정류기는 순방향 바이어스일 때 저항이 0인 단락 스위치로 동작하고 역방향 바이어스일 때 무한대 저항을 갖는 개방 스위치로 동작한다. 즉 양극(anode)이 음극(cathode)에 대해 (+)일 때 ON이고 양극(anode)이 음극(cathode)에 대해 (−)일 때 OFF 상태이다. 이러한 이상적인 상태는 실현 가능하지 않지만 Si 정류기는 이에 가깝다.

그림 5-1은 Si 정류기의 전압 전류 특성을 보여 준다 순방향 바이어스일 때 정류기는

극히 낮은 순방향 저항 R_F를 나타낸다. 그래프에서 다이오드 양단이 0.6 V일 때 전류가 0.2A 흘러 순방향 저항 $R_F = 0.6/0.2 = 3\,\Omega$이다. 다이오드 양단이 0.8 V일 때 전류가 0.8A 흘러 $R_F = 0.8/0.8\ 1\,\Omega$이다. 순방향 저항은 다이오드 전류가 증가함에 따라 감소한다.

역방향 바이어스 특성을 보면 전류 축은 마이크로암페어이고, 역방향 전압 축은 100 V 간격이다. 200 V에서 대략 0.4 μA의 전류가 흐르므로 역방향 저항은

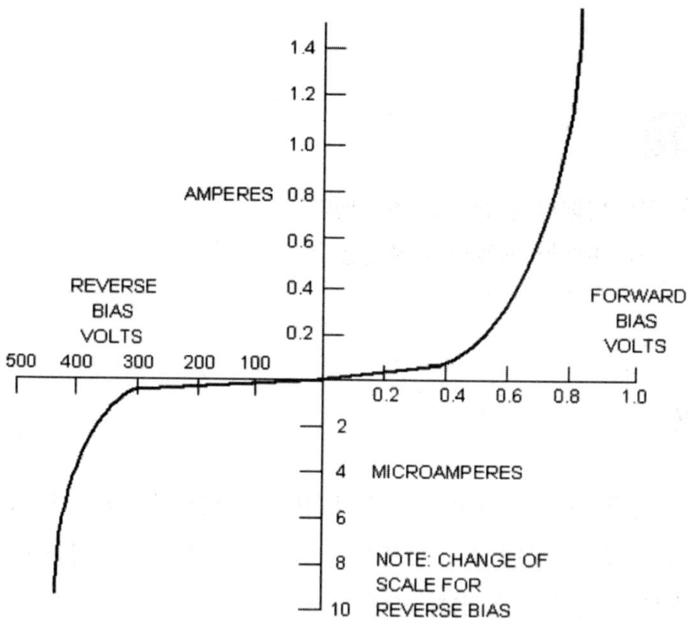

그림 5-1 Si 정류기의 전압전류특성

$$R_R = \frac{200}{0.4 \times 10^{-6}} = 500\ \mathrm{M}\Omega$$

이고 400 V에서 0.8 μA의 전류가 흐르므로

$$R_R = \frac{400}{8 \times 10^{-6}} = 50\ \mathrm{M}\Omega$$

이다.

Si 정류기의 정격

정류기 특성들은 보통 제조회사 의해 아래와 같이 제공 된다

1. 정류기의 파손 없이 정류기 양단에 인가할 수 있는 최대 역방향 전압(PIV)
2. 최대 정현파 실효치 입력전압(rms(root mean square) 전압)
3. 특정 전류와 온도에서 최대 순방향 전압
4. 최대 역방향 전압에서 최대 역방향 전류
5. 동작 온도

안전하게 취급할 수 있는 최대 전류, 최대 역방향 바이어스 전압(PIV, Peak Inverse Voltage) 및 최대 실효치 입력전압 등과 같은 Si 정류기의 특성은 다이오드의 구조와 크기에 의해 결정된다.

넓은 범위의 Si 정류기는 부하전류가 200 mA에서 1000 A까지 흐르게 할 수 있고 최대 역방향 전압(PIV)정격이 100 V에서 1000 V 이상 되는 것이 있다. Si 정류기는 가는 선의 양쪽의 전극을 가진 형태(그림 5-2 (a)), 중절모 형태[그림 5-2 (b), 나사 장착형(그림 5-2 (c)]을 포함한 여러 가지 모양과 크기가 있다. (a)와 (b)형은 저항이나 콘덴서와 같이 회로에 직접 연결된다. 그러나 (c)형은 큰 전력용 정류기의 방열판의 금속판 몸체에 나사로 고정된다.

(a) (b) (c)

그림 5-2 Si 정류기의 형태

반파 정류

그림 5-3은 반파정류회로 이다. 정현파 $6\,V_{rms}$ 전압($6\,V \times 1.414 = 8.5\,V_p$, 8.5 $8.5\,V \times 2 = 17\,V_{p-p}$)이 직렬 연결된 다이오드 D_1과 부하저항 R_L 양단에 인가된다. 입력 전압 V_{in}은 매 1/60초 마다 극성이 변하는 교류 전압이다. 양의 변화 동안 양극(anode)은 음극(cathode)에 대하여 양(+)이고 전류가 흐른다. 음의 변화 동안 양극(anode)이 음극(cathode)에 대하여 음(−)이므로 전류는 흐르지 않는다.

다이오드를 통해 흐르는 전류는 직렬로 연결된 부하저항 R_L 양단에 전압강하를 발생시킨다. 더욱이 입력전압의 변화에 따라 전류의 변화가 일어나므로 R_L 양단의 출력 전압 V_{out}는 전류가 흐르는 양의 변화에서만 나타난다. 그림 5-4는 입력 V_{in}과 출력 전압 V_{out}의 파형을 보여 준다. 여기서 V_{out}이 더 이상 교류전압이 아니고 펄스형의 DC(Direct Current, 직류)전압이라는 것을 알아야 한다.

다이오드 정류기의 내부 순방향 저항 R_F는 R_L 양단에 최대 출력전압 V_{out}이 나타날 수 있도록 그 값이 매우 작다. 이 저항은 사용되는 고체 다이오드의 형태에 따라 다르다. 고체 다이오드의 전류 정격이 높으면 높을수록 정류기 다이오드의 내부저항(R_F)은 낮아진다. 정류기 양단의 전압강하는 보통 약 0.7 V이다. R_L 양단의 전압 V_{out}는 입력전압 V_{in}과 거의 같은 양의 전압이 되나 V_{in} 보다는 내부 순방향 저항 R_F에 의해 약간 작게 되고 그 크기는

$$V_{out} = V_{in}\ R_L/(R_L + R_F)$$

으로 된다.

여기서 입력 주기의 양의 한 변화 동안 다이오드가 도통되는 과정을 반파 정류라 한다. 반파 정류된 파형의 평균값 V_{av}은

$$V_{av} = V_p\ /\ 3.14$$

가 된다.

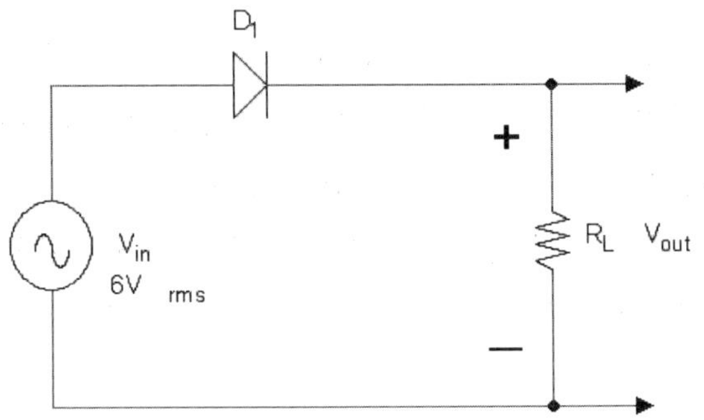

그림 5-3 Si 다이오드 반파정류기

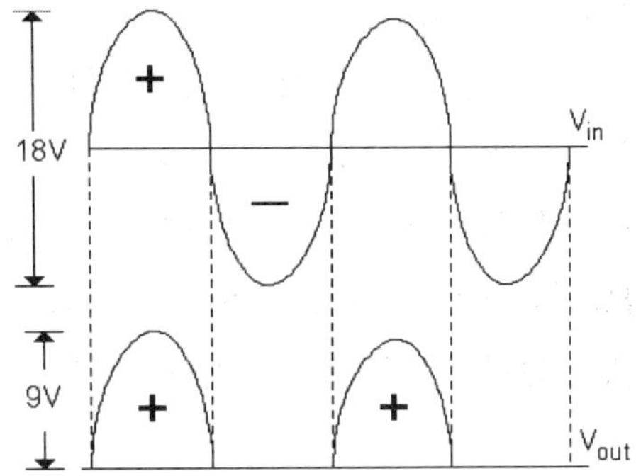

그림 5-4 입·출력 파형

전파 정류

그림 5-5의 회로는 전파정류기를 보이는데 두 개의 다이오드를 사용하여 입력전압의 양과 음 쪽의 변화를 정류하는 것이 가능하다. 회로에 $6\,V_{rms}(17\,V_{p-p})$의 전압이 인가되고, 두 개의 같은 값을 갖는 저항 R이 직렬 연결되어 교류전원과 병렬접속된 것으로 가정한다. $17\,V_{p-p}$는 점 A와, C점 C와 B점 사이에 연결된 두 저항 양단에 나타나고, C점은 A점과 B점 사이의 전기적 중간점 이다. 그러므로 각 저항 양단에도 $8.5\,V_{p-p}$가 나타난다. V_{in}의 파형에서 A점이 C에 대하여 양(+)이면 B점은 C점에 대해 음(−)이다. A가 C에 대해 음(−)일 때 B점은 C에 대하여 양(+)이다. 각 다이오드에서 볼 수 있는 전압파형을 그림 5-6에서 볼 수 있다. 각 다이오드의 양극(anode)에 인가된 전압의 크기는 같지만 주어진 순간에서의 극성은 반대임을 알 수 있다.

양의 V_{in}에서는 A가 C에 대해 (+)이고 D_1은 순방향이 되고 B가 C에 대해 (−)이므로 D_2는 역방향이 된다. 그러므로 D_1은 도통 상태이고 D_2는 차단 상태이다. 같은 원리로 음의 V_{in}에서는 B는 C에 대해 (+)이므로 D_2가 순방향이 된다. D_2가 도통되며 D_1은 차단된다. 전체 입력전압 주기 동안 D_1과 D_2가 번갈아 도통 상태가 된다.

두 개의 다이오드는 공통 음극(cathode)에 부하저항 R_L을 가지기 때문에 R_L 양단의 출력전압은 D_1과 D_2가 번갈아 도통하여 출력을 얻는다. 그러므로 그림 5-6에서 R_L 양단 출력파형 V_{out}는 반파정류의 경우와 다르게 빈 간격이 없게 된다.

전파정류기의 출력은 맥동의 직류파형이다. 그림 5-5의 회로에서 입력전압 양단에 접속된 두 개의 같은 저항 R의 연결점 C점은 회로연결과 0 V 기준점을 위하여 필요하다. 부하저항 R_L은 음극(cathode)으로부터 이들 저항들의 중심 기준점 C점으로 연결된다는 점에 주의하라.

출력파형 V_{out}에 대한 흥미 있는 사실은, 같은 입력전원을 사용하는 반파정류기에 비해 최대 진폭이 8.5 V가 아니라 4.25 V로 작아진다는 것이다. 물론 그 이유는 C점에 대한 A의 최대 정(+)의 전압이 8.5 V가 아니고 4.25 V이기 때문이다. 그림 5-5의 전파정류기는 반파정류기에 비해 다이오드 두 개가 번갈아 동작하여 도통사이의 간격은 채웠지만, 반파정류작용기에 비해 최대 출력전압은 반 정도 낮은 출력전압이 나타나게 된다.

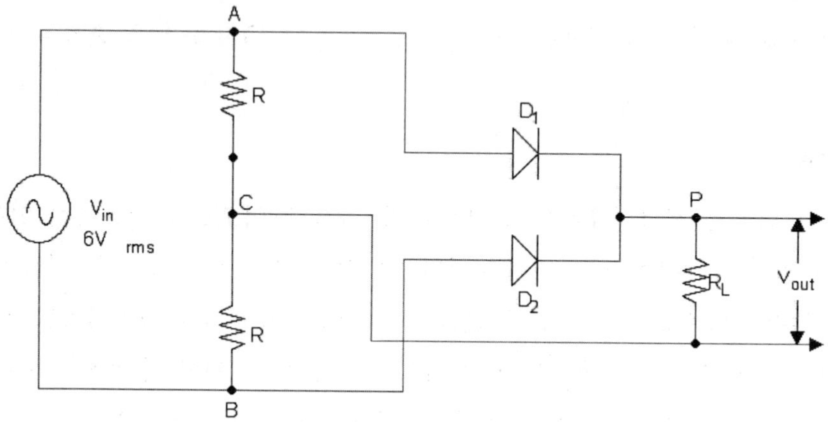

그림 5-5 전파 정류기

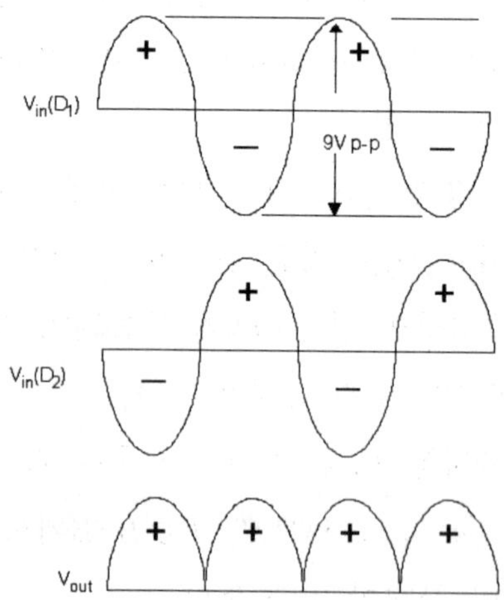

그림 5-6 전파전류기의 입, 출력파형

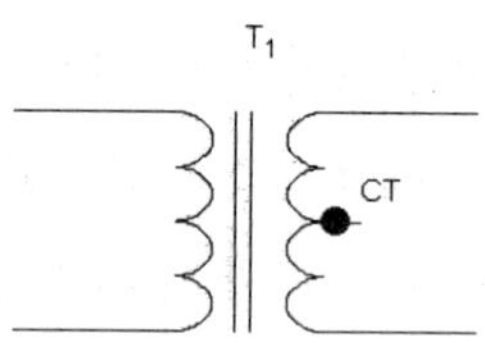

그림 5-7 2차에 중간 탭이 있는 전압강하용 전원 변압기

변압기에 연결한 반파 및 전파정류

그림 5-5에서는 두 개의 분기저항 R을 사용했기 때문에 실제의 전파정류기는 아니다. 각각의 다이오드가 도통 상태일 때 R 양단의 전압 강하는 V_{out}을 줄게 하고 출력전압은 감소한다. 전원용 변압기는 1차측 권선과 절연된 2차측 권선으로 만들어진다. 1차 권선은 AC공급전원에 연결된다. 즉, 220 V, 60 Hz의 전력선에 연결된다.

2차 권선은 전압 상승이나 전압강하용 권선이다. 그림 5-7은 이 실험에서 사용될 변압기 T_1의 회로이다. 이것은 1차 220V, 2차(V_{AB}) 18V에 중심 탭(CT, center tap)을 가지고 있다. 2차 권선의 전류정격은 수백 mA 이다. 이것은 2차 권선에 흐를 수 있는 최대 전류를 의미한다. 2차에 연결된 중심 탭은 그림 5-5에 있는 두 개의 중심 분기저항 R의 필요를 없앤 것으로 실제의 전원 정류회로를 가능하게 만든 것이다.

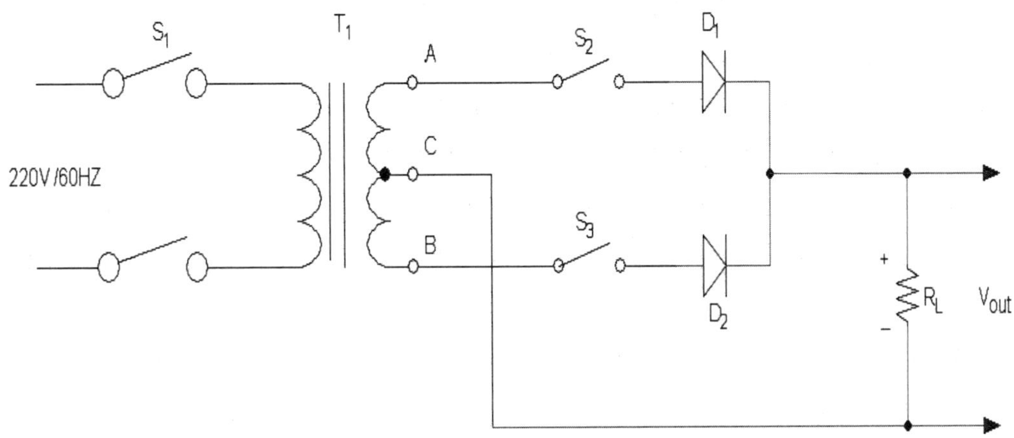

그림 5-8 변압기 결합 전파정류기

그림 5-8의 회로는 T_1이 어떻게 전파 정류 회로에 연결되는지를 보여준다. 정류기 다이오드 D_1과 D_2의 양극(anode)은 각각 2차 전압 A와 B에 연결된다 A-C와 B-C 사이의 전압은 항상 반대 극성이 된다. C가 중간 탭이므로 각 다이오드의 양극(anode)은 9 $Vrms$를 공급받는다. 부하저항 R_L은 D_1과 D_2의 음극(cathode) 접합점으로부터 2차 권선의 중심탭 점 C에 연결된다. 출력전압은 R_L양단에 나타난다.

전원이 변압기 T_1의 1차에 인가되고 스위치 S_2와S_3이 닫힐 때 D_1과 D_2는 전파정류기로서 동작한다. 각 다이오드는 2차측 양단에 나타나는 전압의 반만 접하게 되며, 각 다이오드는 교대로 도통된다. 스위치 S_2는 닫고 S_3을 열 때 D_1은 반파정류기로 동작하며, S_3은 닫고 S_2를 열 때는 D_2가 반파정류기로 동작한다. 전파 정류된 파형의 평균값 V_{av}은

$$V_{av} = 2V_p / 3.14$$

가 된다.

요 약

1. 전력 회사들은 배전방법에서 직류보다 더 효율이 좋고 경제적인 이유로 교류전력을 공급한다.
2. 직류전압과 전류가 전자 장비에서는 더 필요하므로, 정류라는 과정으로 교류(AC)를 직류(DC)로 바꿀 필요가 있다.
3. Si 정류기는 다른 고체 정류기보다 전자 회로에서 많이 사용된다.
4. Si 전원 정류기는 최대 역방향 전압(PIV) ; 견딜 수 있는 최대 순방향과 역방향 전압 ; 특정온도에서 평균 순방향 전류와 최대 순방향 전류 ; 동작온도 ; 그리고 허용할 수 있는 최대 정현파 입력전압(rms)에 대한 정격이 있다.
5. 200 mA에서 1000 A 범위의 부하전류를 감당할 수 있는 광범위한 Si 정류기가 있다.
6. 그림 5-3에서와 같이 연결된 하나의 다이오드는 반파정류기로 동작하고 교류파형의 한쪽 부분만 부하에 인가한다.
7. 그림 5-8에서 두 개의 다이오드가 사용될 때, 전파정류를 얻을 수 있다. 여기서 입력 정현파의 두 변화는 다이오드 D_1과 D_2에 의해 번갈아 동작한다.
8. 반파 정류기의 출력은 단방향 전압펄스(그림 5-4)로 나타낸다. 또한 전파정류기의 출력도 단방향 전압펄스(그림 5-6)로 나타난다. 정류기는 교류파형을 맥동 직류로 변환시킨다.
9. 도통될 때 각 정류기는 완전한 스위치가 아니다. 약간의 내부저항(R_F)을 지니고 있다. 이 저항으로 각 다이오드 양단에 약간의 전압손실(강하)이 있다.
10. 전파정류회로는 보통 2차 권선에 중간 탭을 가진 전원변압기를 이용한다. 정류기에 연결되는 변압기의 2차 권선(그림 5-8)은 이 전원 공급장치가 제공해야 할 전자 장비의 요구에 따라 권선비를 조절하여 전압을 높이거나 낮추게 된다.
11. 변압기가 전원정류회로에 사용될 때 출력의 전력손실을 줄이기 위해 2차측 권선의 저항을 적게 한다.

나. 실험과정

◎ 실험 장비 및 재료

- 장비 : 오실로스코프 ; DMM
- 저항기 : 10 kΩ 1/2 W
- 다이오드 : 1N4001(2개)
- 그 외 : 브레드보드 ; 전원변압기, 1차 220 V, 2차 18 V 중간 탭 부착 500 mA 용 ; 전원코드(퓨즈 부착).

1. 그림 5-8의 회로를 연결하고 오실로스코프가 전원파형 V_{AB}, 기준파형을 볼 수 있게 트리거를 잡는다.
2. D_1의 양극(anode)에 오실로스코프의 입력단을 연결하고 C점에 접지선을 연결한다. 스위치 S_1을 닫고 전원을 넣는다. 스위치 S_2는 닫고 S_3은 개방 상태를 유지하라.
3. V_{AC}를 보기 위하여 수직 전압, 수평 시간, 동기/트리거링을 조정하라. 이때 채널 1과 채널2를 사용하여 기준파형과 V_{AC}를 동시에 관찰한다.
4. 오실로스코프로 V_{AC}의 첨두치 전압 V_{p-p}를 측정하고 결과를 표 5-1에 기록하라. 전압계로 점 AC 양단의 직류전압을 측정하고 결과를 표 5-1에 기록하라.
5. S_2를 열고 D_2의 양극(anode)에 오실로스코프의 수직입력을 연결하라. S_3을 닫고 관찰한 전압파형 V_{BC}를 표 5-1에 기준파형과 같은 시간위상으로 그려라. BC양단의 첨두치 전압(V_{p-p})과 직류전압을 측정하여 기록하라.
6. S_3을 열고 R_L 양단 점D에 오실로스코프의 수직입력을 연결하라.
7. S_2를 닫고 기준 파형과 같은 시간위상으로 R_L 양단에서 관찰된 파형 V_{out}를 그려라. R_L 양단의 첨두치 전압과 직류전압이 있으면 측정하여 결과를 표 5-1에 기록하라.
8. S_2를 열고 S_3은 닫는다. 위에서와 같이R_L 양단에서 관찰된 파형 V_{out}를 그려라. R_L 양단에 파형의 p-p 진폭과 직류전압이 있으면 측정하여 결과를 표 5-1에 기록하라.
9. S_2를 닫는다. 이제 모든 스위치를 닫고 출력파형 V_{out}를 그려라. R_L 양단에 파형의 peak to peak 진폭과 직류전압이 있으면 측정하고 결과를 표 5-1에 기록하라.

10. 그림 5-8의 회로에서 각 정류기의 순방향 저항을 결정하기 위해 사용되는 실험 과정을 상세하게 설명하라. 지금 적용된 과정대로 D_1과 D_2의 저항을 측정 또는 계산하여 결과를 표 5-1에 기록하라.

표 5-1

	X축 : 시간(주기), Y축 : 전압									
V_{in} (A to C)										
V_{in} (B to C)										
V_{out} (D_1)										
V_{out} (D_2)										
V_{out} (전파)										
순방향 저항 [Ω]		D_1 :				D_2 :				

다. 검토사항

1. 실험 과정 2에서 어떤 정류 작용의 형태가 일어나는가?
2. 실험 과정 8에서의 결과는 과정 5의 결과와 어떻게 다르며 그 차이는 왜 일어나는가?
3. 어떤 형태의 정류가 과정 9에서 일어나는가?
4. 입력 주파수와 출력전압의 주파수를 (a) 반파정류기, (b) 전파정류기에서 표 5-1의 파형을 참고하여 관계를 비교하라
5. 데이터로부터 (a) 반파정류기와 (b) 전파정류기에서 R_L 양단의 직류(평균)전압과 첨두 입력전압 사이의 관계에 어떤 관계가 있는가? 관계를 수학적으로 설명하라.

실험 6

트랜지스터 바이어스

실험목표

1. 트랜지스터의 바이어스에 대하여 이해한다.
2. 이미터-베이스의 순방향과 역방향 바이어스에 따른 베이스 전류 및 컬렉터 전류를 측정 한다.
3. 컬렉터-베이스의 역방향전류 I_{CBO}를 측정한다.

가. 실험 내용

◎ 트랜지스터 : 3단자 소자

반도체에 대한 과학적 흥미에 의해 벨연구소에서 트랜지스터(transistor)의 개발이 이루어지게 되었다. 트랜지스터의 장점은 작고, 가벼워서 장치의 소형화를 가능하게 하고, 낮은 전압에서도 동작하여 전력소모가 적은 것이다. 또 트랜지스터는 이전에 사용되던 진공관에 비해 예열시간이 필요 없어 전력이 공급되면 즉시 동작한다. 트랜지스터의 단점은 열에 대해 민감도가 높은 점이나 반면에 트랜지스터 자체가 열을 많이 내지 않는다는 것은 장점이다.

◎ 접합 트랜지스터

트랜지스터는 반도체 다이오드의 기능이 확장된 것이다. 그림 6-1에 보이는 PNP형 실리콘 트랜지스터가 하나의 예이다. 2개의 넓은 P형 실리콘판 사이에 아주 얇은 N형의 실리콘판을 두어서 만들어진 접합 트랜지스터이다. 3개의 단자는 각각의 반도체 물질에 접촉하는 금속선에 연결되어서 밖으로 나온다. 왼쪽의 P형 실리콘은 이미터(emitter)로, 중간의 N형 실리콘은 베이스(base)로, 오른쪽의 P형 실리콘은 컬렉터(collector)로 불린다. 베이스는 약 0.1 마이크로미터 이하의 두께이다. 트랜지스터를 바이어스 시키기 위해 트랜지스터는 2개의 다이오드로 간주될 수 있다. 이미터-베이스 구성이 한 개의 다이오드이고 컬렉터-베이스 구성이 또 다른 다이오드이다.

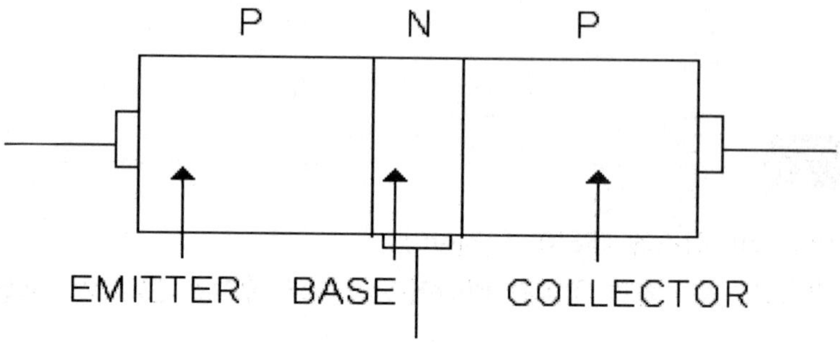

그림 6-1 PNP접합 트랜지스터

증폭기로 사용될 때 PNP 트랜지스터는 그림 6-2와 같이 바이어스 된다. 이미터-베이스 사이는 V_{EE}에 의해 순방향으로 바이어스 된다. 이 때 정공(hole)들은 이미터-베이스 다이오드에서 다수전송자이고 P형의 이미터로부터 베이스로 주입된다.

이미터에 의해 주입된 정공의 작은 비율(1% 이하)이 N형 베이스에 있는 자유전자(electron)와 결합한다. 99% 이상의 정공은 아주 얇은 베이스 부분을 전자와 결합없이 통과하여 컬렉터의 음(-) 전압단자에 끌려간다. 이미터-컬렉터회로는 외부에 연결된 2개의 전압원 V_{EE}와 V_{CC}를 통하여 완성된다. 저항 R_C는 컬렉터회로에 흐르는 최대 컬렉터전류의 크기를 제한한다. 트랜지스터에서의 전류흐름에 대한 설명에서 이미터가 전류전송자의 공급원이고, 베이스에서 전자와 결합한 1% 미만의 정공은 베이스 전류를 형성한다. 따라서 이미터-베이스의 전류는 아주 작으며, 99% 이상의 컬렉터로 간 정공은 컬렉터 전류를 형성하게 되어 이미터와 컬렉터 전류는 거의 같게 된다. 또한 순방향 바이어스 된 이미터-베이스 전압의 변화는 이미터전류의 변화로 나타나게 된다. 이렇게 순방향 바이어스에서의 증가는 이미터전류의 증가에 의해서 컬렉터전류의 증가로 귀결된다. 이미터전류가 증가하거나 감소함에 따라 베이스 전류는 1% 미만으로 약간 증가하거나 감소한다. 컬렉터전류는 이미터-베이스 바이어스 변화에 의해 쉽게 조정될 수 있음은 분명하다. 이미터-컬렉터란 이름은 그들의 기능과 쉽게 관련된다. 결국 베이스에서 얼마나 전자와 정공이 결합하는가가 베이스 전류와 컬렉터 전류를 결정하게 되고 트랜지스터의 특성을 결정하게 된다. 즉, 베이스에서의 결합은 베이스의 도핑과 두께에 의해 결정된다. 베이스 도핑이 높고 베이스 두께가 두꺼울수록 이미터에서 주입된 정공 중 컬렉터로 가는 정공의 수가 줄게 되어 컬렉터 전류는 감소하고 베이스에서의 정공과 전자의 결합이 증가하여 베이스 전류는 증가한다. 바이폴라트랜지스터의 동작은 베이스에서 전자와 정공(양극성, 바이폴라)이 얼마나 결합하는가에 의해 결정되고 이로 인해 바이폴라트랜지스터의 이름이 유래하게 되었다.

그림 6-3에는 NPN 접합 트랜지스터를 보인다. 앞의 경우와 같이 이미터-베이스의 바이어스는 순방향으로 컬렉터-베이스의 바이어스는 역방향이 되어야 한다. 이미터와 컬렉터로 N형 반도체를, 베이스로 P형 반도체를 사용하므로 전압의 극성은 PNP 트랜지스터의 바이어스와 비교하여 반대로 되어야 한다. NPN 트랜지스터에서는 전자(electron)가 다수 전송자이고, PNP트랜지스터에서는 정공(hole)이 다수 전송자이다. 그림 6-4는 PNP 트랜지스터의 외부회로에서 흐르는 전자전류(정공전류)의 방향을 보여주는 회로도이다.

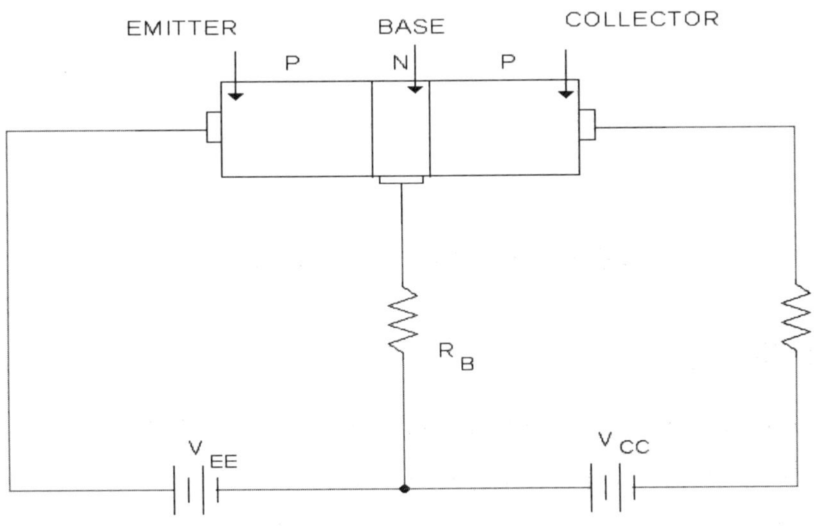

그림 6-2 PNP 트랜지스터의 바이어스

외부회로의 전류는 전자에 의한 전류이고, P형 반도체에서 흐르는 것은 정공이라는 것을 주목하라. I_{CBO}로 표기된 전류는 이미터-베이스 오픈 시 컬렉터와 베이스간의 역방향전류로 매우 적은 값을 갖는 누설전류이다. 그림에서 보듯이 이미터에 흐르는 전류는 전체전류로서 베이스와 컬렉터에 흐르는 전류의 합과 같다.

$$I_E = I_B + I_C$$

그림 6-5는 NPN 트랜지스터의 외부회로에 흐르는 전자전류의 방향을 보여준다. 그림 6-4와 비교할 때 NPN 트랜지스터의 외부회로에 흐르는 전류방향은 PNP형의 전류방향과 반대이다.

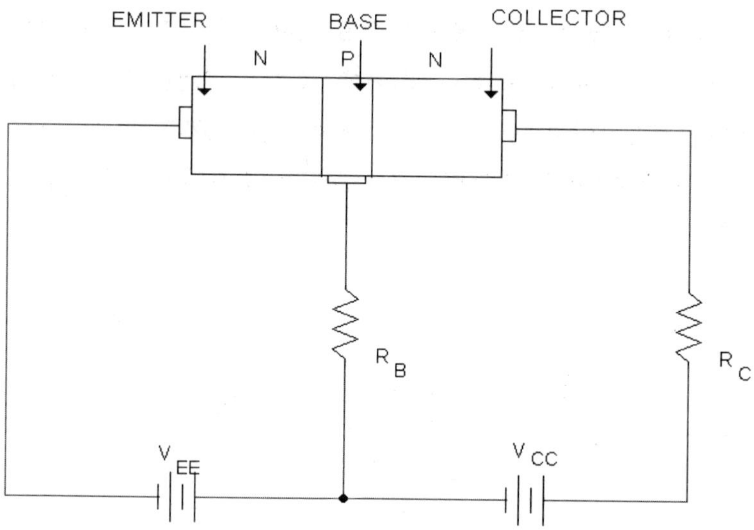

그림 6-3 NPN 트랜지스터의 바이어스

트랜지스터의 I_{CBO}

I_{CBO}는 이미터-베이스간을 개방시키고 컬렉터-베이스간을 역방향으로 바이어스로 하였을 때 흐르는 컬렉터전류이다. 이 누설전류(I_{CBO})는 컬렉터와 베이스간의 소수전송자에 기인한다. 즉, 열적으로 생긴 전자-정공 쌍에 의해 컬렉터-베이스 간 역방향 다이오드의 누설전류가 생기게 된다. 따라서 I_{CBO}는 밴드갭이 1.1 eV인 실리콘의 경우에는 수 나노암페어 [nA] 크기이며, 온도가 증가함에 따라 증가한다. 트랜지스터 동작에 영향을 미치는 중요한 요인은 동작온도이다. 온도가 증가되면 전류도 증가한다. 이것이 열을

발생하게 하고 다시 더욱 큰 전류를 흐르게 한다. 열폭주(thermal runaway)라 부르는 이러한 연속적인 상호작용이 차단되지 않으면 과도한 열 때문에 트랜지스터가 완전히 파괴되는 결과를 초래한다. 트랜지스터가 안전하게 동작할 수 있는 정상적인 온도 범위는 제작회사에 의해 결정된다. 실리콘 트랜지스터는 게르마늄 트랜지스터보다 열에 대하여 더 강하다. 이는 Si이 Ge 보다 밴드갭이 크기 때문이며 따라서 실리콘의 정상 동작온도 범위는 게르마늄보다 더 넓다.

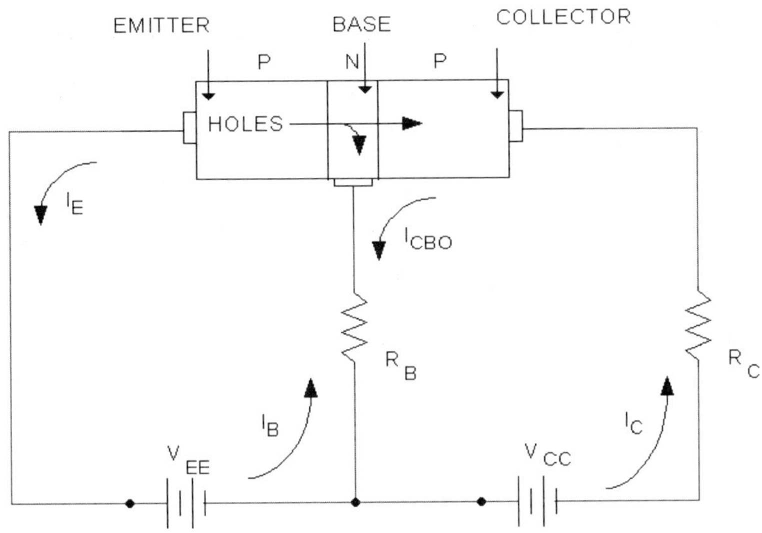

그림 6-4 PNP 트랜지스터의 외부회로에 흐르는 전자전류

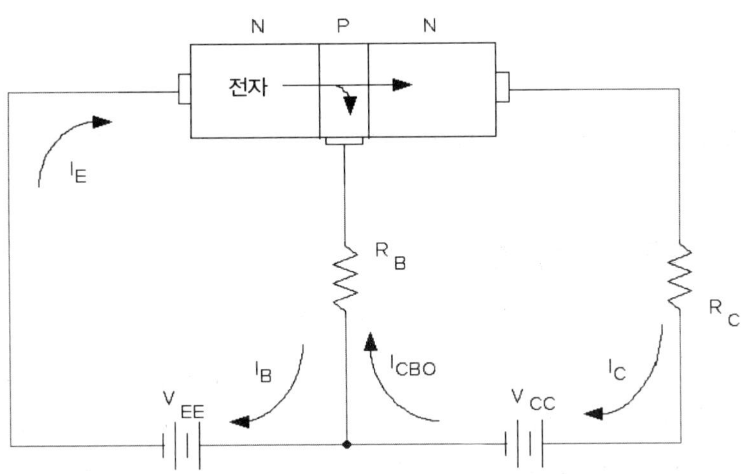

그림 6-5 NPN 트랜지스터의 외부회로에 흐르는 전자전류

트랜지스터의 기호와 정격

PNP와 NPN 트랜지스터의 배선기호는 각각 그림 6-6의 (a)와 (b)에 보이는데 화살표가 있는 단자가 이미터이고 반대쪽에 존재하는 단자가 컬렉터이다. PNP트랜지스터는 이미터 화살이 베이스로 들어가고 NPN형에서는 베이스로부터 나간다는 사실에 의해 두 가지 형이 구별된다.

트랜지스터는 전력을 소비하는 능력에 따라 정격이 정해진다. 저전력 오디오증폭기에 사용되는 트랜지스터는 50 mW 정도의 낮은 전력정격을 가진다. 고출력증폭기에 사용되는 트랜지스터는 더 높은 전력정격을 갖는다. 전력 트랜지스터의 케이스(case)는 쉽게 냉각될 수 있도록 특별하게 설계된다. 고출력 트랜지스터는 열을 방출하기 위해 열전도 방사판을 사용하기도 한다. 열을 방출하기 위한 다른 형태는 트랜지스터 금속 케이스를 금속 샤시 위에 설치하는 것이다. 이 경우 트랜지스터의 컬렉터는 트랜지스터 금속 케이스에 연결된다. 금속케이스는 열을 전도 방출한다. 이런 형의 트랜지스터는 물리적으로 금속 방열판에 고정시킬 때 더 높은 전력정격을 갖게 되고 방열판에 설치시키지 않을 경우 열에 의한 온도 상승으로 낮은 정격전력을 갖게 된다.

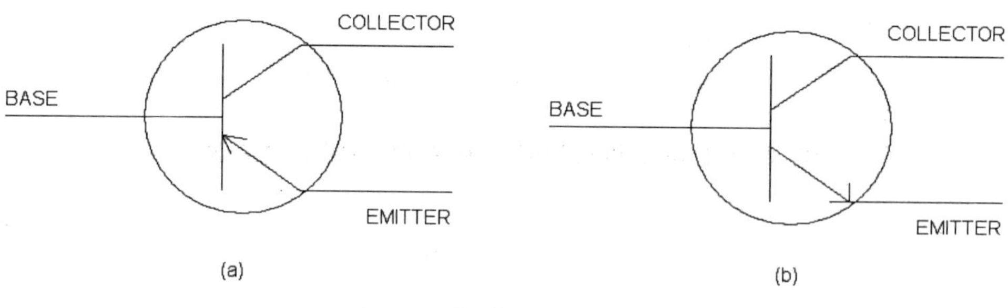

그림 6-6 (a) PNP 트랜지스터의 배선기호, (b) NPN 트랜지스터의 배선기호

트랜지스터 사용 시 주의사항

트랜지스터는 고체 소자이지만 부적절하게 다루면 쉽게 파괴된다. 가는 선의 단자를 갖고 있는 저 전력 트랜지스터는 그 단자가 약하고 잘 끊어지므로 다루는데 있어 상당한 주의를 필요로 한다. 실험 부품은 브레드보드(bread board) 위에 설치되어야 한다. 상당시간 동안 과부하를 적절하게 견디는 진공관에 비해 트랜지스터는 거의 순간적으로 파괴될 수 있다.

특히 바이폴라 트랜지스터는 일반 다이오드와 달리 접합의 한 쪽인 베이스가 매우 얇고 약하게 도핑 되어 있음을 주지하기 바란다. 동작회로에서 베이스와 컬렉터가 단락되면 이미터와 베이스는 pn접합으로 작동하고 낮은 전류에서도 쉽게 접합이 파괴될 수 있으므로 거의 트랜지스터가 파괴된다. 따라서 계측이나 실험시 부주의로 인하여 측정단자(lead)나 공구에 의해 베이스와 컬렉터 두 단자를 단락시키면 쉽게 트랜지스터를 파괴시킬 수도 있으므로 주의하여야 한다.

$$V_{CB} \neq 0$$

즉 V_{CB}는 0이 되지 않게 주의하여야 한다.

요 약

1. 트랜지스터는 2단자 다이오드의 범위와 응용을 확장한 반도체 소자이다.
2. 실리콘은 오늘날 대부분의 트랜지스터 및 다른 반도체를 제조하는 재료이다.
3. 접합형 트랜지스터는 이미터-베이스와 컬렉터-베이스라 불리는 2개 다이오드로 구성되며 중간에 있는 베이스는 도핑이 낮고 매우 얇다.
4. 트랜지스터는 PNP 또는 NPN형이 있다. 처음 문자는 이미터의 다수캐리어 형을, 가운데문자는 베이스의 다수캐리어 형을, 마지막 문자는 컬렉터의 다수캐리어 형을 나타낸다.
5. 접합 트랜지스터의 특성은 이미터, 베이스, 컬렉터의 도핑 중 베이스의 도핑과 두께에 따라 전류증폭 특성이 결정된다.
6. 증폭기의 응용에서 이미터-베이스 다이오드는 순방향 바이어스 되고, 컬렉터-베이스 다이오드는 역방향 바이어스 된다.
7. 이미터는 트랜지스터에서 전류전송자를 공급하는 공급원이 된다. 컬렉터는 전류전송자의 대부분을 받아 모은다. 베이스에서는 이미터에서 주입된 캐리어와 베이스의 다수캐리어가 극히 일부 결합하고 나머지는 컬렉터전류를 형성한다.
8. 이미터전류는 트랜지스터 전체 전류이고, 컬렉터전류와 베이스전류의 합으로 구성된다
9. 트랜지스터 내부에서 흐르는 전류는 다수 전류전송자에 의해 이동되며, PNP 트랜지스터의 경우에는 정공이 된다.
10. 이미터가 개방된 상태에서 컬렉터-베이스접합에서 소수전송자에 의한 전류는 누

설전류 또는 I_{CBO}라 불린다.

11. 실리콘 트랜지스터에서 I_{CBO}는 매우 작지만 열에 의해 증가되고 이를 막지 못하면 트랜지스터를 파손시킬 수 있다.
12. 트랜지스터는 열에 민감하다. 트랜지스터가 동작하는 온도 범위는 제조회사에의해 규정되어 있다.
13. 트랜지스터는 아주 낮은(50 mW) 전력에서부터 높은(1 W 이상) 전력까지 전력소모 능력에 따라 다양하게 정격전력(power rate)이 정해진다.
14. 고전력 트랜지스터는 열방출기를 사용하여 트랜지스터로부터 열이 외부로 전달되어 나가게 한다.
15. 동작회로에서 베이스와 컬렉터가 단락되면 이미터와 베이스는 pn 접합으로 작동하고 베이스가 얇고 낮게 도핑되어 있어 낮은 전류에서도 쉽게 접합이 파괴될 수 있으므로 사용 시 주의가 필요하다.

나. 실험과정

실험 장비 및 재료

- 전원장치 : 직류가변전압원
- 장비 : 전류계(DMM) ; EVM
- 저항 : 100 Ω, 820 Ω/0.5 W
- 반도체 : 2N3904와 2N3905 트랜지스터
- 기타 : 2.5 kΩ/0.5 W 가변저항

PNP 트랜지스터 바이어스

1. 그림 6-7 회로를 연결한다. 스위치 S_1, S_2는 열어둔다. 이러한 회로 구성은 공통-베이스 증폭기라 불린다. 입력전류(I_E)는 이미터 단자로 흘러 들어가는 반면 출력전류(I_C)는 컬렉터회로에서 측정 된다. R_2를 최대저항으로 맞춰둔다. 이것은 전원이 연결될 때 최소의 이미터 바이어스를 걸게 할 것이다. R_1은 이미터 회로에서 전류제한저항이다. R_3는 컬렉터회로에서 전류제한저항이다. 직류전원과 계

측기의 극성을 적절하게 맞춰서 연결시켜 둔다. 미터 M_1과 M_2를 높은 범위에 맞춰둔다. 전원이 연결된 후 전류를 읽기 적합할 때까지 미터 범위를 감소시킨다.

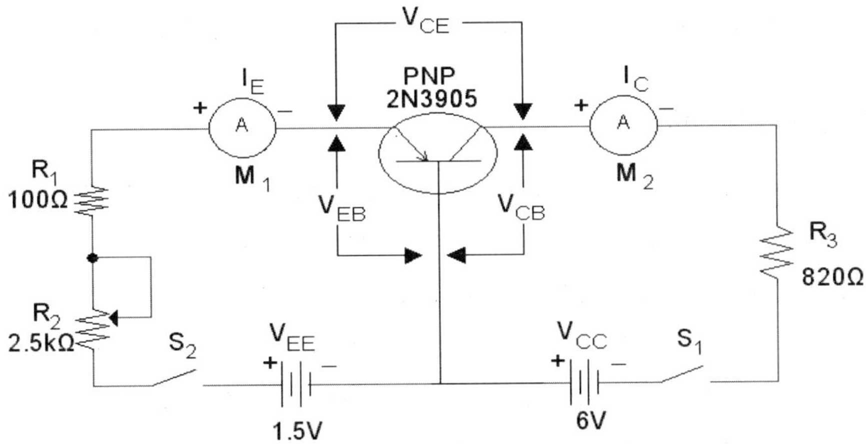

그림 6-7 PNP 트랜지스터의 이미터-컬렉터회로에서 전압-전류측정

2. S_1과 S_2를 닫는다. 이미터와 컬렉터회로의 전류를 관찰하고 측정한다. I_E와 I_C 사이의 어떤 차이를 갖기 위해 정확하게 측정한다. 표 6-1에 데이터를 기록한다. 이미터-베이스(V_{EB}), 컬렉터-베이스(V_{CB}), 컬렉터-이미터(V_{CE})전압을 측정하여 표 6-1에 기록한다. 각 전압의 극성을 보인다.

표 6-1 트랜지스터 전압, 전류 특성

과 정	I_E [mA]	I_C [mA]	V_{EB}	V_{CB}	V_{CE}	I_B [mA]	V_{R3}
2							
3							
5							
7							
8							
10							

3. 최대 이미터 바이어스를 위해 R_2를 최소 저항값으로 맞춘다. 필요하면 계측기의 범위를 바꾼다. I_E, I_C, V_{EB}, V_{CB}, V_{CE}를 측정하여 표 6-1에 기록한다. 전압의

극성을 표시한다.

4. S_2를 열어서 이미터–베이스회로를 개방한다.
5. S_1을 닫는다. I_{CB}를 관찰하고 측정한다. 표 6–1에 데이터를 기록한다. 이것은 I_{CBO}의 값이다. 표 6–1에 V_{CB}를 측정하고 기록한다. 전압의 극성을 표시한다.

NPN 트랜지스터 바이어스

6. S_1을 연다. 회로에서 PNP 트랜지스터를 제거하고 NPN 트랜지스터로 대체한 다음 그림 6–8에서 처럼 V_{CC}와 V_{EE}의 극성을 바꾼다.
7. S_1을 닫고 R_2를 최대 저항으로 맞춘다. S_2를 닫고 I_E와 I_C를 관찰하고 측정한다. V_{EB}, V_{CB}, V_{CE}를 측정하고 표 6–1에 기록한다. 극성을 표시한다.
8. R_2를 최소저항으로 맞춘다. 계측기 범위를 필요한 만큼 변경한다. I_E, I_C, V_{EB}, V_{CB}를 측정 및 기록한다. 극성을 표시한다.
9. S_2를 열어서 이미터–베이스 회로를 개방한다.
10. S_1를 닫고 I_{CBO}와 V_{CB}를 관찰하고 측정한 다음 표 6–1에 기록한다.

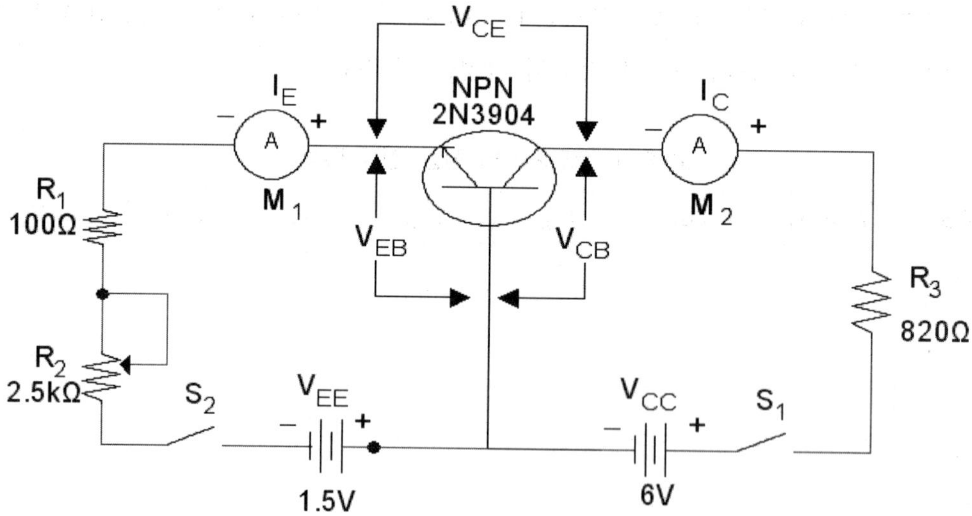

그림 6–8 NPN 트랜지스터의 이미터–컬렉터회로에서 전압–전류측정

다. 검토 사항

1. 이미터 바이어스를 증가시키는 것의 컬렉터전류에 대한 효과는 무엇인가?
2. 표 6-1에서 각 측정된 값에 대하여 베이스전류($I_B = I_E - I_C$)를 계산하고 이들 값을 표에 넣어라.
3. I_C와 I_{CBO}의 차이를 설명하라.
4. 2, 3번 과정에서 V_{CE}의 차이를 설명하라. 포화, 차단, 선형영역 동작을 확인하시오.
5. 표 6-1에서 각 측정된 값에 대하여 R_3 양단전압($V_{R3} = I_C \times R_3$)을 계산하라. V_{R3}와 V_{EB} 사이의 관계를 설명하라.
6. 증폭기의 전류이득은 출력전류(I_C)를 입력전류(I_E)로 나눔으로써 계산된다. 정상동작에서 이번실험에 사용된 공통-베이스 증폭기의 전류이득은 얼마인가?
7. NPN 트랜지스터의 정상동작 시, 베이스에서 일어나는 현상을 설명하시오.

실험 7

공통 이미터 회로의 전류이득

실험목표

1. 증폭기에 사용되는 트랜지스터 회로의 구성에 대해 알아본다.
2. I_B의 변화가 I_C에 미치는 영향을 측정한다.
3. 공통이미터 구성의 전류이득 베타(β)를 구한다

가. 실험 내용

◉ 트랜지스터 회로 구성

3단자 트랜지스터는 서로 다른 3가지의 회로구성 중 하나의 회로로 구성될 수 있다. 이들은 (1)공통 이미터 또는 이미터 접지 (2) 공통 베이스 또는 베이스 접지 (3) 공통 컬렉터 또는 컬렉터 접지로 불린다. 그림 7-1 (a), (b) 와 (c)에 각각 그 회로구성 들을 나타내었다. 이들 회로구성은 자주 사용되며, 각각의 독특한 특성을 가지고 있다. 공통 이미터회로가 자주 사용되는데 공통 이미터회로가 전압, 전류 그리고 전력이득을 모두 만들어내기 때문이다. 각 회로에서 신호전압은 입력에 걸리고 처리된 신호는 출력으로부터 나온다. 공통 이미터회로의 경우에 입력신호는 베이스와 이미터 사이에 걸리고 출력신호는 컬렉터와 이미터 사이에서 나온다. 공통 이미터란 이름은 이미터가 입력회로와 출력회로에 공통이라는 사실에서 유래한다. 그림 7-1 (c)의 공통 컬렉터(이미터 팔로워) 회로에서 컬렉터는 컬렉터-베이스회로를 역방향 바이어스하기 위해 직류 전압 V_{CC}가 필요하다 V_{CC}가 내부저항이 없는 이상적인 전압원이라고 가정하면 컬렉터회로의 저항은

0이 되고 신호전압이 0이면 컬렉터에 신호전압이 나타나지 않는다. 컬렉터는 이제 입력과 출력신호에 대하여 공통 기준전위로써 작용한다. 컬렉터가 입력과 출력 양쪽에 대하여 공통이기 때문에 이 회로는 공통 컬렉터 또는 컬렉터 접지라고 부른다.

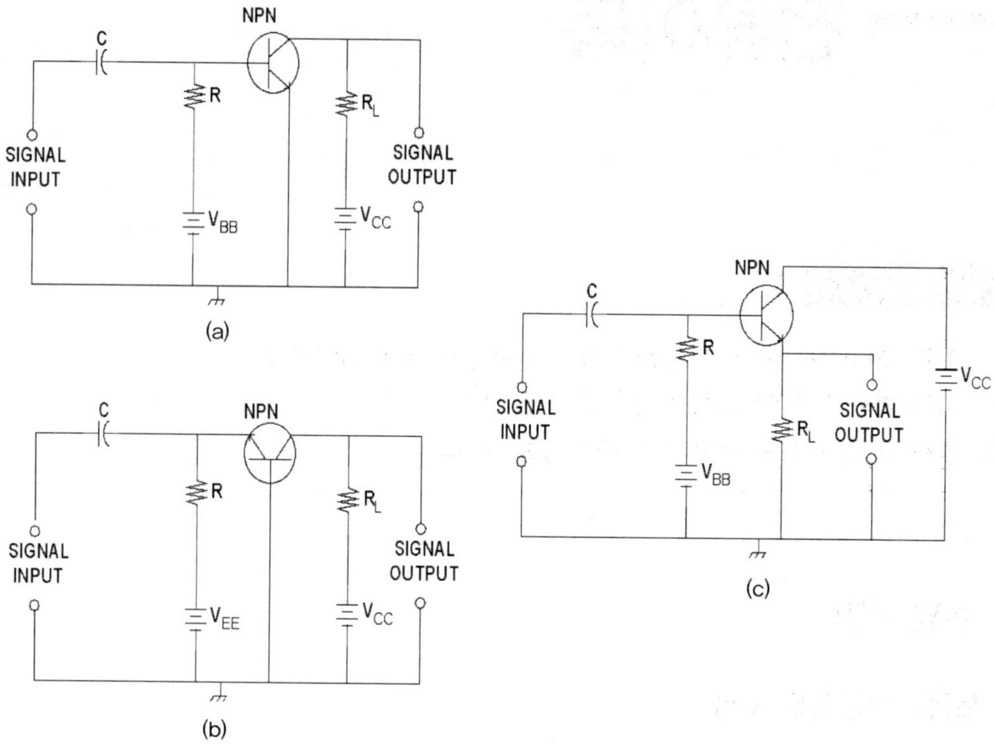

그림 7-1 트랜지스터 회로 구성. (a) 공통 이미터, (b) 공통 베이스, (c) 공통 콜렉터(이미터 팔로워)

트랜지스터에서의 전류이득

(1) 알파(α)

공통 베이스회로[그림 7-1 (b)]에서 컬렉터전류의 조정은 이미터전류의 변화에 의해 이루어진다. 이런 사실은 이미터전류의 증가와 감소가 각각 컬렉터전류의 증가와 감소로 나타남을 실험 6에서 보았다. 이것은 공통 베이스 회로에서 트랜지스터의 전류이득, 알파(α)를 구하는데 사용된다. 알파는 컬렉터전압을 일정하게 유지한 채 이미터전류의 변화 ΔI_E에 대한 컬렉터전류의 변화 ΔI_C의 비로 정의된다. 그리하여

$$\alpha = \frac{\Delta I_C}{\Delta I_E} \ (V_{CB} \text{ 일정}) \tag{7-1}$$

알파는 순방향 전류전달비(forward current transfer ratio)라 불리고 h_{fb}란 파라미터로 나타낸다.

(2) 베타(β)

공통이미터회로[그림7-1 (b)]에서 입력신호는 베이스에 걸린다. 전류이득은 β로 나타내고 다음과 같이 정의한다.

$$\beta = \frac{\Delta I_C}{\Delta I_B} = \frac{\Delta I_{C2} - \Delta I_{C1}}{\Delta I_{B2} - \Delta I_{B1}} (V_{CE} \text{ 일정}) \tag{7-2}$$

식 (7-2)에서 β를 컬렉터전압 V_{CE}가 일정하게 유지되는 상태에서 베이스전류의 변화 ΔI_B에 의해 컬렉터전류의 변화 ΔI_C의 비(ratio)라는 것을 의미한다. β는 공통이미터 증폭기에서의 전류 증폭도이다. β에 대한 또 하나의 명칭은 h_{fe}이다. V_{CE}가 일정할 때 전류비(ratio) $\Delta I_C/\Delta I_B$는 β가 되고 V_{CB}가 일정할 때 $\Delta I_C/\Delta I_E$는 α가 된다. 따라서 V_{CE}가 일정하고, V_{CB}가 일정한 경우 식 (7-2)는 다음과 같이 쓸 수 있다.

$$\beta = \frac{\alpha}{1-\alpha} \tag{7-3}$$

식 (7-3)으로부터 다음과 같은 식이다.

$$\alpha = \frac{\beta}{1+\beta} \tag{7-4}$$

α가 1에 근접할 때 β는 훨씬 더 크게 증가한다. 그리하여 α가 0.98인 트랜지스터는 β값이 49가 된다. α가 0.99인 트랜지스터는 β가 99가 된다. 1 근처에서 α의 작은 변화가 β에 큰 변화를 일으키기 때문에 β 공식에 의한 오차를 줄이려면 α의 측정이 매우 정확해야 한다.

그림 7-2에서 보는 바와 같이 사용온도나 컬렉터 전류에 따라 β는 변하게 되는데 온도가 증가하면 β는 증가하고 컬렉터 전류가 증가하면 약 10 mA 까지 β는 증가하다가 감소하게 된다.

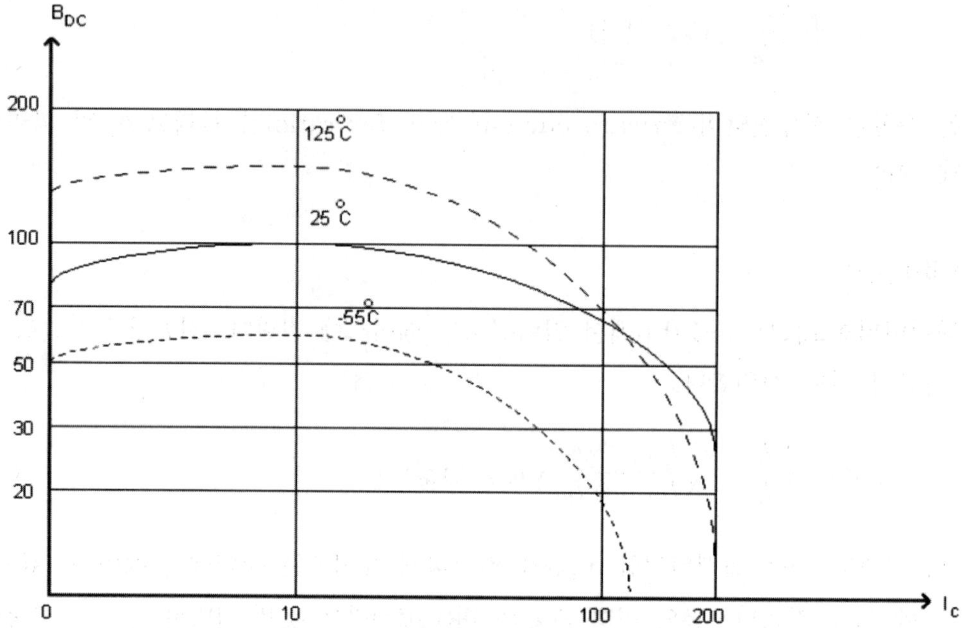

그림 7-2 사용온도나 컬렉터 전류 변화에 대한 β의 변화

요 약

1. 공통이미터 회로(그림 7-3)에서 입력신호는 베이스에 걸린다.
2. 공통이미터, CE(Common Emitter) 회로에서 전류이득은 베타(β)로 표시된다.
3. 베타(β)는 컬렉터-이미터전압 V_{CE}가 일정한 값으로 유지되는 상태에서 베이스 전류 $\triangle I_B$의 변화에 대한 컬렉터전류에서의 변화 $\triangle I_C$의 비(ratio)로 정의된다.

$$\beta = \frac{\triangle I_C}{\triangle I_B}(V_{CE}\text{ 일정}) = h_{fe}$$

$$\beta = \frac{\triangle I_{C2} - \triangle I_{C1}}{\triangle I_{B2} - \triangle I_{B1}}$$

4. V_{CE}와 V_{CB}가 둘 다 일정할 때 α와 β 사이에는 중요한 관계가 있고 다음과 같은 식으로 나타낼 수 있다.

$$\beta = \frac{\alpha}{1-\alpha}$$

또는

$$\alpha = \frac{\beta}{1+\beta}$$

만일 α나 β 둘 중 하나를 측정하였다면 나머지 하나는 위 공식에 대입하여 구할 수 있다.

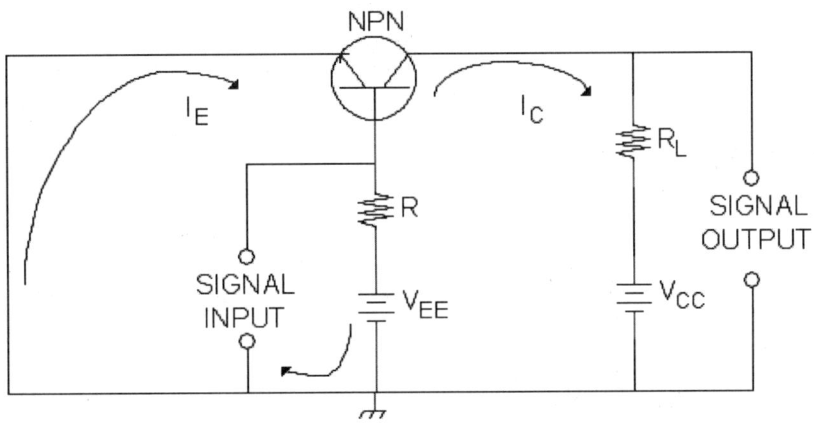

그림 7-3 공통이미터 증폭기의 전자전류

나. 실험과정

실험 장비 및 재료

- 전원 : 가변 직류전압원
- 장비 : DMM
- 저항기 : 100 Ω과 4.7 kΩ 0.5 W
- 반도체 소자 : 2N3904
- 기타 : 2.5 kΩ과 5 kΩ, 1 W 가변저항

1. 그림 7-4의 회로를 연결한다. M_1과 M_2는 전류계이다. R_4는 전원이 연결되기 전에 최대 저항으로 맞춰져야 한다.
2. S_1과 S_2를 닫고 10 μA의 베이스전류(I_B)가 흐르도록 R_2를 조정한다. $V_{CE} = 6\,\text{V}$

가되도록 R_4를 조정한다. I_C를 측정하여 표 7-1에 기록한다.

3. I_B가 20 μA로 되도록 R_2를 조정한다. V_{CE}가 6 V로 유지되도록 R_4를 조정한다. I_C를 측정하여 기록한다.

4. I_B가 40 μA되도록 R_2를 조정한다. V_{CE}가 6 V로 유지되도록 R_4를 조정한다. I_C를 측정하고 표 7-1에 기록한다.

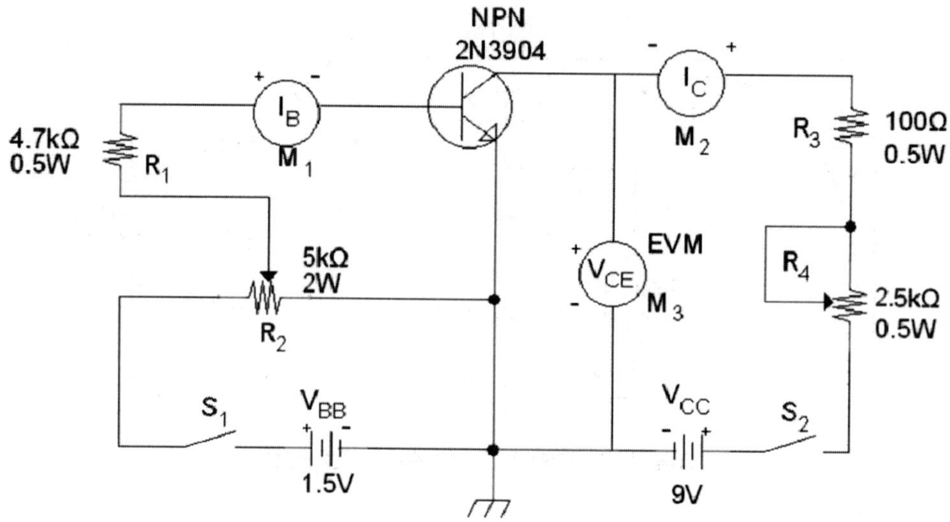

그림 7-4 NPN 트랜지스터에서 β를 측정하기 위한 회로

표 7-1 베이스, 컬렉터 전류 측정

과정	I_B [μA]	I_C [mA]	전류차	베타(β)
2	10			
3	20	과정 2,3		
4	40	과정 2,4		
		과정 3,4		
5	60	과정 2,5		
		과정 3,5		
		과정 4,5		

5. R_2와 R_4를 한 번 더 조정하여 I_B가 60 μA, V_{CE}가 6 V가 되도록 한다. I_C를 측정하여 기록한다.

6. S_1와 S_2를 열고 표 7-1에서의 측정치를 사용하여 β를 계산한다.

다. 검토 사항

1. 이 실험에서 결정된 β의 값을 사용하여 α를 구하라. 공식 및 계산 과정을 보여라
2. 4번 과정에서의 값을 사용하여 계산한 β와 5번 과정(큰 입력변화)에서 계산한 β에서의 차이는 무엇인가?
3. 트랜지스터의 β에 영향을 주는 요소는 무엇인가?(온도가 증가하면 β는 어떻게 바뀌는지, I_C 전류가 커지면 β가 어떻게 바뀌는지 조사하시오.)
4. β는 트랜지스터가 만들어질 때 결정되는데 트랜지스터의 어떤 공정요소의 영향을 받아 그 값이 결정되는가?

실험 8

공통 이미터 구성의 컬렉터 전압-전류 특성

실험목표

1. 트랜지스터의 특성을 기술하는 데이터 시트에 대하여 알아본다.
2. 공통 이미터 구성에 대하여 $V_{CE}-I_C$ 컬렉터 특성곡선을 실험적으로 조사하고 그 특성을 그린다.

가. 실험 내용

◎ 트랜지스터 데이터 시트

트랜지스터는 여러 가지 회로의 설계에 필요한 특성을 갖고 있다. 제조사는 트랜지스터의 특성이 설명되어 있는 데이터 시트(data sheet)를 사용자에게 제공하여 회로설계의 편의를 도모한다. 데이터 시트는 표와 그림의 두 가지 형태로 준비되어 있으며 사용자는 데이터 시트를 이해하는 것이 매우 중요하다.

데이터 시트의 자료는 트랜지스터 제조사에서 제공한 트랜지스터 매뉴얼에서 또는 상업적으로 출판된 트랜지스터 핸드북에서 참조 가능하다.

시트의 데이터는 트랜지스터의 사용목적과 제조원에 따라 결정되며, 다음과 같은 특성이 일반적으로 기술된다.

1. 트랜지스터와 그 응용에 대한 간단한 설명
2. 치수, 밑면, 설치를 포함하는 기계적인 자료
3. 최대 정격, 이들 정격은 JEDEC(joint electronic device engineering council)에

의해 정해지고 NEMA(national electrical manufacturers association), EIA(electronic industries association)에 기초한다.

여기서 '절대 최고 정격은 어떤 동작 조건하에서도 넘어서는 되지 않는 동작 및 환경 조건의 한계 값'이라고 정의한다.

4. $V_{ce} - I_c$ 특성

그림 8-1은 npn 트랜지스터 2N3904에 대한 $V_{ce} - I_c$ 특성을 보여준다. 가장 중요한 특성 중의 하나로 트랜지스터 회로 해석에 필요하다.

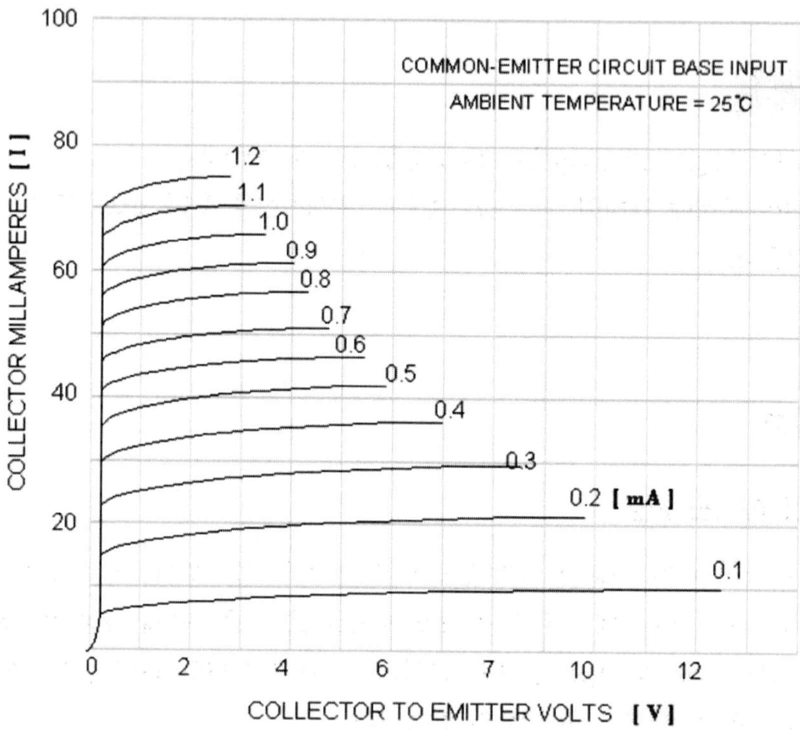

그림 8-1 npn 트랜지스터 2N3904에 대한 Vce–Ic 특성

공통이미터 구성의 컬렉터 특성곡선

그림 8-2는 PNP형 2N3905 공통 이미터 구성 회로에 대한 컬렉터 전압-전류 특성, $V_{CE} - I_C$를 보여준다. 각 곡선은 V_{CE}의 여러 값에 대한 I_C를 그려서 구성된다. 각 커브는 입력 베이스전류가 증가함에 따라 컬렉터전류가 증가함을 보여 준다. 세로축 V_{CE} = −1 V의 오른쪽에서는 컬렉터전류가 실질적으로 컬렉터전압에 관계없이 일정하고 주로

베이스 전류에 의해 증가함을 보여 준다. 또 하나의 주목할 가치가 있는 것은 각 커브의 종단점이다. 0.1 mA의 베이스 바이어스전류에 대하여 커브는 $V_{CE}=-12\text{ V}$에서 끝난다. 이 점에서 컬렉터전류는 대략 12 mA이다. 그러므로 커브 상의 종단점에서 V_{CE1}와 I_C의 곱은 144 mW이다. 이 값의 의미는 트랜지스터 종단점은 전력소비 정격 150 mW에 근접한다는 것이다. 다른 커브들 각각의 종단점들도 유사하게 이와 같은 전력 범위 내로 제한된다.

트랜지스터는 정격소비전력 내에서 동작되어야 한다. 커브들의 왼쪽 빗금친 영역은 트랜지스터의 포화(최대 도통)영역을 표시한다. V_{CE}에서의 작은 변화가 I_C에서의 큰 변화로 나타난다. $I_B=0$ 아래 빗금 친 부분은 차단영역으로 불린다. 여기서는 V_{CE}의 큰 변화에도 컬렉터에 작은 전류만이 흐르게 된다. 이 영역에서는 흐르는 전류는 그 기호가 I_{CEO}(베이스전류가 0일 때 컬렉터-이미터 사이 전류)인 누설전류이다. 그림 8-2에서 곡선들은 트랜지스터의 주위 온도가 25℃를 유지하는 동안 실험적으로 측정된 것이다 만일 온도가 더 높아지면 컬렉터전류는 더 커질 것이다. 그림 8-2로부터 β를 다음과 같이 계산하는 것이 가능하다.

$$\beta=\frac{\Delta I_C}{\Delta I_B}\ (V_{CE}\ \text{일정}) \tag{8-1}$$

그래프 상에서 어떤 일정한 V_{CE}값에 있어 I_C의 값은 연속된 2개의 I_B값에 대응하여 2개가 읽혀진다. 그들 값은 식 (8-1)에 대입되고 β가 계산된다. 예를 들면 $V_{CE}=-4\text{ V}$이고, $I_B=0.1\text{ mA}$, $I_C=10\text{ mA}$일 때 $V_{CE}=-4\text{ V}$이고 $I_B=0.2\text{ mA}$이며 $I_C=18\text{ mA}$이다. I_B와 I_C는 같은 단위 [mA]이기 때문에 식 (8-1)에 직접 대입하는 것이 가능하다. 그리하여 정해진 조건에 대하여 다음과 같이 계산된다.

$$\beta=\frac{18-10}{0.2-0.1}=\frac{8}{0.1}=80$$

유사하게 $V_{CE}=-4\text{ V}$에서 $I_B=0.3\text{ mA}$이며 $I_C=26\text{ mA}$이고 $V_{CE}=-4\text{ V}$에서 $I_B=0.2\text{ mA}$ 이고 $I_C=18\text{ mA}$이므로 β의 값은 80이다. 그러므로 트랜지스터가 0.2 mA 베이스 전류 바이어스이고 $V_{CE}=-4\text{ V}$에서 동작한다면 0.1 mA에서 0.3 mA 사이의 베이스전류의 선형적인 변화는 컬렉터전류의 선형적인 변화로 나타난다.

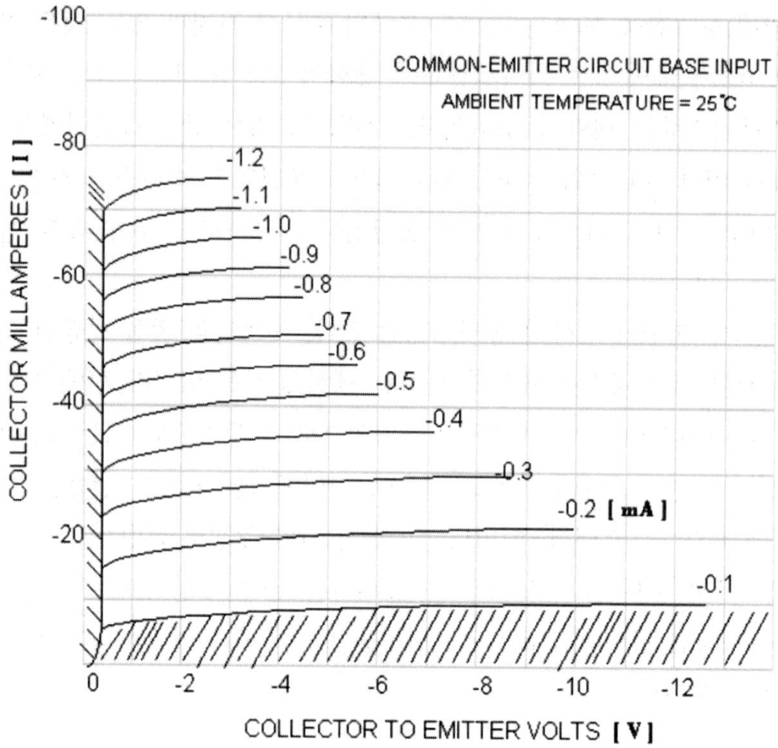

그림 8-2 이미터 공통 접지에서 2N3905 PNP 트랜지스터의 컬렉터 $V_{ce}-I_c$ 특성

$V_{CE}-I_C$ 컬렉터 특성

(1) 점대점 (point by point) 방식

그림 8-3의 회로에서 보이는 시험회로는 점 대 점 방식을 사용하여 공통 이미터(CE) 구성 NPN 트랜지스터의 V_{ce}-I_c 특성 곡선을 그리기 위해 사용된다. 전압원과 계기의 극성을 역방향으로 바꾼 똑같은 시험회로가 PNP형에 사용된다. 이 회로에서 베이스 전류는 R_1을 조정함으로써 특정한 값으로 맞출 수 있다. 그 과정은 다음과 같다 : R_1이 조정되어 I_B의 기준값이 정해진다. M_1은 베이스전류를 계속 보여주고 R_1은 I_B값을 일정 수준으로 유지하는데 사용된다. M_2로 컬렉터전류를 측정하는 한편 M_3으로는 전압을 측정한다. 컬렉터전압의 미리 정해진 값 들을 차례대로 선택하여 컬렉터전류를 측정하고 기록한다. 그 결과를 모아서 그래프를 그린다. 하나의 컬렉터 곡선을 얻기 위해 베이스전류의 특정한 값들에 대하여 이와 같은 과정을 되풀이한다.

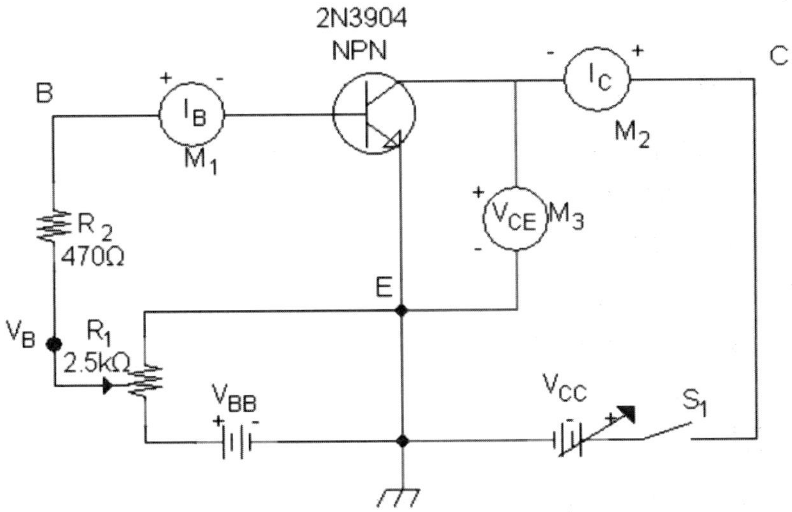

그림 8-3 NPN 트랜지스터의 공통 이미터 구성에 대한 V_{CE} 대 I_C의 특성 측정

요 약

1. 트랜지스터 특성에 대한 표와 그림 형태로 제조사에 의해 데이터 시트는 제공된다.
2. 번호로 확인하는 트랜지스터 자료집은 다음과 같은 정보를 포함한다.
   (a)구조 (b)설명 (c)최대 정격 (d)전기적 특성 (e)특성 곡선
3. 트랜지스터는 정격 소비전력을 넘어서 사용되지 않아야 한다. 공통 이미터 구성에서 V_{CE}와 I_C의 곱은 트랜지스터의 컬렉터에서의 소비전력이다. 소비전력은 측정된 동작온도에 대하여 규정되어 있다. 만일 동작온도가 규정된 값 이상이면 정격 소비전력은 낮아진다.
4. 그림 8-1의 컬렉터 특성으로 부터 트랜지스터의 β를 계산할 수 있다.
5. I_C와 I_B의 관계가 선형인 범위 내에서 트랜지스터의 β는 상수값을 유지한다.
6. 컬렉터 특성은 점 대 점(point by point)방법에 의해 결정될 수 있다. 그림 8-3의 회로에서 주어진 I_B에 대하여 V_{CE}를 변화시키며 I_C를 측정하고 데이터를 그래프 형태로 구성한다.

나. 실험과정

실험 장비 및 재료

- 전원 : 가변 직류전압원
- 장비 : 전류계, 전압계
- 저항 : 470 Ω, 0.5 W
- 반도체 소자 : 2N3904
- 기타 : 2.5 kΩ 1 W 가변저항

실험 유의사항

전류계의 측정 범위를 변화시킬 때 판독이 모든 범위에 걸쳐 일정하지는 않다. 계기는 회로에서 실제 전류를 읽는다. 범위(range)가 바뀔 때 편차가 계측기 저항값 변화로부터 발생한다. 그 결과로 회로 전체의 저항값에 변화가 생기고 회로에 흐르는 전류에 영향을 미친다. 그러므로 범위(range)를 바꿀 때 회로의 조정자를 재조정하여 계측기의 저항 변화를 상쇄시킬 필요가 있다.

또 하나 고려해야 할 요인은 컬렉터와 베이스회로 사이의 상호작용이다. 컬렉터전압이 변화될 때 I_B를 일정한 값으로 고정시키기 위해서 베이스전류를 재조정할 필요가 있다.

(1) V_{CE} 대 I_C

1. 그림 8-3의 회로를 연결한다. V_{BB}를 1.5 V로 V_{CC}는 0 V로 맞춘다. S_1은 열고 V_E가 0 V 되도록 R_1을 맞춘다. M_1과 M_2는 계기보호를 위해 가장 높은 전류범위로 두어야 한다.
2. S_1을 닫고 M_1에 10 μ 전류값이 나타나도록 R_1을 조정한다. 2번 과정 동안 I_B = 10 μA를 유지하기 위해 필요하다면 R_1을 재조정한다. M_1은 양단의 전압은 0 V를 나타내야 한다. I_C의 값을 읽어서 그 값을 표 8-1에 기록한다.
3. 표 8-1에서 보는 V_{CE}의 모든 값에 대하여 차례로 천천히 V_{CC}를 조정한다. 표 8-1에 V_{CE}의 값에 대한 I_C의 값을 관찰하고 기록한다.
4. V_{CE} = 0 V에 대하여 V_{CC}를 조정한다. I_B = 20 μ되게 R_1을 맞추고 5번 6번 과정

을 위해 I_B는 이 값으로 유지한다.

5. I_C의 값을 읽어서 표 8-1에 그 값을 기록한다.
6. V_{CC}를 표 8-1의 모든 V_{CE}값으로 차례대로 조정한다. 각 V_{CE}값에 대한 I_C값을 관찰하고 기록한다. I_B를 보고 필요하다면 R_1을 조정하여 $I_B = 20\ \mu$A를 유지시킨다.
7. 표 8-1에 보이는 모든 I_B값에 대하여 4번에서 6번까지 과정을 되풀이한다.
8. S_1을 연다. 표 8-1의 데이터로부터 2N3904을 사용한 공통 이미터회로에 대한 컬렉터 특성 곡선들을 그린다. 그래프용지를 사용하고 V_{CE}를 수평축으로, I_C를 수직축으로 한다.

표 8-1 V_{CE} 대 I_C의 시험 데이터(CE 구성)

	I_C [mA]								
	V_{CE} [V]								
I_B [μA]	0	0.25	0.5	1.0	2	5	8	10	15
10									
20									
30									
40									
50									

다. 검토 사항

1. 표 8-1의 데이터를 기초로 한 평균 컬렉터 특성군으로 부터 $V_{CE} = 10$ V 일 때 I_B가 20 μA와 40 μA에서 직류베타($\beta = I_C / I_B$)값을 계산하라.
2. I_C와 V_{CE}값을 사용하여 2N3904의 컬렉터 전력소비를 계산하라. 정격 소비전력을 넘어가는지 확인하라. 전형적인 정격 소비전력은 데이터 시트를 참조하시오.
3. 그림 8-3의 회로에서 V_{BB}의 극성을 바꾸거니 0 V를 가하면 결과가 어떻게 될지 설명하시오. 이 경우 트랜지스터는 어떤 모드로 동작하는가?

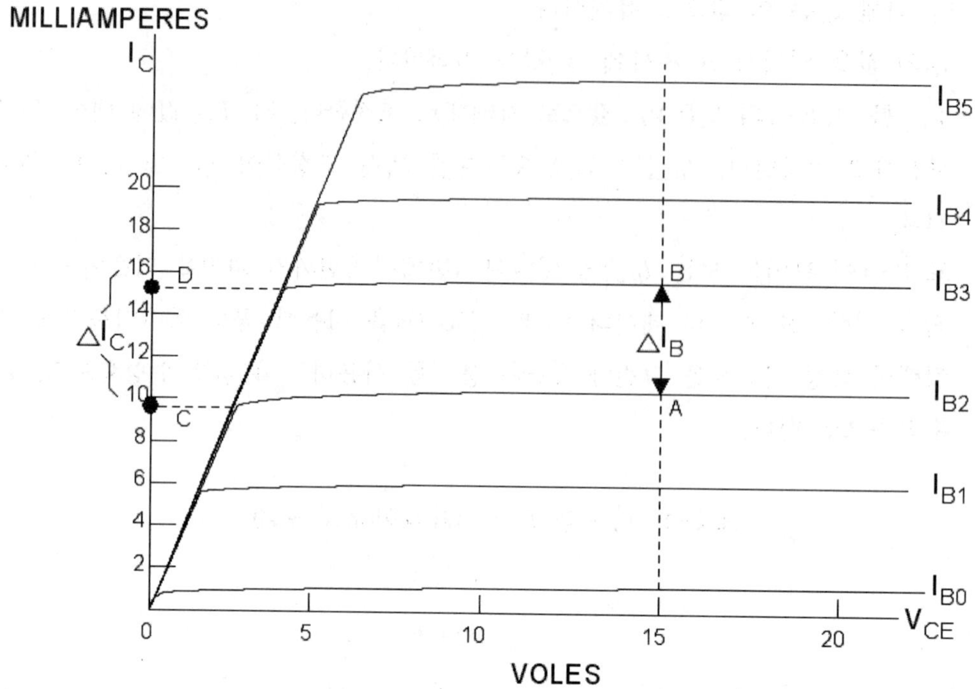

$\triangle I_B$	V_{CE}
20 μA, 30 μA	10V
30 μA, 40 μA	10V

그림 8-4 컬렉터 특성 곡선으로 부터 교류 β의 계산

4. 실험적인 V_{CE} 대 I_C 특성곡선을 제조사의 전형적인 2N3904 특성 곡선(인터넷에서 조회)과 비교하시오. 차이점을 설명하라.
5. 실험과정 중에서 V_{CE}가 바뀌어 I_C가 바뀌면 I_B를 일정 전류를 유지시키기 위해 R_1을 다시 조정하여 주는 이유는 무엇인가?
6. 그림 7-4에서와 같이 $\triangle I_B$에 대하여 교류베타(β)값을 계산하라. 두 값이 차이가 있으면 왜 그런지 설명하시오.
7. 직류 β와 교류 β의 차이가 있는가? 왜 그런지 설명하시오.

실험 9

공통이미터 증폭기의 전압분배 바이어스와 이득

실험목표

1. 전압분배 바이어스에 의한 공통이미터 증폭기의 동작점을 측정한다.
2. 공통이미터 증폭기의 전압 이득을 측정한다.
3. 이미터 저항을 바이패스(by–pass)하는 커패시터가 이득에 미치는 영향을 조사한다.

가. 실험 내용

증폭기로서의 트랜지스터

공통 이미터 회로로 구성되어 있는 트랜지스터는 베이스전류에 의해 컬렉터전류가 바뀌는 것이 관찰되었다. 또한 베이스전류의 증가에 비해 컬렉터전류의 증가가 훨씬 크다는 것을 알았다. 공통 이미터에서 트랜지스터의 교류전류이득을 베타(β)라 부르고 β는 다음과 같이 정의한다.

$$\beta = \frac{\triangle I_C}{\triangle I_B}(V_{CE}\text{는 일정}) \tag{9-1}$$

β를 측정하기 위한 바이어스 조건은 다음과 같다.

1. 이미터–베이스는 순방향 바이어스이다. 이러한 이유 때문에 β는 공통 이미터 증폭기에서의 순방향 전류전달비로 정의된다.
2. 컬렉터–베이스는 역방향 바이어스이다.

이러한 바이어스 조건이 보통 증폭기 회로에서 사용되는 바이어스 조건이다. 트랜지스터 증폭기는 직류 또는 교류전류나 전압을 증폭하는데 사용된다. 이번 실험에서는 공통 이미터 증폭기에 의해 제어되는 교류전류와 전압에 대하여 공부한다.

그림 9-1은 공통 이미터 구성으로 연결된 NPN 트랜지스터 교류 증폭기 회로이다. R_1, R_2는 베이스와 이미터를 순방향으로 바이어스하기 위해 사용하였다. V_{CC}는 컬렉터 전류와 베이스 전압분배기 R_1, R_2에 전원을 공급한다. 교류입력신호 V_{in}은 C_1에 의해 베이스에 연결되어 있고 교류출력 V_{out}는 C_2에 의해서 컬렉터와 연결되어 있다.

트랜지스터 특성 실험에서 베이스 전류의 증가는 일정 비율(β)로 컬렉터 전류의 증가를 초래함을 공부하였다. 따라서 베이스와 컬렉터전류는 같은 위상이다. 공통 이미터 증폭기에서 컬렉터전류의 변화는 트랜지스터의 베타(β) 값에 의해 결정됨을 알 수 있다.

C_1으로 연결되어 있는 입력신호는 베이스 바이어스전류와 합해져서 베이스전류가 증가하거나 감소하도록 한다. 그림 9-2에 이러한 전류의 변화를 표시하였다.

바이어스전류 I_B가 100 μA이고 i_b는 정현파 교류전류라고 가정하자. 교류신호는 한주기 동안 0에서 20 μA가 되었다가 다시 0이 된 다음 −20 μA까지 감소하고 다시 0이 된다. 신호전류가 베이스 바이어스전류와 결합하여 베이스 전류는 $I_B + i_b$가 된다. 따라서 위와 같은 교류 신호가 입력되면 베이스 전류는 100 μA에서 120 μA가 되었다가 다시 100 μA가 되고 80 μA가 된 다음 다시 100 μA으로 된다.

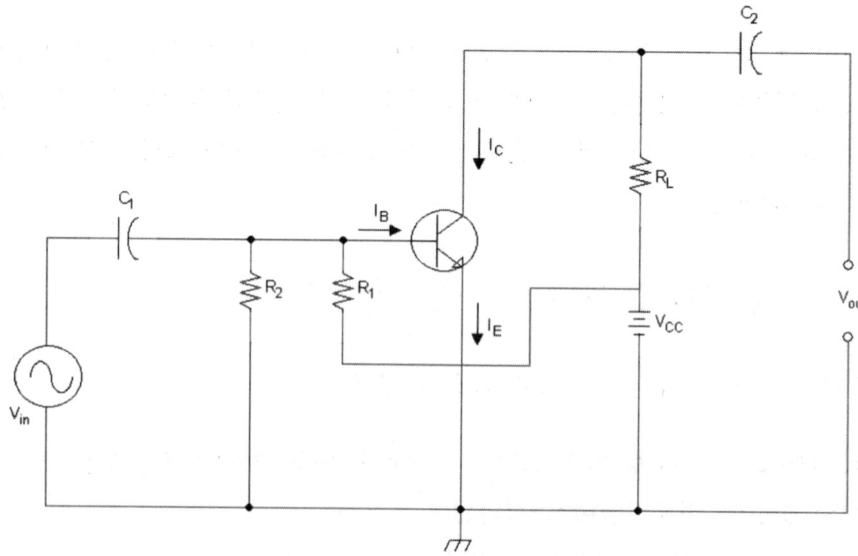

그림 9-1 NPN 트랜지스터를 사용한 공통 이미터 증폭기

증폭기가 트랜지스터 특성곡선상의 선형(활성화)영역에서 동작하고 있다면 베이스전류에 가해지는 정현파신호의 변화는 컬렉터 전류에 같은 위상의 변화를 일으킨다. I_B = 100 μA일 때 I_C가 10 mA라 가정하면, 이 경우 $\beta = 100$이 된다. 그림 14-2의 신호 i_b에 대하여 컬렉터전류는 $\beta \times (I_B + i_b)$만큼 변화하는 점을 고려하면, 컬렉터전류는 10 mA(I_B = 100 μA)에서 12 mA(I_B = 120 μA)가 되고 다시 10 mA(I_B = 100 μA)가 된 다음 8 mA(I_B = 80 μA)가 되고 다시 10 mA(I_B = 100 μA)가 된다.

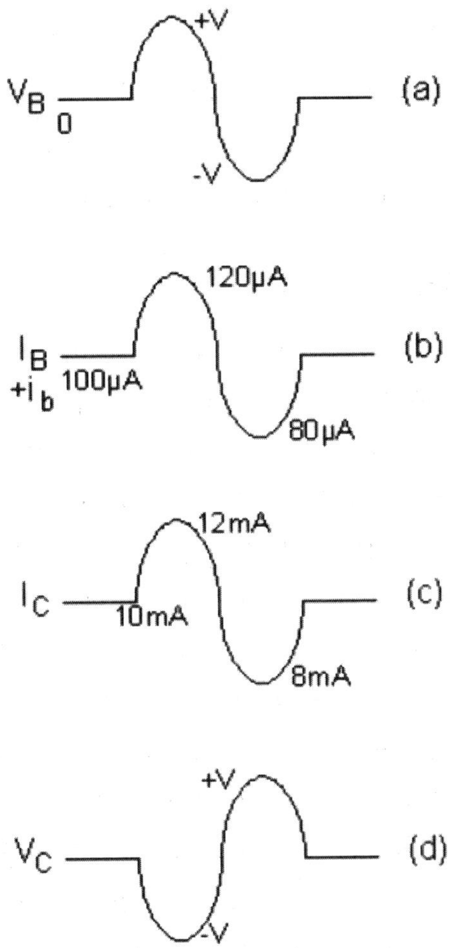

그림 9-2 공통이미터 증폭기에서 $I_B + i_b$와 I_C에 대한 입력신호전류의 효과

베이스 전류가 증가하면 R_L저항에 흐르는 전류도 증가하고 R_L 양단에 전압강하가 증가한다. 부하저항의 큰 전압강하는 다음과 같이 상대적으로 V_C를 감소시킨다.

$$V_C = V_{CC} - V_{RL} \tag{9-2}$$

여기서 V_{RL}은 부하저항의 전압강하이며

$$V_{RL} = I_C * R_L \tag{9-3}$$

로 계산된다.

그림 9-2에 정현파 베이스전압(a)과 출력 컬렉터전압(d)의 관계를 표시하였다. 두 신호의 위상차이가 180°임을 주목하라. 입력신호 i_b에 의해 증폭된 컬렉터전류가 컬렉터 회로에 흐르기 때문이다. 실질적인 신호전압의 출력은 컬렉터와 그라운드에서 측정되고 출력신호의 크기는 식 (9-2)과 식 (9-3)으로 계산된다.

◎ 바이어스 상태와 안정도

출력에 일그러짐이 없는 증폭을 수행하기 위해서는 베이스신호가 트랜지스터의 특성곡선상의 선형(활성화)영역에서 동작하도록 베이스가 적절히 바이어스 되어야 한다. 그렇지 않으면 출력은 그림 9-3과 같이 차단(베이스 전류가 0인 경우)되거나 포화(베이스 전류가 Ic/β보다 큰 경우)된다. 따라서 트랜지스터의 베이스 바이어스 상태(포화, 차단, 활성화)에 따라 입력신호에 대하여 출력되는 신호가 결정된다.

바이어스 안정도는 전원전압의 변동, 사용온도의 변화, 트랜지스터의 값, 예를 들면 β (전류증폭도)의 변화 등에 대하여 바이어스 상태가 얼마나 바뀌지 않고 설계한 값을 유지하는가 하는 척도이다. 바이어스를 결정하는 회로구성, 예를 들면 전압분배, 베이스, 컬렉터, 이미터 바이어스 형태 등에 의해 영향을 받으며 본 실험의 전압분배 바이어스의 구성에서는 그림 9-4의 이미터 저항 R_E에 의해 바이어스는 더욱 안정도가 높아진다. 예를 들어 무슨 원인에 의해 베이스 바이어스 전압이 증가하면 베이스 전류가 증가하고 이미터 전류 역시 증가하며 이는 R_E 양단의 전압 강하를 크게 한다. 이미터의 전압이 증가하게 되고 베이스와 이미터 사이의 전압을 줄여 베이스 전압의 증가 효과를 감소시켜 바이어스를 안정되게 한다.

이미터 바이패스 커패시터

그림 9-4의 회로에서 이미터저항 R_E에 병렬로 연결되어 있는 커패시터 C_E를 생각해 보자. C_E가 없을 때 트랜지스터의 베이스에 교류신호가 가해졌다면 R_E저항의 효과는 직류와 교류에 모두 영향을 미친다. 컬렉터전류는 베이스의 교류신호전류에 따라 증감한다. 신호 전압에 비례해 R_E 양단에 전압강하가 생긴다.

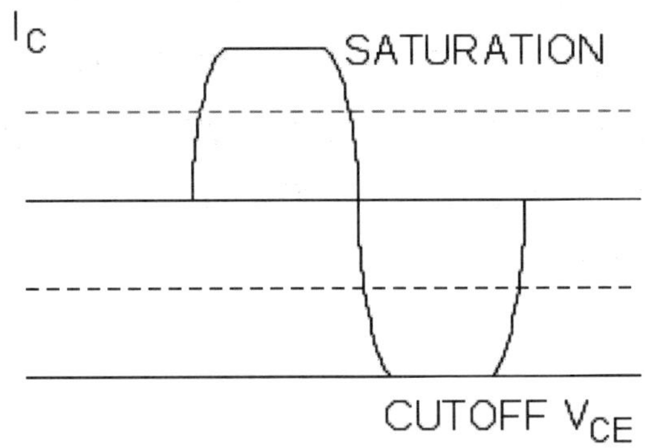

그림 9-3 베이스의 과한 바이어스에 의한 컬렉터 전류파형

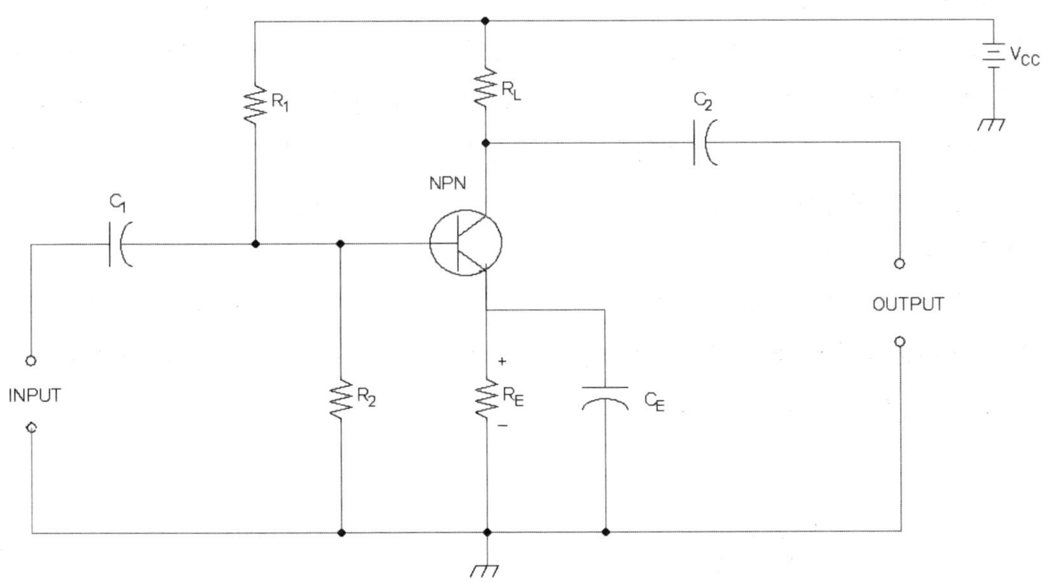

그림 9-4 단일 전원을 사용한 공통이미터 증폭기

따라서 베이스전압과 이미터전압의 차이 값으로 가해지는 실질적인 베이스-이미터신호는 작아진다. 결국, 트랜지스터에는 효과적으로 작은 교류신호가 입력되기 때문에 컬렉터 출력신호의 크기는 작아지고, 이로 인하여 증폭도가 줄어들게 된다.

R_E 양단에 연결된 C_E는 교류신호의 또 다른 경로가 된다. 증폭기가 동작하는 교류신호의 주파수에서 C_E 커패시터의 임피던스가 R_E 저항보다 대단히(1/10) 작다고 하면 C_E는 교류신호에 대하여 낮은 저항의 경로가 된다. 따라서 R_E는 효과적으로 교류신호를 바이패스(by-pass)하며 R_E에 인가되는 교류전압이 무시할 수 있는 정도가 된다. 따라서 증폭도는 R_E저항이 없는 것과 같은 상태로 되지만, 직류적으로는 R_E에 의한 바이어스 안정은 유효하게 된다. C_E의 값을 결정하기 위해서는 이미터 저항 R_E의 값과 바이패스 되어야 할 최소주파수 $F_{\min}$을 알아야 한다. C_E는 $F_{\min}$에서 다음의 관계가 만족되면 바이패스가 적절하다고 본다.

$$X_{CE} \leq \frac{R_E}{10} \qquad (9-4)$$

베이스 커플링 커패시터

가장 자주 사용되는 베이스 바이어스회로는 그림 9-4에 표시된 전압분배 바이어스회로이다. NPN 트랜지스터가 사용되었기 때문에 V_{CC}가 바이어스에도 같이 이용된다. R_1과 R_2는 베이스에 전압분배를 일으킨다. 전압분배기에 의해 베이스가 순방향 바이어스되기 때문에 이미터-베이스 전류가 흐른다. 그림 9-4에 이미터저항 R_E에 걸리는 전압의 극성을 표시하였다. 베이스 바이어스전류를 결정하는 전압은 베이스 전압과 이미터 전압의 차이가 된다.

전압 분배 바이어스회로에서 직류 바이어스전류를 계산하기 위해서는 베이스회로에서 테브난 정리를 적용한다. 먼저 전압분배기R_1과 R_2를 베이스에서 개방한다. 개방한 점에서 테브난 전압 V_{Th}를 계산한다.

$$V_{Th} = \frac{(V_{CC})(R_2)}{R_1 + R_2} \qquad (9-5)$$

테브난 저항 R_{Th}는 R_1과 R_2를 병렬한다.

$$R_{Th} = \frac{R_1 R_2}{R_1 + R_2} \tag{9-6}$$

그 다음에는 키르히호프 전압법칙으로부터 유도된 다음 식으로부터 이미터전류를 계산한다.

$$I_E = \frac{V_{Th} - V_{BE}}{R_E + R_{Th}/\beta} \tag{9-7}$$

베이스전류(I_B)는 위에서 계산한 이미터전류와 트랜지스터의 β의 관계로부터 다음과 같이 구할 수 있다.

$$I_B = \frac{I_E}{\beta} \tag{9-8}$$

식 (9-7), (9-8)과 근사적인 V_{BE} 양단전압 0.7 V을 이용하면 I_B는 다음과 같이 된다.

$$I_B = \frac{V_{Th} - 0.7}{\beta R_E + R_{Th}} \tag{9-9}$$

베이스 커플링 커패시터 C_1은 교류입력신호를 베이스에 연결한다. C_1은 직류바이어스 전압이 교류 입력신호에 의해 변하지 않게 하는 역할을 한다. 출력 커플링 커패시터 C_2는 출력의 교류신호를 다음 단으로 연결한다. 마찬가지로 다음단의 직류바이어스가 컬랙터의 직류전압을 바꾸는 것을 막는 역할을 한다. R_E는 온도나 다른 변화(β값의 변화)에 의한 바이어스 직류값의 변화를 억제하고 안정되도록 한다. 적절하게 설계된 증폭기회로에서 R_E는 온도나 β값의 변화를 보상한다. 트랜지스터는 제품번호가 같은 소자라 하더라도 β값이 2~3배 다르다. 회로에 적용되는 주파수에 대하여 C_E의 임피던스가 충분히 작아 R_E를 바이패스하기 위해 충분히 큰 C_E 값이 사용되어야 한다.

전압이득

공통이미터 증폭기는 전류, 전압 및 전력 증폭기이다. 입력전압을 인가하여 증폭기의 전압이득을 측정할 수 있다. 오실로스코프나 전압계를 사용하여 출력전압을 측정하고 입력과의 비를 계산한 것이 전압이득이다.

$$\text{전압이득} = \frac{v_{out}}{v_{in}} \quad (9-10)$$

이때 증폭기는 반드시 선형영역에서 동작하여야 한다. 전압이득은 해석적으로 구할 수 있으며 전자회로 문헌을 참고하면

$$\text{전압이득} = R_L/(R_E + r_e') \quad (9-11)$$

$$r_e' = 25\ \text{mV}/I_c \quad (9-12)$$

여기서 r_e'는 이미터–베이스 다이오드의 turn–on 시 교류저항이다. 보통 r_e'는 수 Ω에서 수십 Ω 정도이다. R_E가 바이패스 커패시터로 바이패스 되면 전압이득은

$$\text{전압이득} = R_L/r_e' \quad (9-13)$$

으로 되고 매우 커지게 된다.

이 증폭기의 선형 영역은 실험적으로 측정할 수 있다. 1 kHz의 오디오신호를 입력으로 가하고 컬렉터출력을 오실로스코프로 측정한다. 시작할 때는 함수발생기의 레벨을 최소로 하고 함수발생기의 출력을 차츰 증가하면서 오실로스코프로 파형을 관측한다. 출력신호의 일그러짐이 발생하지 않는 범위에서 입력신호의 최대값을 측정한다. 여기에서 측정한 값이 일그러짐이 발생하지 않는 범위가 입력 신호의 왜곡없이 사용 가능한 범위이다.

요 약

1. 공통이미터 증폭기는 오디오증폭기 회로에 많이 사용된다.
2. 공통이미터 증폭기의 정상적인 바이어스 조건은 이미터–베이스는 순방향 바이어스이고, 컬렉터–베이스는 역방향 바이어스이다.
3. 공통이미터 증폭기의 바이어스 전류 I_B는 베이스에 흐르는 직류전류로서 회로의 동작점을 결정하고 컬렉터의 직류전류를 결정한다.
4. 베이스에 인가되는 교류신호 i_b는 베이스전류를 증감한다. 다시 말하면 베이스전류는 I_B와 i_b의 합과 같다.
5. 증폭된 컬렉터전류와 베이스 신호전류의 관계는 $\beta \times i_b$이다. 따라서 컬렉터에 흐르는 전류는 $I_C + \beta \times i_b$와 같다.

6. 증폭기가 특성곡선의 선형영역에서 동작하고 있는 한 출력은 입력과 같은 모양이다. 하지만 입력이 너무 크거나 특성상의 비선형 영역에서 동작한다면 출력신호는 일그러진다. 다시 말하면 입력과 다른 출력신호가 만들어진다.
7. 그림 9-4는 실질적인 전압분배기 바이어스회로이다. 회로에서 R_E는 부귀환 회로이며, 온도 증가에 따른 트랜지스터 전류의 증가를 억제하는 역할을 한다. R_1과 R_2는 트랜지스터에 전압분배 바이어스를 한다.
8. 회로 9-4에서 R_E는 트랜지스터의 β값의 변화에 대하여 동작을 안정하게 해준다. 트랜지스터는 같은 종류의 소자라 하더라도(JEDEC 번호가 같은 경우) β값이 2~3배 다르다. R_E는 소자의 β값 변화에 대하여 증폭도가 안정되게 하는 역할을 한다.
9. 전압이득은 입력전압에 따른 출력전압의 비로 정의된다. 다음과 같다.

$$\text{전압이득} = \frac{v_{out}}{v_{in}}$$

$$\text{전압이득} = R_L/(R_E + r_e{}')$$

$$r_e{}' = 25\,\mathrm{mV}/I_c$$

10. 공통이미터 증폭기는 전류, 전압 및 전력을 증폭하는 회로이다.

나. 실험과정

실험 장비 및 재료

- 전원 : 가변 직류전원장치
- 장비 : 오실로스코프, 디지털 멀티미터, 함수 발생기
- 저항기 : 560 Ω, 1 kΩ, 8.2 kΩ, 18 kΩ 0.5 W
- 커패시터 : 10 μF 25 V 2개, 100 μF 25 V
- 반도체 소자 : 2N3904

바이어스 안정도

1. 그림 9-5의 회로를 만든다.
2. S_1을 닫고, 컬렉터회로의 I_C를 측정하여 표 14-1에 기록한다. 디지털 멀티미터로 베이스-이미터 전압 V_{BE}와 컬렉터-이미터전압 V_{CE}를 측정한 다음 표 9-1에 기록한다. 옴의 법칙(V_E/R_E)과 식 (9-7)에 의해서 β의 값을 100으로 하여 I_E를 계산한다. 두 값의 차이를 설명하라.
3. 함수발생기의 사인파를 최소의 출력이 되게 하고 1 kHz로 맞춘 다음 증폭기의 입력단에 연결하고 오실로스코프의 입력단자를 증폭기의 출력단에 연결한다. 파형을 보기 쉽도록 오실로스코프의 수직축 및 수평축을 조정한다.
4. 출력에서 일그러짐이 없는 최대의 정현파가 되도록 함수발생기의 출력을 조정한다. 입력과 출력파형의 첨두-첨두(peak to peak) 전압을 측정한 다음 결과를 표 9-1에 기록한다. I_C, V_{BE}, V_{CE}를 측정하고 파형을 표 9-1에 기록한다.
5. 오실로스코프로 출력파형이 일그러지지 않는지 여부를 관찰하면서, 입력신호를출력의 일그러짐이 없는 최소의 값이 되도록 조절한다. I_C, V_{BE}, V_{CE}와 입력과 출력파형의 첨두-첨두(peak to peak) 전압을 측정한 다음 표 9-1에 기록하고 파형을 그린다.

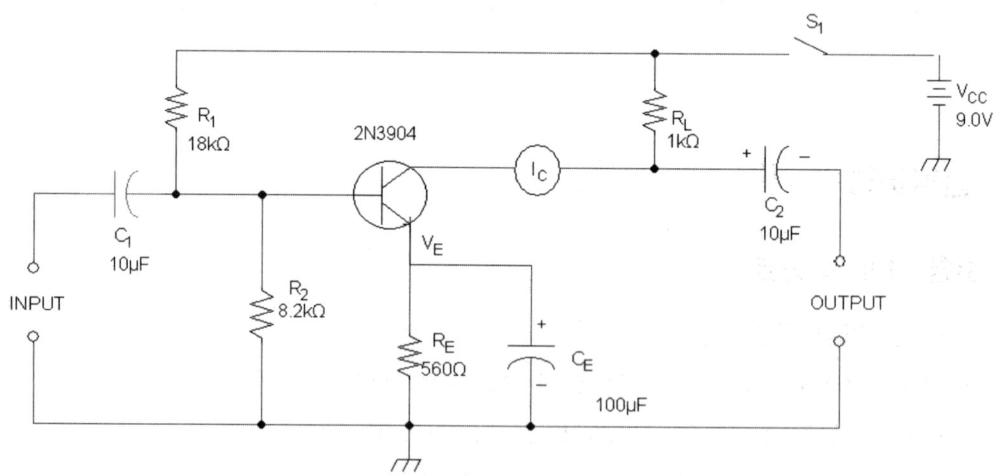

그림 9-5 안정된 바이어스회로의 공통이미터 증폭기

표 9-1 바이어스 안정

과정 번호	전류 [mA]	전압 [V]			파형			
	I_C	V_{BE}	V_{CE}	V_E	입력	V_{pp}	출력	V_{pp}
2								
4								
5								

전압이득에 미치는 이미터 바이패스 커패시터의 영향

6. 그림 9-5에서 출력단을 오실로스코프에 연결하고, 함수발생기의 출력을 일그러짐이 없는 최대 출력신호의 50%가 되도록 조절하여 입력한다.
7. 입력(베이스-접지)과 출력(컬렉터-접지)파형의 첨두-첨두(peak to peak) 전압을 관찰하고 측정한 다음 표 9-2에 기록한다. 이미터-그라운드간의 교류파형도 기록한다.
8. 증폭기의 교류전압이득을 계산하여 표 9-2에 기록한다.
9. 함수발생기의 출력을 바꾸지 말고 C_E 커패시터를 회로에서 제거한다.
10. 7, 8의 과정을 반복한다.
11. R_E저항을 단락시킨다.
12. 7, 8의 과정을 반복한다. R_E 단락이 회로에 어떤 영향을 주는가?

표 9-2 이미터 바이패스 커패시터와 증폭도

과정 번호	파형(접지에 대한 파형)						
	베이스	V_{pp}	콜렉터	V_{pp}	이미터	V_{pp}	증폭도
7,8							
9,10							
11,12							

다. 검토 사항

1. 그림 9-5에서 C_E의 목적은 무엇인가? C_E가 제거되었을 때 교류전압이득에 어떤 영향이 미치는가? 해석적으로 구하고 실험 결과와 비교하시오.
2. R_E를 제거하고 단락 시킨 경우, 증폭기에 어떤 영향이 미치는가? 해석적으로 구하고 실험 결과와 비교하시오.
3. R_E가 존재하고 C_E가 제거되었을 때, R_E가 부귀환 작용을 하여 회로의 동작이 안정됨을 정성적으로 설명하시오,

실험 10

공통이미터 증폭기의 입력, 출력저항 및 위상관계

실험목표

1. 공통이미터 증폭기의 입력과 출력저항을 측정한다.
2. 공통이미터 증폭기의 전력이득[dB]을 측정한다.
3. 공통이미터 증폭기의 입력과 출력의 위상관계를 관측한다.

가. 실험 내용

◎ 입력 저항

증폭기의 입력 저항 R_{in}은 입력신호의 전압과 입력신호의 전류비로 정의된다.

$$R_{in} = \frac{v_{in}}{i_{in}} \tag{10-1}$$

따라서 R_{in}은 실험적으로 v_{in}과 i_{in}을 측정하고 식 (10−1)에 대입하면 결정할 수 있다. i_{in}을 측정할 경우, 그림 10−1에서 R_x에 $1\,\text{k}\Omega$의 저항을 넣고 R_x 양단의 전압을 측정하여 $i_{in} = (R_x$ 양단의 전압$)/1\,\text{k}\Omega$으로 입력(베이스)전류를 구할 수 있다.

전압계−저항계를 이용하는 방법으로 회로를 그림 10−1과 같이 변경하여 R_{in}을 측정할 수 있다. 그림 10−1에서 가변저항기를 R_x를 A와 B점 사이에 연결한다. R_x 양단의 전압 v_x가 B−C간의 전압 v_{in}과 같은 값이 되도록 R_x를 가변한다. R_x를 회로에서 꺼낸 다음 R_x의 값을 측정한다. R_x의 저항값이 R_{in}과 같다. 이는 테브난 등가회로에서 직렬 연결된

두 개의 저항이 같을 경우, 각 저항에 걸리는 전압이 같다는 성질을 이용한 것이다.

공통이미터 증폭기의 입력회로에 입력의 변화를 억제하는 부귀환을 하면 입력 임피던스가 증가한다. 앞의 실험 9에서 이미터저항 R_3가 바이패스 되지 않았을 때 억제현상이 일어남을 볼 수 있었다. 베이스-이미터의 입력신호전류는, 같은 입력 v_{in}에 대해서, C_3에 의해 R_3가 바이패스(단락) 되었을 때 보다 R_3가 바이패스 되지 않았을 때가 더 작게 된다. 따라서 R_3에 의한 부귀환으로 이미터회로에 억제효과가 있을 때가 R_{in}의 값은 더 크게 된다.

출력 저항

증폭기의 출력 저항은 그림 10-1에서 출력단에 가변저항 R_{out}를 추가함으로써 실험적으로 측정할 수 있다. 측정하는 과정은 다음과 같다. 부하저항, R_{out} 없이 v_{out}를 먼저 측정한다. 부하저항, R_{out}을 연결하고 출력신호가 앞에서 측정했던 v_{out}값의 반이 되도록 R_{out}을 조절한다. 이 때 R_{out}를 회로에서 제거한 후 R_{out} 저항값을 측정한다. 측정된 저항값이 증폭기의 출력 저항 R_{out}의 값과 같다. 이것 또한 테브난 등가회로에서 병렬 연결된 두 개의 저항이 같을 경우, 병렬 저항은 원래 저항값의 반이 되고 여기에 걸리는 전압은 원래 전압의 반이 되는 성질을 이용한 것이다.

입출력 저항을 측정할 때 입력과 출력신호가 일그러지지 않는 상태에서 실험해야 한다는 점을 주의해야 한다.

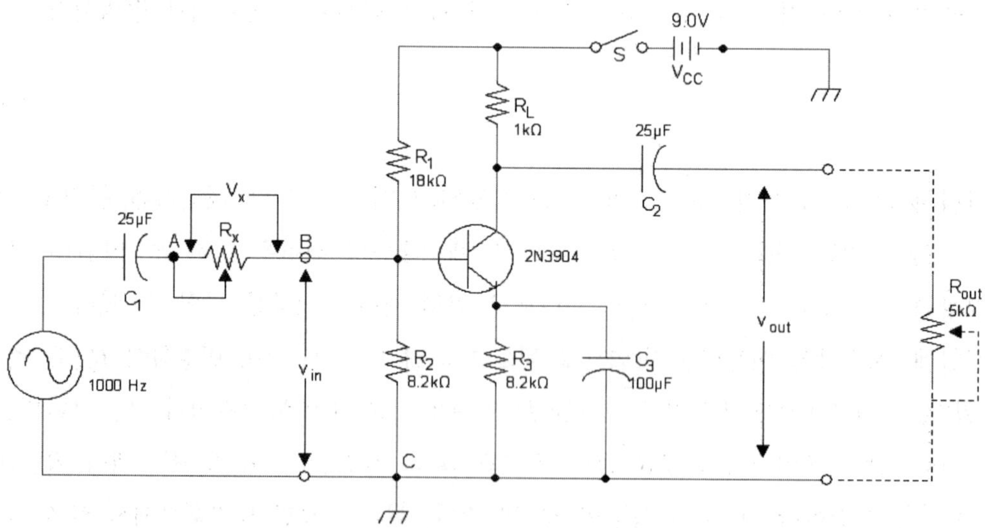

그림 10-1 입출력 임피던스를 측정하기 위한 공통이미터 실험회로

전력이득

증폭기의 전력이득은 입력과 출력의 전력의 비로 정의된다.

$$\text{전력이득} = \frac{P_{out}}{P_{in}} \tag{10-2}$$

입·출력 전력은 입력과 출력의 전압 및 저항을 알면 계산할 수 있다. 따라서

$$P_{out} = \frac{v_{out}^2}{R_{out}} \tag{10-3}$$

$$P_{in} = \frac{v_{in}^2}{R_{in}} \tag{10-4}$$

P_{out}, P_{in}의 값을 식 (10-2)에 대입하면 다음과 같이 계산된다.

$$\text{전력이득} = \left(\frac{v_{out}}{v_{in}}\right)^2 \frac{R_{in}}{R_{out}} \tag{10-5}$$

전력이득은 매우 커서 일반적으로 다음과 같이 데시벨[dB]로 나타낸다.

$$\text{전력이득[dB]} = 10\log\frac{P_{out}}{P_{in}} \tag{10-6}$$

위상 관계

공통이미터 증폭기에서 컬렉터의 출력전압 v_{out}는 베이스에서의 입력전압 v_{in}과 180° 의 위상차이가 생긴다. 그림 10-2의 회로에서 보면, 컬렉터-이미터(접지전위) 양단의 출력전압 v_{ce}는 컬렉터전류 i_c와 반대로 변화한다. 이러한 관계는 출력회로에 키르히호프의 전압법칙을 적용해보면 알 수 있다.

$$V_{CC} = i_c \times R_L + v_{ce} \tag{10-7}$$

식 (10-7)에서 V_{CC}는 부하저항 R_L 양단의 전압강하 $i_c \times R_L$과 컬렉터와 접지 양단전압 v_{ce}을 더한 것이다. V_{CC} 값이 고정된 값이므로, i_c가 증가하면, R_L 양단의 전압이 증가하고, v_{ce}값은 감소한다. i_c가 감소하면 R_L 양단의 전압이 감소하고, v_{ce}값은 증가한다.

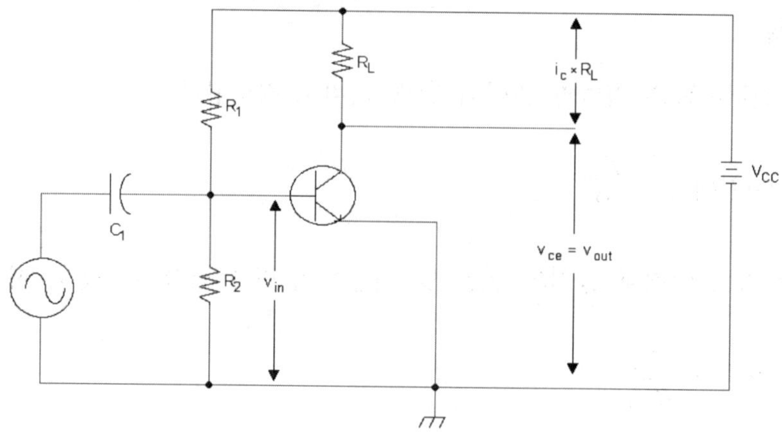

그림 10-2 공통이미터 증폭기의 출력단에서 전압식, $V_{CC} = I_C R_L + v_{ce}$

NPN 트랜지스터(그림 10-2)에서 베이스의 입력전압 v_{in}이 증가하면 컬렉터 전류는 증가하고 베이스의 입력전압 v_{in}이 감소하면 컬렉터전류도 감소한다. 따라서 i_c는 v_{in}과 같은 위상이다. 종합하면, v_{ce}와 i_c는 180° 위상차이가 생기기 때문에 v_{ce}와 v_{in}도 역시 180° 위상차이가 생긴다. 공통이미터 증폭기의 이와 같은 위상반전은 오실로스코프의 ch1과 ch2 동시 입력에 의해서 측정할 수 있다.

오실로스코프의 ch1 입력단을 그림 10-2와 같이 트랜지스터의 베이스에 연결한다. 처음에는 ch1과 ch2의 수직입력을 같은 점에 연결하고 수평레벨을 조정하여 그림 10-3에서 보는 바와 같이 베이스 입력신호가 0부터 시작되고, 정현파의 +파형이 −파형보다 앞에 나타나도록 조정한다. 그런 다음 ch2 입력을 트랜지스터의 컬렉터단자에 연결하고 스코프의 출력을 관찰한다. 위상이 180° 차이나는 두개의 파형이 화면에 겹쳐 나타나고 모양은 그림 10-3과 같이 된다. 이때 증폭기의 출력 파형에서 일그러짐이 발생하지 않도록 입력, v_{in}의 크기를 조절한다.

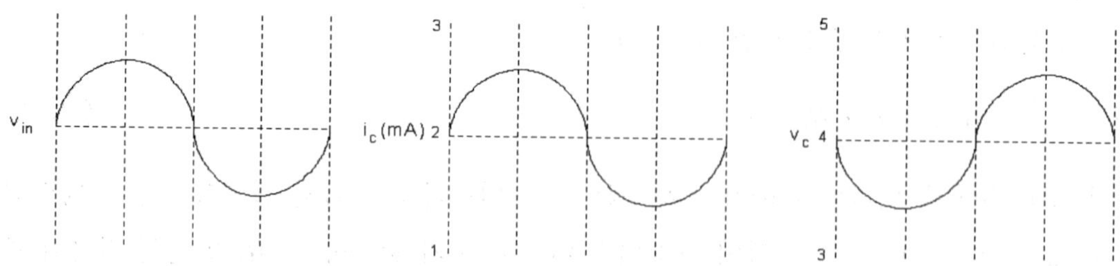

그림 10-3 공통이미터 증폭기에서 컬렉터전압은 컬렉터전류 및 입력전압과 180°의 위상차를 갖는다.

요 약

1. 증폭기의 입력 저항 R_{in}은 다음과 같이 정의된다.

$$R_{in} = \frac{v_{in}}{i_{in}}$$

위 식에서 v_{in}은 베이스의 신호전압이고, i_{in}은 베이스의 신호전류이다.

2. R_{in}은 그림 10-1과 같이 베이스회로에 가변저항 R_x를 삽입하고, 교류신호를 베이스에 인가하면서 R_x 양단의 전압 v_x가 v_{in}과 같도록 R_x를 조정하여 측정할 수 있다.

3. 이미터 접지 증폭기의 출력 저항 R_{out}는 출력단에 가변부하로서 R_{out}(그림 10-1)를 추가함으로서 실험적으로 측정할 수 있다. R_{out}를 조정하여 부하전압 v_{out}값이 무부하 출력전압의 반이 되도록 조정하면 R_{out} 저항값이 증폭기의 출력 저항 R_{out}이 된다.

4. 증폭기의 전력이득은 다음과 같은 정의된다.

$$\text{전력이득} = \frac{P_{out}}{P_{in}} = \left(\frac{v_{out}}{v_{in}}\right)^2 \frac{R_{in}}{R_{out}}$$

위 식에서 R_{in}과 R_{out}는 회로에서 알고 있거나 측정된 입출력 저항을 나타낸다.

5. 전력이득은 일반적으로 다음과 같이 데시벨[dB]로 계산된다

$$\text{전력이득[dB]} = 10\log\frac{P_{out}}{P_{in}}$$

6. 공통이미터 증폭기에서 컬렉터의 출력전압은 베이스에서의 입력전압과 180°의 위상차이가 생긴다

나. 실험 과정

실험 장비 및 재료

- 전원 : 가변 직류전압원
- 장비 : DMM, 오실로스코프, 함수발생기
- 저항 : 560 Ω, 1 kΩ 2개, 8.2 kΩ, 18 kΩ 0.5 W
- 커패시터 : 47 μF 25 V 2개, 100 μF 25 V
- 트랜지스터 : 2N3904
- 기타 : SPST 스위치, 5 kΩ 1-W 포텐쇼미터

입력 저항

1. 그림 10-1과 같은 회로를 구성한다. R_x는 5 kΩ, R_{out}는 5 kΩ의 가변저항을 사용하라.
2. 스위치 S_1을 닫고, 함수발생기의 주파수를 1 kHz으로 맞춘 다음 신호발생기의 출력 레벨을 오실로스코프로 출력을 관찰하였을 때 정현파가 일그러지지 않는 최대값의 50%가 되도록 조정한다.
3. 오실로스코프로 (a) AC 양단 v_{AC}, (b) BC 양단의 v_{BC} 혹은 v_{in}, (c) 출력의 v_{out}의 첨두-첨두(peak-to-peak)전압을 측정하여 표 10-1에 기록한다.
4. v_{AC}에서 v_{BC}값을 감산하여 R_x 양단의 전압 v_x를 계산하여 표 10-1에 기록한다. i_{in}과 R_{in}을 계산한다.

출력 저항

5. 함수발생기의 입력 크기를 그대로 두고, R_{out}의 값을 조정하여 출력신호 v_{out}가 스텝3(c)에서 측정한 값의 반이 되도록 한다.
6. R_{out}를 제거한 다음 R_{out}의 저항을 측정하고 기록한다. 이 값이 증폭기의 출력저항이다.

표 10-1 공통이미터 증폭기의 저항과 전력측정

	V_{p-p}				i_{in} [mA]	R_{in} [Ω]	R_{out} [Ω]	이득	
	V_{AC}	$\frac{v_{BC}}{v_{in}}$	v_{out}	$\frac{v_x}{v_{AC}-v_{BC}}$				전압	데시벨
2-7									
2-8									

표 10-2 공통이미터 증폭기의 위상관계

입력 파형	
출력 파형	

전력 이득

7. 표 10-1에서 부하, R_{out}가 있는 상태에서 전압이득과 전력이득(데시벨)을 계산하여 기록하라.

바이패스 되지 않은 이미터 저항의 효과

8. (a) 입력신호의 레벨을 변경하지 말고 실험한다. 오실로스코프로 출력전압을 관찰하면서, 회로에서 바이패스 커패시터 C_3를 제거하라. 증폭기의 출력이 급격하게 감소한다.
   (b) C_3를 제거한 상태에서 v_{out}가 $1\,V_{p-p}$가 되도록 입력신호를 조정한 다음 과정 3에서 7까지를 다시 실험하라.

위상 관계

9. S_1을 개방하고 C_3를 다시 삽입하라.
10. S_1을 닫은 다음 오실로스코프로 2주기의 입력신호를 관측하고 그 파형을 표 10-2에 기록하라.
11. 오실로스코프로 2주기의 출력신호를 관측하라. 관측된 파형을 표 10-2에 입력신호와의 위상을 고려하여 그려라.

다. 검토 사항

1. 그림 10-1에서 커패시터 C_3를 제거하면 입력 임피던스에 어떤 효과가 일어나는가? 입력 저항이 변화하는 이유를 정성적으로 설명하시오.
2. 그림 10-1에서 커패시터 C_3를 제거하면 출력 임피던스에 어떤 효과가 일어나는가? 출력 저항이 크게 변화하지 않는 이유를 설명하시오.
3. (a) 공통이미터 증폭기의 입력과 출력 신호 사이의 위상 관계를 설명하시오.
   (b) 실험의 결과와 비교하시오.
4. 공통 이미터 증폭기의 출력 저항은 무엇에 의해 결정되는가? 실험에서 측정된 값이 RL과 어떤 관계인지 확인 하시오.
5. (a) v_x을 직접 측정하고자 할 때, 오실로스코프 프로브의 접지선을 R_x 저항 한쪽에 직접 연결하면 되지 않는 이유를 설명하시오. 오실로스코프의 접지와 다른 장비의 접지가 같이 연결되어야 하는 이유는 무엇인가?

실험 11

이미터 팔로워 (공통컬렉터 증폭기)

실험목표

1. 공통컬렉터 증폭기(이미터 팔로워)의 입·출력 저항을 측정한다.
2. 공통컬렉터 증폭기의 전압, 전유이득을 측정한다.
3. 공통컬렉터 증폭기의 입·출력전압의 위상관계를 관찰한다.

가. 실험 내용

◎ 이미터 팔로워

이미터 팔로워(공통컬렉터 증폭기)는 전압 이득이 1에 가깝고, 전류이득과 전력이득은 크며, 입력 저항은 높고 출력 저항은 낮다. 이 증폭기는 입·출력의 저항 특성이 유용하기 때문에 이 회로는 전압이득을 얻기 보다는 두 증폭기의 사이에서 신호가 감쇠 없이 잘 전달되게 하는 완충기(버퍼)용으로 자주 사용된다.

그림 11-1은 단일 전원을 사용한 이미터 팔로워 회로이다. 입력교류신호 v_{in}은 커패시터 C_1에 의해서 베이스와 연결된다. 부하저항 R_2는 이미터에 연결되어 있고, 출력신호 전압 v_{out}는 바이패스 되지 않은 이미터 저항을 통하여 출력된다. 컬렉터는 V_{CC}에 직접 연결되어 있고 컬렉터가 교류적으로 공통 단자 혹은 교류적인 접지가 되는데 그 이유는 커패시터 C_2가 컬렉터를 작은 저항으로 바이패스 하는 역할을 하기 때문이며 공통컬렉터가 된다.

C_2는 공통컬렉터 사이에 실질적으로 연결되어 있을 수도 있지만, V_{CC} 전원 회로의

출력 여파기에 있는 커패시터일 수도 있다. 입력신호는 베이스와 접지(컬렉터) 사이에 인가되고, 출력신호는 이미터와 접지(컬렉터) 양단에 출력된다. 따라서 컬렉터는 입출력 모두에 공통적으로 사용된다.

그림 11-1에서 V_{CC}는 컬렉터 전원의 역할을 한다. NPN 트랜지스터가 사용되고 있기 때문에 전원의 양극이 컬렉터에 연결된다.

공통컬렉터 또는 컬렉터 접지 회로의 특징은 이미터저항 R_2가 커패시터에 의해 교류신호를 바이패스하지 않는다는 것이다. 따라서 베이스에 교류신호가 인가되면 출력교류전압이 R_2 양단에 나타나게 된다.

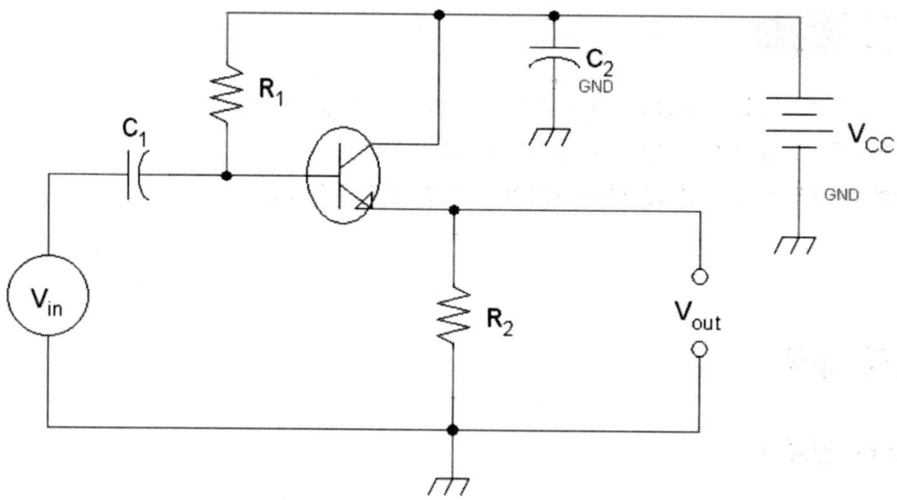

그림 11-1 단일 전원을 사용한 이미터 팔로워

위상 관계

입력과 출력신호의 위상 관계를 확인하기 위해서, 양의 입력신호 V_{in}을 인가하면 NPN 트랜지스터의 베이스 전류가 증가한다. 그 결과로 컬렉터와 이미터 전류가 증가한다. 이미터 외부회로에는 화살표로 표시된 방향으로 R_2를 통하여 전류가 흐른다. 따라서 이미터전압 v_{out}의 순시전압, $i_{out} * R_2$는 교류 입력신호가 인가되기 전보다 접지에 대한 전위가 증가하게 된다. 따라서 베이스 전압이 양의 방향으로 증가하면 이미터전압도 따라간다(follow). 마찬가지로 입력 v_{in}이 −의 값이 되어서, 베이스 전압이 −으로 가면 이미터 전압 v_{out}는 값이 줄어들기 때문에 −의 값으로 향한다. 따라서 이미터 팔로워에서 입출력 신호는 같은 위상이다. 이미터 팔로워에서 출력 신호의 위상이 입력신호의 위상을 따라간다는 사실로부터 이미터 팔로워라는 이름을 갖게 되었다.

해 석

선형영역에서 동작하고 있는 이미터 팔로워 증폭기의 해석적인 분석으로부터 전압이득, 전류이득, 전력이득과 입, 출력 저항을 계산할 수 있다. 다음과 같은 근사식이 설계를 위한 기본 식으로 사용될 수 있다.

$$A_v = \text{전압이득} = 1 \tag{11-1}$$

$$A_i = \text{전류이득} = \frac{1}{1-\alpha} = \beta \tag{11-2}$$

$$A_p = \text{전력이득} = \text{전압이득}\cdot\text{전류이득} = \frac{1}{1-\alpha} \tag{11-3}$$

$$\text{입력저항 } R_{in} = \frac{R_o}{1-\alpha} \tag{11-4}$$

$$\text{출력저항 } R_{out} = r_e + (1-\alpha)(R_G + r_b) \tag{11-5}$$

식 (11-5)에서, r_e, r_b는 트랜지스터의 등가모델의 파라미터이고 각각 이미터와 베이스저항을 나타내며, R_G는 전원단의 내부저항이다. 여기서 $(1-\alpha) = 1/\beta$가 되고, r_e는 이미터-베이스 다이오드의 교류저항으로 25 mV/Ic 이며, R_L은 그림 11-1의 R_2이다. 위의 근사수식은 이미터 팔로워 회로에 대해서 유효하며, 파라미터의 대략적인 값은 다음과 같다.

$$r_b = 300$$

$$r_e = 10$$

$$r_c = 1.5\ \text{m}\Omega$$

$$\alpha = 0.99$$

공통컬렉터 증폭기에서 입력 저항은 α와 R_L뿐 아니라 베이스에 연결되어 있는 저항에 의해서도 영향을 받는다는 것을 알아야 한다. 따라서 그림 11-1에서 R_1의 저항값이 작다면, 이 저항에 의한 병렬효과에 의해 $R_{in}' = R_{in} \parallel R_1$이 되어 입력저항이 줄어든다.

이미터 팔로워의 전압 증폭도와 입력, 출력 저항은 공통이미터 증폭기와 공통베이스 증폭기에서 사용하였던 방법으로 측정할 수 있다. 실험적으로 R_{in}, R_{out}, v_{in}, v_{out}를 측정하면 전력이득을 다음과 같이 계산할 수 있다.

$$P_{in}(\text{입력전력}) = \frac{(v_{in})^2}{R_{in}} = (i_{in})^2 R_{in} \tag{11-6}$$

$$P_{out}(\text{출력전력}) = \frac{(v_{out})^2}{R_{out}} = (i_{out})^2 R_{out} \tag{11-7}$$

$$\text{전력이득} = \frac{P_{out}}{P_{in}} \tag{11-8}$$

요 약

1. 이미터 팔로워는 공통컬렉터 증폭기 또는 컬렉터 접지증폭기이다.
2. 이미터 팔로워 증폭기에서 컬렉터는 V_{CC}에 직접 연결되어 있으며 교류적으로는 접지와 같다.
3. 이미터 팔로워 증폭기의 특징은 입력 저항은 크고 출력 저항은 작다.
4. 이미터 팔로워 증폭기는 전압 증폭이 되지 않는다. 전압 증폭도는 1에 가깝다.
5. 이미터 팔로워 증폭기의 전류 이득과 전력 이득은 크다.
6. 이미터 팔로워 증폭기에서 베이스 단자로 입력 신호가 인가되며, 출력신호는 이미터 단자에서 출력된다.
7. 이미터 팔로워 증폭기의 이미터 단자에는 출력 저항이 있어 교류적으로 바이패스 되지 않는다.
8. 이미터로 출력되는 출력신호의 위상은 베이스신호와 같은 위상이다.

나. 실험 과정

실험 장비 및 재료

- 전원 : 가변직류전압원
- 장비 : 오실로스코프, 디지털 멀티미터, 함수발생기
- 저항기 : 3.3 kΩ, 12 kΩ, 470 kΩ, 0.5 W
- 커패시터 : 25 μF 50V, 100 μF 50 V
- 트랜지스터 : 2N3904
- 기타 : SPST 스위치, 1 kΩ 가변저항

전압이득과 입력저항

1. 그림 11-2의 회로를 만들고 S_2, S_3을 개방하고 S_1을 단락하라. 함수 발생기의 출력을 0으로 하라. DF 양단에 오실로스코프를 연결하고 오실로스코프의 눈금을 조정하라.
2. S_3을 단락한다. 이미터회로의 DF 양단에 나타나는 출력신호 v_{out}가 일그러짐이 없게 200 mV가 될 때까지 신호발생기의 출력을 증가한다. 오실로스코프로 v_{out}를 측정하고, 표 11-1에 기록한다.

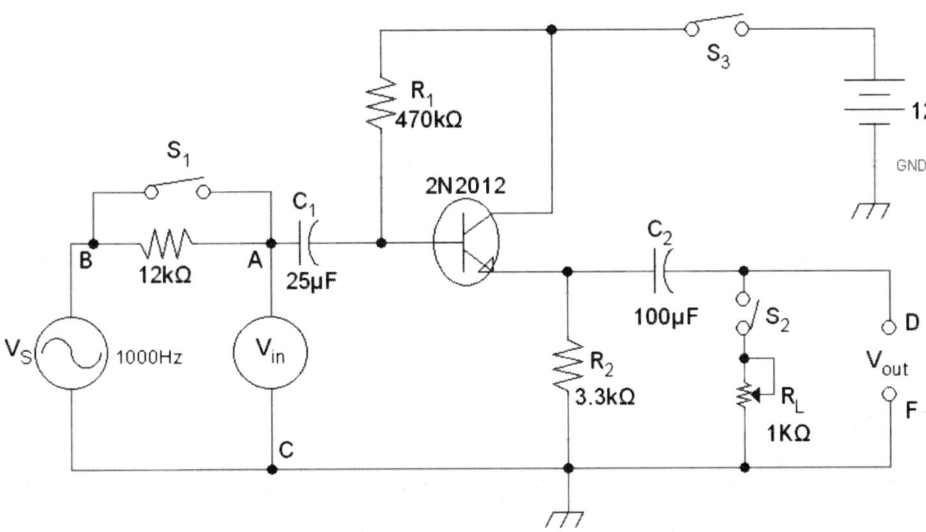

그림 11-2 이미터 팔로워 실험회로

3. 입력신호 v_{in}의 전압을 측정하고 표 11-1에 기록한다(AC 양단). 전압이득 $\frac{v_{out}}{v_{in}}$을 계산하고 기록한다.
4. 스위치 S_1을 개방한다. v_{in}(A점의 파형)의 값이 3번 과정일 때와 같은 값이 되도록 신호발생기의 출력을 증가한다. 오실로스코프로 AB 사이의 전압 v_{AB}를 측정한 다음 표 11-1에 기록한다. 다음 식에 v_{AB}값을 대입하여 입력 베이스전류를 계산한 다음 결과값 i_{in}을 표 11-1에 기록한다.

$$i_{in} = \frac{v_{AB}}{R_{AB}} = \frac{v_{AB}}{12{,}000}$$

5. 아래의 식에 v_{in}과 i_{in}의 값을 다음 식에 대입하여 입력저항 R_{in}을 계산한다.

$$R_{in} = \frac{v_{in}}{i_{in}}$$

결과값 R_{in}을 표 11-1에 기록한다. 입력신호의 전력 $(i_{in})^2 \times (R_{in})$을 계산하고 표 11-1에 기록한다.

표 11-1 전압 이득과 입력 저항 및 입력전력

v_{out} [V]	v_{in} [V]	이득$=\frac{v_{out}}{v_{in}}$	v_{AB} [V]	i_{in} [A]	R_{in} [Ω]	$i_{in}*i_{in}*R_{in}$ [W]

표 11-2 출력 저항, 출력전력 및 전력이득

v_{out} [V]	$\frac{v_{out}}{2}$ [V]	$R_L = R_{out}$ [W]	$\frac{v_{out}^2}{R_{out}}$ [W]	전력이득

출력 저항

6. 스위치 S_1을 단락한다. S_2를 개방한 상태에서, v_{out}가 200 mV로 되도록 함수발생기의 출력을 조절한다. 출력전압 v_{out}를 측정하고 표 11-2에 기록한다(DF 양단).

7. S_2를 단락하면 부하저항이 R_L이 회로에 연결된다. 부하가 연결되어 있는 상태의 출력전압 v_{out}값이 6번에서 측정한 값의 반이 되도록 R_L을 조정한다.

$\frac{v_{out}}{2}$의 값을 기록한다. S_2를 개방하고 R_L 저항을 측정하여 기록한다. 이 값이 회로의 출력 저항 R_{out}이다. 출력전력 W_o를 $\frac{v^2_{out}}{R_{out}}$와 같이 계산하고 표 11-2에 기록하라.

전력이득

8. 다음 식에 의해서 전력 이득을 계산하라.

$$A_p = \frac{P_{out}}{P_{in}}$$

위상관계

9. 오실로스코프의 ch1과 ch2를 이용하여 입력과 출력의 위상관계를 측정하는 이전 실험 방법에 따라 실험을 하고 표 11-3에 위상에 주의하여 파형을 그려라.

표 11-3 위상 관계

	파 형				
입력 파형					
출력 파형					

다. 검토 사항

1. 표 11-1과 표 11-2에서 이미터 팔로워의 전압이득, 입력저항, 출력저항의 특성을 쓰시오.
2. 표 11-3의 이미터 팔로워의 입력과 출력의 위상관계를 비교하시오.
3. 이미터 팔로워의 전압이득은 거의 1로 전압증폭이 거의 되지 않음에도 왜 사용되는가? 이미터 팔로워의 응용분야는 어디인가?

실험 12

트랜지스터 증폭기의 부하선 해석

실험목표

1. 트랜지스터의 최대 소비전력 곡선을 만든다.
2. 공통이미터 증폭기의 직류 부하선을 그린다.

가. 실험 내용

입력신호를 일그러짐이 없이 증폭하기 위해, 트랜지스터 증폭기는 트랜지스터의 특성곡선 중 선형영역에서 동작해야 한다. 따라서 선형 증폭기를 설계하기 위해서는 트랜지스터의 특성곡선에서 동작점을 주의 깊게 설정하여야 한다.

트랜지스터에서 동작점은 베이스전류, 전압원 전압과 컬렉터-이미터 전압에 의해 결정된다.

따라서 증폭기를 설계하는 사람은 트랜지스터의 $V_{ce}-I_c$ 특성곡선을 참고하고 그 밖의 저항 등 다른 변수를 조절하여야 한다.

컬렉터 최대소비전력 곡선

그림 12-1은 이미터를 공통 단자로 한 트랜지스터의 일반적인 특성곡선이다. 이 곡선은 트랜지스터 주변온도가 25°일 때 컬렉터의 전류와 전압이 허용되는 범위 내에서 베이스 전류 즉, 바이어스전류의 여러 값에 대하여 트랜지스터의 특성을 그린 것이다. 특성곡선 내에서도 트랜지스터가 동작할 수 있는 영역은 제한이 있다. 이러한 제한은 특정한 온도에서 컬렉터에 허용되는 최대 전력소비와 관계가 있다. 예를 들면 2N3904 NPN

트랜지스터는 25°에서 동작할 때, 컬렉터 소비전력은 100 mW로 제한된다. 허용되는 동작영역은 제조사에서 제공하는 컬렉터 특성곡선 위에 중첩하여 그린 그래프로 표현된다. 최대 소비전력 곡선이 제조회사의 데이터시트에 포함되어 있지 않았을 때는, 실험자가 특성곡선 위에 쉽게 그려 넣을 수 있다. 그 곡선은 모든 점에서 100 mW를 나타낸다. 따라서 곡선 위의 모든 점은 다음의 수식을 만족하는 점들이다.

$$\text{소비전력} = V_{CE} \times I_C = 100\ \text{mW} \tag{12-1}$$

예를 들면 2 V 50 mA의 점은 이러한 조건을 만족하고, 10 V 10 mA도 역시 만족된다. 그 곡선의 형태는 식 (12-1)을 만족하는 $1/V_{ce}$ 곡선이다. 트랜지스터의 동작은 이 곡선의 왼쪽에서만 동작하여야 소자의 파손이 일어나지 않는다.

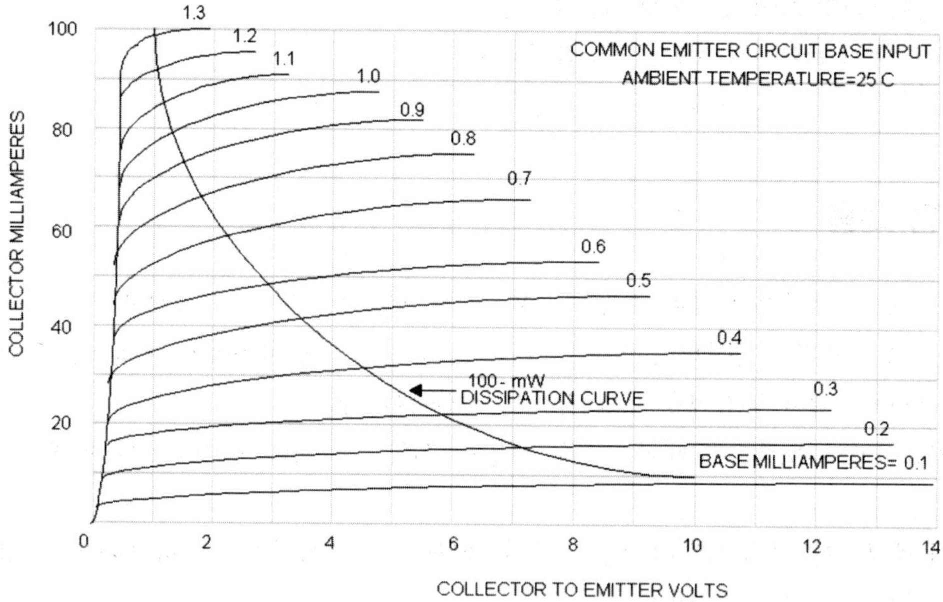

그림 12-1 2N3904의 컬렉터 특성곡선과 100 mW의 소비전력곡선

직류부하선

트랜지스터 증폭기의 동작은 직류 부하선에 의해서 그래프 적으로 예상할 수 있다. 특정한 동작조건에서 출력신호에 대한 입력의 영향은 직류 부하선에 의해서 결정할 수 있다.

공통이미터 증폭기의 출력단 전압인 그림 12-2를 참조한다. V_{CC}와 R_L의 값을 안다면, 부하선은 두 개의 극한점을 통해서 그릴 수 있다. 우선 부하선을 결정하는 컬렉터 루프에 KVL을 적용하면

$$V_{CC} = I_c \times R_L + V_{ce}$$

가 되고 여기서 극한점을 구하면,

(a) 포화상태의 한계점은

$\left(V_{CE} = 0, I_C = \frac{V_{CC}}{R_L}\right)$ 컬렉터 전류 축에서 구해지고

(b) 차단상태의 한계점은

$(I_C = 0,\ V_{CE} = V_{CC})$ 컬렉터 전압 축에서 구해진다.

극한점의 좌표를 어떻게 찾는지를 수치적으로 예를 들어 보자. 그림 12-2에서 $V_{CC} = 6\,\mathrm{V}$, $R_L = 300\ \Omega$일 때 $V_{CE} = 0$이면 $I_C = 6/300 = 20\ \mathrm{mA}$, $I_C = 0$이면 $V_{CE} = 6\ [\mathrm{V}]$로 계산된다. 두 점을 연결한 부하선(1)이 그림 12-3에 그려져 있다.

같은 조건에서 R_L의 값을 증가하면 포화전류가 감소하고 R_L의 값을 감소하면 포화전류가 증가한다. 예를 들면, 처음에는 R_L을 $100\ \Omega$으로 줄이면 부하선 (2)의 좌표는 다음과 같다.

$$V_{CE} = 0,\ I_C = \frac{6}{100} = 60\ \mathrm{mA}$$

$$I_C = 0,\ V_{CE} = 6\ \mathrm{V}$$

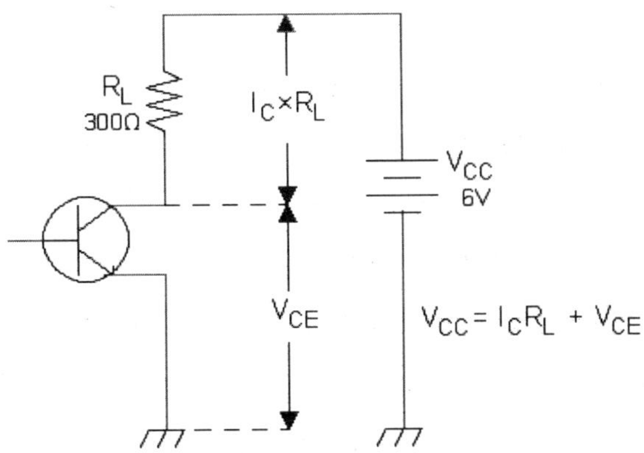

그림 12-2 공통이미터 증폭기의 출력단의 전압

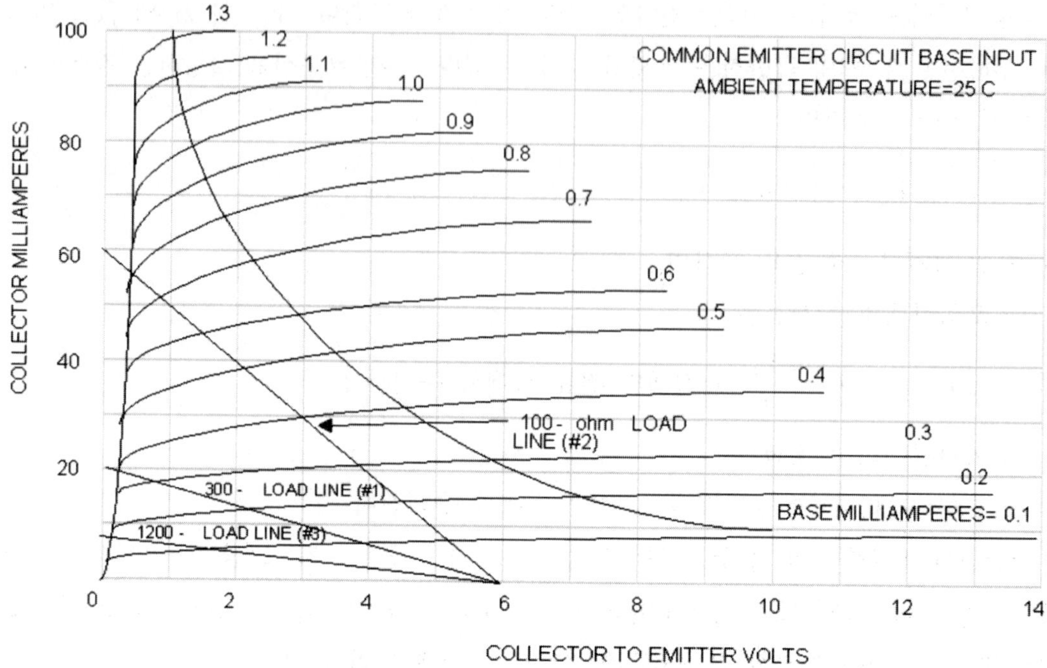

그림 12-3 R_L 값과 V_{CC}에 대한 부하선

부하선(2)는 부하선 (1)과 같은 점, $V_{CC}=6$, $I_C=0$을 사용하지만 부하선 (1)보다 위에 그려진다. 두 번째로 R_L을 1 kΩ으로 증가하면 부하선(3)의 좌표는 다음과 같다.

$$V_{CE}=0,\ I_C=\frac{6}{1000}=6\ \text{mA}$$

$$I_C=0,\ V_{CE}=6\ \text{V}$$

부하선(3)은 부하선 (1), (2)와 같은 Vce 점을 사용하지만 부하선 (1)보다 밑에 그려진다. 위의 3가지 경우 모두 100 mW의 최대 소비전력곡선의 왼쪽에 있음을 주목해야 한다. R_L과 V_{CC}를 알고 있다면 부하선을 분명히 그릴 수 있지만 R_L의 값을 모르고 트랜지스터 증폭기의 동작점을 알고 있다고 가정하면 동작점은 증폭기의 Q(Quiscent, 정지) 점으로 정의되고 교류입력이 없는 상태에서 V_{CE}와 I_C를 결정한다.

만일 Q점이 $V_{CE}=5.25$ V, $I_C=19$ mA 이고, 전원전압 $V_{CC}=10$ V 이라면 그림 12-4와 같이 부하선은 Q점과 $I_C=0$, $V_{CE}=10$점을 연결하여 그릴 수 있다. 부하선이 컬렉

터전류좌표와 $V_{CE}=0$, $I_C=40\,\text{mA}$에서 만난다면 부하저항 R_L은 $V_{CE}=0$이므로 $I_C=V_{CC}/R_L$과 같이 쉽게 찾을 수 있다.

$$R_L=\frac{V_{CC}}{I_C} \tag{12-2}$$

식 (12-2)에 $V_{CC}=10$, $I_C=40\,\text{mA}$를 대입하면

$$R_L=\frac{10}{40\times 10^{-3}}=250\,\Omega$$

$250\,\Omega$의 컬렉터저항에 의해 Q점에서 증폭기가 동작한다.

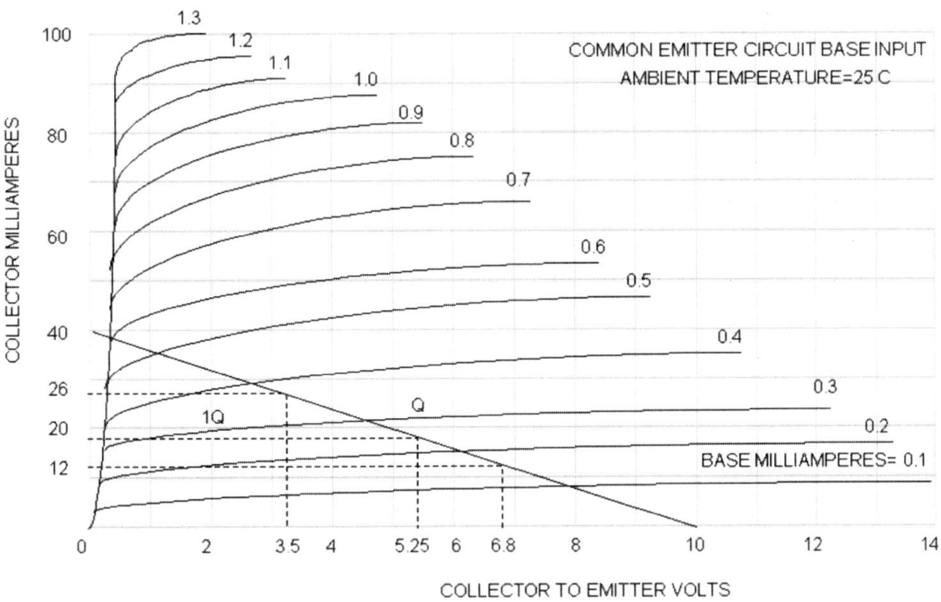

그림 12-4 동작점 Q와 공급전압을 알고 그린 부하선

부하선에 의한 증폭기 동작의 예측

부하선을 이용하면 베이스전류가 변화할 때 컬렉터 전류가 어떻게 변화할지를 예측할 수 있다. 컬렉터 특성곡선과 부하선의 교점이 동작점으로 이용되는데 가장 좋은 동작점은 회로의 필요조건에 의해 결정된다. 앞의 예에서 선택된 동작점은 $V_{CE}=5.25\,\text{V}$, $I_C=19\,\text{mA}$, $I_B=0.3\,\text{mA}$의 특성곡선과 부하선의 교점이다. 이것은 베이스에 $0.3\,\text{mA}$

의 전류가 흐를 때 2N3904 트랜지스터의 컬렉터에 19 mA의 전류가 흐르고 있음을 의미한다. 그림 12-3에 전원 전압 10 V이고 부하저항이 250 Ω인 공통이미터회로를 나타내고 있다. 이 회로에서 베이스전류가 증가할 때 컬렉터전류에 미치는 영향이 보면, 예를 들어 $I_B = 0.4\,\text{mA}$가 되었다고 가정하면, 이 경우 $I_C = 26\,\text{mA}$로 7 mA 증가하고, $V_{CE} = 3.5\,\text{V}$가 된다. $I_B = 0.2\,\text{mA}$로 되면 컬렉터전류는 12 mA로 7 mA 감소, $V_{CE} = 7.0\,\text{V}$가 된다 선택된 회로와 동작점에서 베이스전류가 변화할 수 있는 한계를 0.1 mA에서 0.3 mA로 작게 하면 컬렉터 전류는 베이스전류의 변화에 따라 선형적으로 변화한다.

부하선으로 부터 전류이득을 계산할 수 있다. 앞에서 전류이득을 입력전류 변화에 따른 출력전류의 비로 다음과 같이 정의하였다.

$$A_i = \frac{\Delta I_{out}}{\Delta I_{in}} \tag{12-3}$$

위의 경우에서는

$$\Delta I_{out} = 26 - 12 = 14\,\text{mA}$$

$$\Delta I_{in} = 0.4 - 0.2 = 0.2\,\text{mA}$$

$$A_i = \frac{14}{0.2} = 70 \tag{12-4}$$

이 된다.

요 약

1. 컬렉터 특성곡선은 특정한 온도에서 트랜지스터가 동작할 때 베이스 전류가 변화함에 따라 컬렉터 전류 I_C와 컬렉터 전압 V_{CE}가 어떻게 변화하는지를 보여준다. 특성곡선을 활용하기 위해서는 트랜지스터의 최대 소비전력곡선을 특성곡선에 그려두어야 한다.
2. 직류 부하선은 컬렉터 특성곡선 위에 그린 직선이다. 증폭기의 성능은 부하선에 의해 예측할 수 있다. 부하선을 그리기 위해서는 V_{CC}와 R_L의 값을 알고 있어야 한다. 부하선의 종단점은 다음과 같이 계산할 수 있다.
   (a) 컬렉터 전류축과 만나는 점은 $V_{CE} = 0$, $I_C = V_{CC}/R_L$

(b) 컬렉터 전압축과 만나는 점은 $V_{CE} = V_{CC}$, $I_C = 0$

3. 베이스전류(바이어스 전류) 곡선과 부하선의 교점을 증폭기의 동작점(Q-점)이라 부른다.
4. 부하선으로 부터 특정한 베이스 입력신호에 대하여 출력전류와 출력전압의 변화를 예상할 수 있다. 이러한 변화로부터 증폭기의 전류이득을 계산할 수 있다.

나. 실험 과정

실험 장비 및 재료

- 전원 : 가변 직류전압원
- 장비 : 디지털 멀티미터, 전류계
- 저항기 : 1 kΩ, 68 kΩ 1/2 W
- 반도체 소자 : 2N3904
- 기타 : SPST 스위치, 10 kΩ 가변저항

1. 그림 12-5에 있는 2N3904 트랜지스터의 특성곡선에 100 mW의 컬렉터 소비전력곡선을 그려라.
2. 그림 12-5에 그림 12-6의 공통이미터 증폭기의 부하선을 그려라. 회로에서 $R_L = 1\ \text{k}\Omega$ 이며 $V_{CC} = 10\ \text{V}$ 이다.
3. 15 μA의 베이스전류 특성곡선과 부하선의 교점을 찾아라. 이 점을 부하선 상에 Q_1 동작점 1이라 기록하고 Q_1의 전류 I_C와 전압 V_{CE}를 표 12-1에 기록하라.
4. 부하선에서 (a) I_B=10 μA, (b) I_B=20 μA, (c) I_B=25 μA, (d) I_B=30 μA일 때의 I_C와 V_{CE}값을 기록하라. 25 μA의 베이스전류 특성곡선과 부하선의 교점에 Q_2를 기록하라.
5. 그림 12-6의 회로를 구성한다. S_1을 개방하고 R_1을 최소로 하라.
6. S_1을 단락하고, 베이스전류가 10 μA가 되도록 R_1을 조정하라. 베이스전류의 값을 부하선의 측정값이라는 항목의 "I_B"란에 기록하라. 그때의 I_C, V_{CE}, V_{EB}를 측정하여 부하선 측정값이라는 항목의 해당되는 란에 기록하라. 표 12-1에 있는 다른 I_B값에 대해서 측정하시오.

7. 측정치를 이용하여 베이스전류의 변화가 10 μA일 때 Q_1에서의 컬렉터전류의 변화를 구하고 전류이득을 계산하라. 결과를 표 12-2에 기록하라. 같은 조건에서 전압이득을 계산하고 표 12-2에 기록하라.
8. Q_2, 동작점 2에 대해서 7번의 과정을 다시 수행하라.

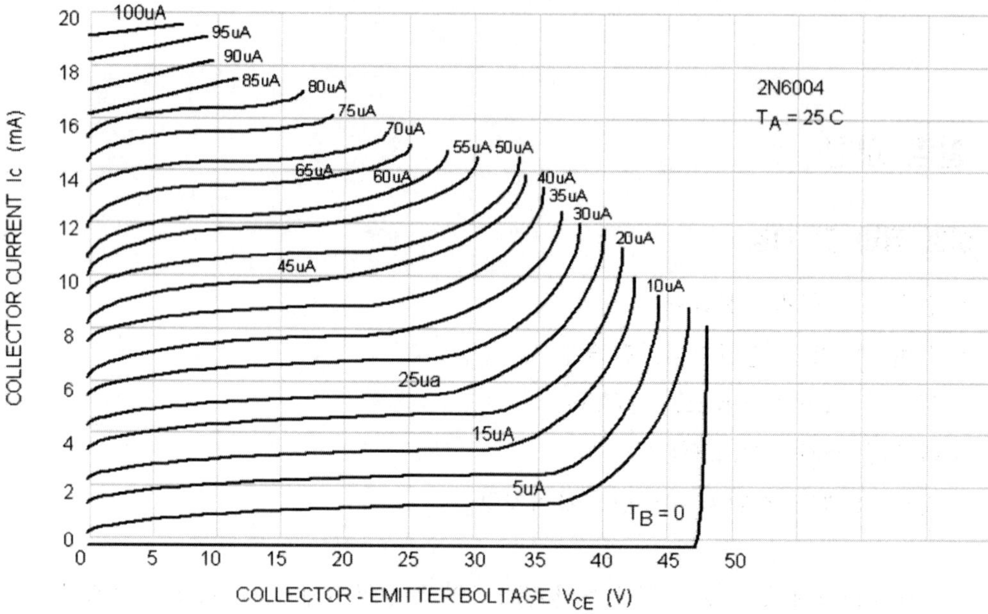

그림 12-5 2N3904의 공통이미터 회로의 컬렉터 특성곡선

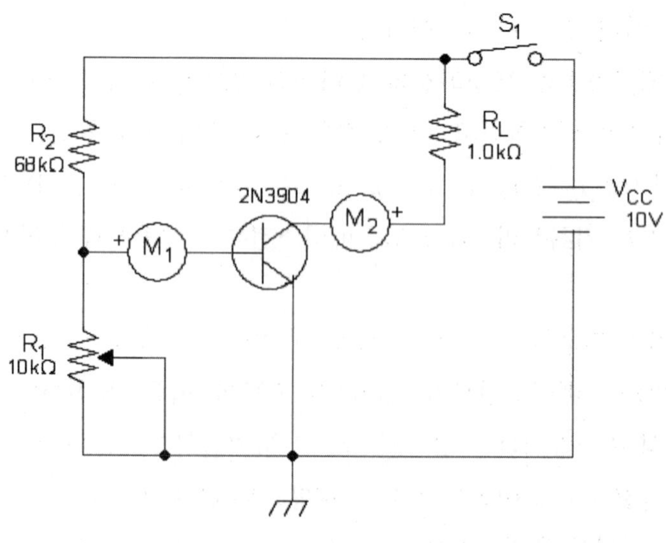

그림 12-6 공통이미터 트랜지스터 증폭기의 실험회로

표 12-1 부하선 계산값과 측정값

부하선의 계산값			부하선의 측정값			
I_B [μA]	I_C [mA]	V_{CE} [V]	I_B [μA]	I_C [mA]	V_{CE} [V]	V_{EB} [V]
10						
15						
20						
25						
30						

표 12-2 부하선에 의한 증폭도 계산

동작점	콜렉터 전류이득 $=\frac{\Delta I_C}{\Delta I_B}$	콜렉터 전압이득 $=\frac{\Delta V_{CE}}{\Delta V_{EB}}$
Q_1 (15 μA)		
Q_2 (25 μA)		

다. 검토 사항

1. 최대 전력소비전력곡선의 필요성의 설명하라.
2. 부하선의 의미는 무엇인가?
3. 부하선을 그리기 위하여 필요한 회로 값은 무엇인가?
4. 표 12-1에서 이론적 부하선의 값과 측정치를 비교하면 어떤 차이가 나는가? 그 이유를설명하라.
5. 그림 12-6의 실험 회로에서 베이스전류를 10 μA 만큼 가변하면 Q_1과 Q_2에서 선형적으로 동작하는가? 이유도 같이 설명하라.
6. 실험 회로에서 Q_1, Q_2에서의 전류이득과 전압이득을 비교하라. Q_1과 Q_2의 전류 이득이 다르다면 그 이유를 설명하라.
7. 그림 12-6에서 1 kHz 입력정현파에 대해서 출력에 일그러짐이 나타나지 않는, 교류입력전류와 전압의 최대값을 판정하는 방법을 $V_{ce}-I_c$ 곡선과 부하선을 이용하여 설명하라. 이 그림에서 교류전류이득과 교류전압이득을 그림적으로 어떻게 측정하는지 설명하라.

실험 13

종속접속 증폭기의 동작

실험목표

1. 저항-커패시터 결합 2단 증폭기의 선형동작 범위를 조사한다.
2. 증폭기 각 단의 입력과 출력에 대한 위상관계를 알아본다.
3. 종속접속 오디오 증폭기의 동작을 확인한다.

가. 실험 내용

첫 번째 단 증폭기의 출력신호가 두 번째 단의 입력신호가 되도록 두 증폭기가 결합될 때, 이 증폭기를 종속접속(cascaded connection) 증폭기라 부른다. 이 증폭기는 각 단의 단일 증폭기 이득과 부하효과에 의한 신호의 변화에 의해 전압이득이 결정된다.

가장 일반적인 종속접속은 이미터가 공통인 공통이미터 증폭기의 연결로 구성된다. 앞 장에서 소개했듯이 공통이미터 증폭기는 큰 전압이득, 큰 전류이득 그리고 큰 전력 이득의 특성을 가진다. 이와 같은 증폭기는 오디오 시스템 등 여러 전자장비에 사용된다.

결합방법

(1) 변압기 결합 증폭기

변압기(transformer)가 증폭기 단의 결합기로 사용된다. 이 변압기는 다음단의 입력 임피던스와 앞 단의 출력 임피던스를 정합시키기 위해 사용된다. 임피던스 정합은 최대 전력전달 조건에 가깝게 하기 위함이다. 아래에 변압기 결합의 입력, 출력 저항의 관계를 보인다. 여기서 n은 N2/N1 으로 1차 입력 코일에 대한 2차 출력 코일의 감긴 횟수 비이다. 입력과 출력저항은 아래의 관계로 연결된다.

$$R_i = V_i/I_i = V_i/V_o \cdot V_o/I_o \cdot I_o/I_i = 1/n \cdot R_o \cdot 1/n$$
$$= R_o/n^2$$

그림 13-1은 변압기 결합 2단 트랜지스터 증폭기이다. 입력신호는 T_1에 결합되어 Q_1의 베이스 연결된다. C_1은 커플링 커패시터로 직류바이어스전류가 다음 단에 영향을 미치지 못하도록 삽입되어 있다. 베이스전류는 V_{CC} 양단의 R_1, R_2 그리고 이미터 저항 R_3에 의하여 결정되고 이미터 저항 R_3에 의해 바이어스는 안정되게 된다. C_2는 바이패스 커패시터이며, T_2는 Q_1의 출력신호를 Q_2의 베이스에 연결한다. 두 번째 단의 C_3, C_4, R_4, R_5 그리고 R_6은 앞 단에서 같이 커플링 및 바이패스 커패시터 역할 및 뒷단의 바이어스를 결정하는 역할을 한다. 그러므로 Q_1의 증폭된 출력신호는 변압기 T_2를 통해 Q_2에 인가된다.

(2) RC 결합 증폭기

변압기 결합방법 외에 직접결합, RC 결합 그리고 임피던스 결합방법이 있다. 그림 13-2에 RC 결합 증폭기를 나타내었다. 커패시터 C_1, C_3은 Q_1, Q_2의 교류입력신호의 전달에 사용되며, C_5는 Q_2의 출력측에 연결되어 있다. 이 때 C의 임피던스는 사용하는 주파수에서 충분히 작아야 한다. X_c는 보통 수 Ω이 되도록 정해져야 하며 아래와 같다.

$$Xc = 1/2\pi f C$$

그림 13-2에서의 각 단의 소자의 동작 및 이득은 공통이미터 증폭기의 실험을 참조하면 된다.

RC 결합 2단 증폭기의 동작을 보면, Q_2 증폭기의 입력 저항은 첫 번째 단 증폭기의 부하저항에 영향을 미치므로 두 번째 단에 인가되는 신호레벨의 변화를 가져온다. 예를 들어, 그림 13-2에서 C_3가 개방되어 있다면, R_4는 Q_1에 대하여 교류 부하와 직류부하에 영향을 미칠 것이다. 그러나, 그림 13-2와 같이 C_3가 연결되어 있다면, R_4는 Q_1에 대하여 더 이상 교류부하로 작용하지 않는다. 대신에 교류부하는 대략적으로 R_4, R_5, R_6와 R_{in2}의 병렬저항으로 된다. 여기서 R_{in2}는 등가적으로 Q_2의 베이스에서 본 입력 임피던스이다. 그러므로 Q_1의 교류부하 R_L은 R_4보다 작아진다.

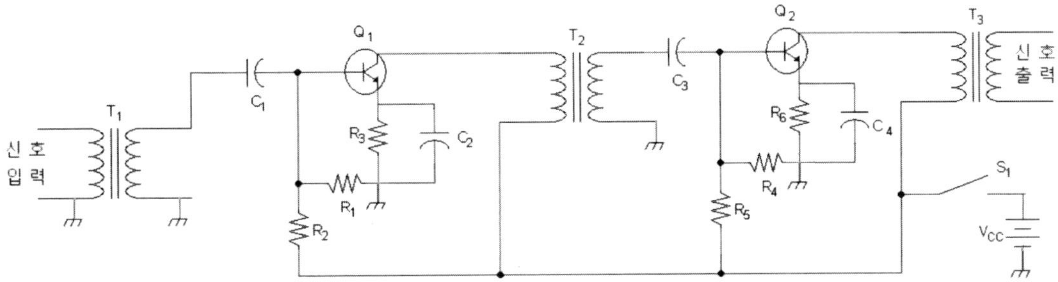

그림 13-1 변압기 결합 2단 트랜지스터 증폭기

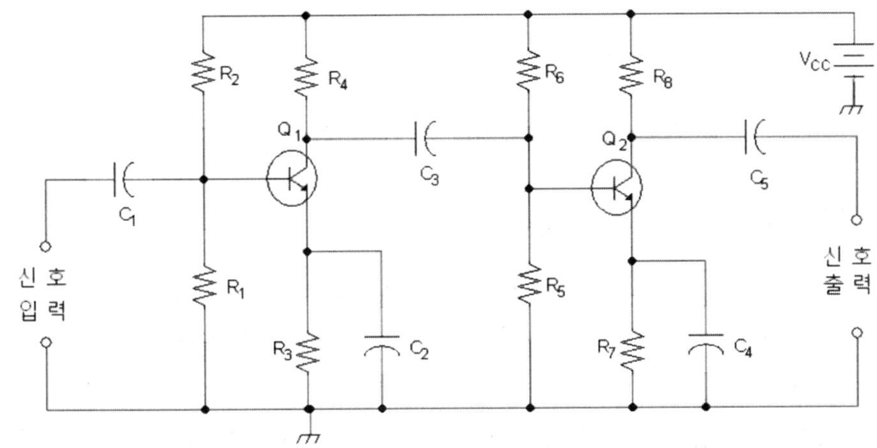

그림 13-2 RC결합 트랜지스터 증폭기

Q_1의 컬렉터에서 신호전압은 등가적으로 $i_c \times R_L$이 된다. 교류 부하저항의 감소는 Q_1의 컬렉터에서 신호전압 v_{1out}의 감소 원인이 된다. 이 신호전압 v_{1out}이 Q_2의 입력 베이스에 흐르는 신호 전류의 값을 결정한다.

RC 결합과 변압기 결합이 복합된 방법도 많이 사용된다. 그림 13-3은 RC 결합과 변압기 결합이 함께 있는 경우이다. 첫째 단 Q_1과 둘째 단 Q_2는 RC 결합되어 있고, 둘째 단 Q_2의 변압기 출력은 부하와 변압기 결합으로 되어 있음을 볼 수 있다.

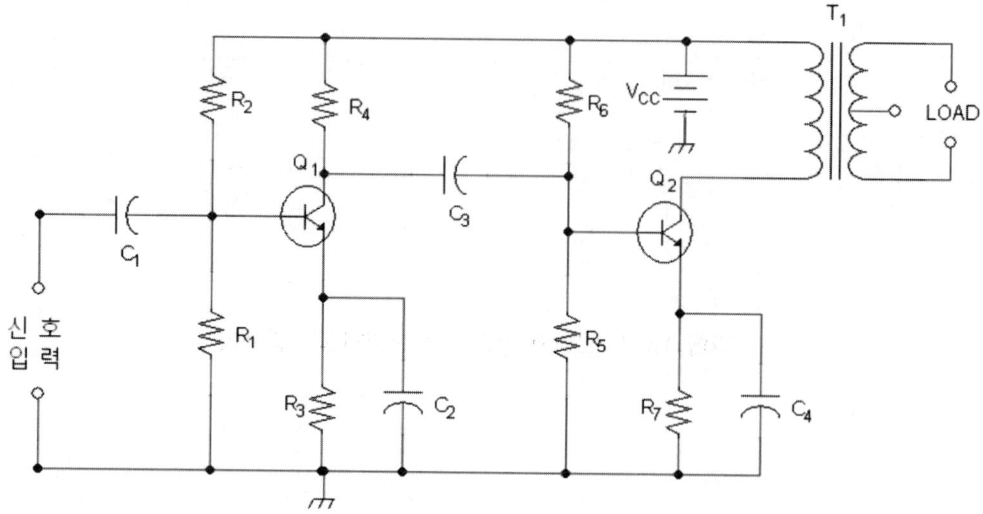

그림 13-3 RC결합과 변압기 결합 증폭기

(3) 직접 결합(direct coupling) 증폭기

직접 결합방법도 트랜지스터 증폭기에서 자주 사용된다. 직접 결합방법의 장점은 소자가 적게 들고 저주파수 응답을 개선할 수 있다는 것이다. 그림 13-4는 2단 직접 결합 증폭기이다. 공통이미터 증폭기인 Q_1의 바이어스는 R1, R2, R3, R4 등에 의해 결정되며, Q_2의 바이어스는 Q_1의 컬렉터전압과 Q_2의 이미터 전압에 의하여 결정된다. Q_2의 동작점은 Q_1의 컬렉터전압과 R_4, R_5에 의하여 결정되는데, Q_2의 이미터 전압은 Q_2의 베이스(Q_1의 컬렉터)에 대하여 0.7 V 낮게 된다.

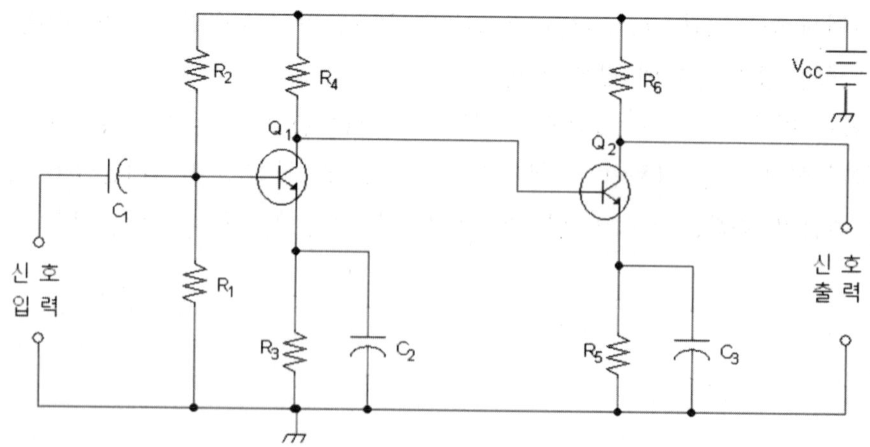

그림 13-4 직접 결합 트랜지스터 증폭기

또 Q_2에 대한 바이어스 안정도는 Q_2와 Q_1 사이가 직접 결합되어 있어 직류전압의 영향을 직접 받게 된다. 만약 동작온도가 올라간다면 Q_1, Q_2의 컬렉터 전류가 증가할 것이다. 그러나 Q_1의 컬렉터 전류 증가는 Q_1의 컬렉터에서 전압을 더 낮게 하여, Q_2의 베이스 전압이 감소하므로, Q_2의 컬렉터 전류가 감소되어, 그림 13-4에서 Q_2의 바이어스는 온도에 대해 안정성을 갖게 된다.

선형동작

둘 혹은 그 이상의 증폭기가 결합되어 있는 경우, 전체 특성은 앞에서 설명한 바와 같이 각 증폭기의 특성과 부하효과에 의해 결정된다. 오디오 증폭기에서 2단 혹은 그 이상 증폭기가 결합되어 있는 경우, 전압이득이 매우 커 출력에 왜곡이 생기기 쉬우며 정상동작을 위해 이 증폭기는 소리의 왜곡 없이 선형적인 범위 내에서 동작하여야 한다. 선형동작이란 입력의 변화가 출력에 선형비례로 증폭되어 나타남을 의미한다.

오실로스코프는 선형적인 동작의 테스터에 사용될 수 있으며, 함수발생기의 정현파 신호를 사용한다. 증폭기의 출력을 오실로스코프로 관찰한다. 선형적인 범위 내에서 동작하기 위하여, 입력신호 레벨은 영(0)에서부터 증가하여 출력에 왜곡이 나타나지 않도록 하여야 한다. 즉 왜곡이 발생하지 않는 최대의 함수발생기 신호가 인가되고, 측정되어야 한다. 이때의 입력 신호의 크기가 선형영역에서 사용되는 증폭기의 최대 입력이 된다.

다단증폭기의 고장 진단 과정

(1) 교류 신호측정에 의한 고장 진단

그림 13-5는 신호증폭용 증폭기와 출력 증폭기를 가진 2단 오디오 증폭기의 회로도이다. 이 증폭기에 있어서 오실로스코프에 의한 실제적인 측정점은 1에서 8번까지이다. 신호측정에 의한 고장진단 과정은 아래와 같다.

1. 증폭기의 입력에 함수발생기를 연결하고, 입력신호처럼 적당한 레벨의 1 kHz 신호를 인가한다.
2. 오실로스코프로 입력신호(Q_1의 베이스)에서부터 출력신호(스피커)의 전 과정을 측정한다.
3. 만약 증폭기가 정상적으로 동작한다면, 측정점 1, 2, 4, 5, 7에서 1 kHz 정현파를 측정할 수 있을 것이다. 정현파의 대략적인 레벨을 아래와 같을 것이다.

점1 : 작은 교류신호(함수발생기의 출력에 의하여 결정된다)

점2 : 큰 교류신호(Q_1의 이득에 의하여)

점5 : 점2 보다 큰 교류신호(Q_2의 이득에 의하여)

점7 : 출력정현파, 기준신호로 점8을 사용하여 측정

4. 만약 증폭기가 고장이라면, 신호는 회로의 어떤 점에서 사라질 것이다. 예를 들면, 신호가 점4까지는 정상적인데 점5에서 없어진 경우, 출력 증폭단(Q_2)이 고장이거나 혹은 변압기 T_1가 개방되어 있을 것이다. 만약, 점5에서 $100\,\Omega$의 부하를 V_{CC}에 연결하고 Q_2의 점5에서 신호를 측정하여 정상이라면, 고장은 T_1일 것이다. 그러나 점5에서 신호가 측정되지 않는다면, 고장은 Q_2에 있을 것이다. 이런 신호측정 과정으로 고장이 있는 부분을 찾을 수 있다.

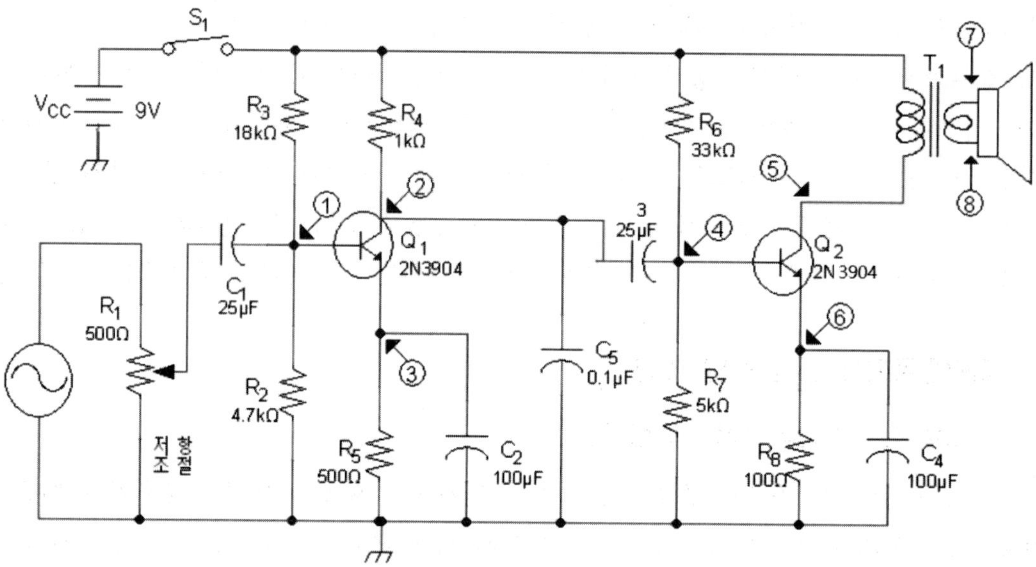

그림 13-5 신호측정에 의한 고장부위 진단

(2) 직류 전압 측정에 의한 고장 진단

만약 그림 13-5에서 신호증폭용 단(Q_1)에서 고장이 발견되었다고 가정하자. 60 mV 정현파가 점1 베이스에서 측정되었는데, 점2의 컬렉터에서 신호가 나타나지 않는다면, 이 경우 Q_1의 베이스, 이미터, 컬렉터에서 직류전압의 바이어스 전압을 측정하여 정상적인지 확인한다.

각 점에서의 직류전압은 컬렉터, 베이스, 이미터에서 해석적 또는 시뮬레이션으로 계산된다. 증폭기에서 측정된 전압이 컬렉터에서 +9 V, 이미터에서 0 V이라면 트랜지스터는 도통되지 않은 상태이다. 측정결과로 트랜지스터가 고장이라고 가정할 수 있다. 상태가 좋은 2N3904트랜지스터로 교체함으로써 문제를 해결할 수 있다.

요 약

1. 첫 번째 증폭기의 출력신호가 두 번째 증폭기의 입력신호가 될 때, 두 증폭기를 2단 접속 증폭기라 부른다.
2. 증폭기의 접속방법은 RC 결합, 직접 결합, 변압기 결합이 있다.
3. 변압기는 첫 번째 증폭기단의 출력 임피던스와 두 번째 단의 입력 임피던스와 매칭을 이루기 위하여 사용된다. 그러므로 첫 번째 단에서 두 번째 단으로 최대 전력전달이 가능하다. 그림 13-1은 변압기 결합의 한 예이다.
4. 두 증폭기가 효과적으로 결합하기 위하여, 첫 번째 단의 부하저항이 두 번째 단의 입력저항으로 작용한다. 그러므로 그림 13-2에서, Q_1에 대한 부하는 R_4, R_5, R_6, R_{in2}(Q_2의 베이스에서 입력저항)로 병렬연결 된다. 이와 같이 Q_1에서 부하저항의 감소 효과는 Q_1의 컬렉터에서 교류 출력신호를 감소시킨다.
5. 직접 결합방법은 PNP와 PNP 트랜지스터 혹은 NPN과 NPN트랜지스터로 주로 회로에 사용되며, 이 방법의 이점은 결합소자(커패시터, 변압기)가 없어 낮은 주파수 응답특성이 개선된다.

나. 실험 과정

실험 장비 및 재료

- 전원 : 직류전원장치
- 장비 : DMM, 오실로스코프, 전류계, 함수 발진기
- 저항 : 100 Ω, 470 Ω, 560 Ω, 1 kΩ 8.2 kΩ, 10 kΩ, 18 kΩ, 33 kΩ, 0.5 W
- 반도체 소자 : 2N3904
- 커패시터 : 47 μF 25V 2개, 100 μF 25 V 2개
- 기타 : 500 Ω 가변저항, SPST 스위치 2개

1. 그림 13-6의 회로를 구성하고, 1 kHz 최대 출력의 함수발생기를 신호원으로 사용한다. 스위치 S_1은 개방, S_2는 단락한다. R_1은 최소로 조정하고, M_1은 회로에서 직류전류를 측정할 수 있도록 연결한다.
2. 직류전압의 출력을 9 V로 맞추고, S_1을 단락한다. 또한 9 V의 직류출력이 유지되는가를 관찰한다.
3. 오실로스코프를 R_1(점C)에 연결하고, 함수발생기의 출력을 50 mV로 조정한다. 다음 점 5(P5), 즉 Q_2의 컬렉터에 오실로스코프를 연결한다. 정현파가 왜곡이 생기지 않을 때 까지 R_1을 조정한다. 즉 회로가 왜곡이 생기지 않는 범위 내에서 최대 입력신호를 공급한다. 이 저항으로 R_1을 고정한다.
4. 그림 13-6에 있는 각 점에서 첨두-첨두(peak-to-peak) 전압을 측정하여 표 13-1에 기록하라. 또한 각 점에서의 직류전압과 M_1에서의 전류 I_T를 측정하여 표 13-1에 기록하라.
5. 회로에 R_1을 제거한다, 단 R_1의 값은 변화시키지 않는다. 점 C와 점 B사이의 저항을 측정하여 표 13-1에 기록한다. 또한 저항의 총 저항(점 A와 점B)을 측정하여 표 13-1에 기록한다. 측정된 R_{CB}와 R_{AB} 저항을 다음 공식에 의하여, P1에서의 전압을 계산하여 표 13-1에 기록한다.

$$v_{in} = \frac{R_{CB}}{R_{AB}} \times 50\ \mathrm{mV}$$

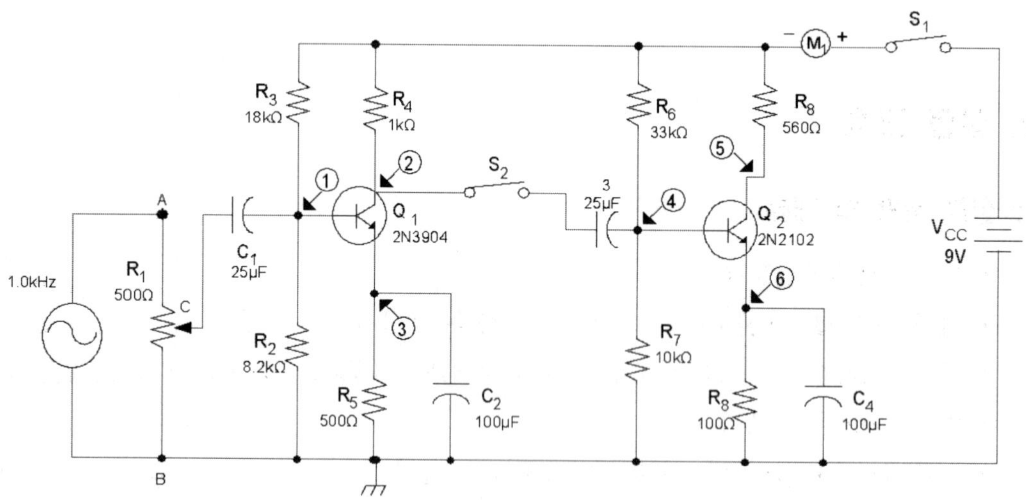

그림 13-6 RC 결합 증폭기

표 13-1 증폭기의 측정결과

측정점	신호 V_{pp}		DC [V]		I_T [mA]	
	S_2 단락	S_2 개방	S_2 단락	S_2 개방	신호가 있을때	신호가 없을때
2						
3						
4					R_{CB} [Ω]	R_{AB} [Ω]
5						
6						
1						

6. 신호가 인가되지 않은(R_1은 제거된 상태) 상태에서 총 전류 I_T를 측정하여 기록한다.
7. 스위치 S_2 개방, 즉 첫째 단 증폭기의 출력신호가 둘째 단 증폭기의 입력신호로 인가되지 않는다. 이 상태에서 각 점에서의 첨두－첨두(peak－to－peak) 신호와 직류전압을 측정하여 기록한다.

다. 검토 사항

1. Q_2의 입력 회로는 Q_1의 컬렉터에서 신호레벨에 어떤 영향을 미치고 있는가? 스위치 S2를 열었을 경우 Q_1의 컬렉터 출력과 닫았을 경우 Q_1의 컬렉터 출력을 비교하고 이의 원인이 무엇인지 설명하라.
2. 그림 13-6에서 증폭기가 동작하지 않으면, Q_1과 Q_2에서 어떻게 고장진단을 할 것인지 그 방법을 설명하라.
3. 실험 회로에서 점3과 점6에서의 직류 신호레벨에 대하여 계산하고 실험치와 비교하라.
4. 증폭기의 총 전압이득은 얼마인가를 계산하라. 또 Q_1과 Q_2 각각의 전압이득의 곱이 총 전압이득과 어떤 관계가 있는가?
5. 입력 교류신호가 없는 경우, 회로에 흐르는 총 직류전류는 얼마인가? 이 전류는

입력 신호가 없어도 증폭기에 소비되는 대기 소비전류이다.

6. 그림 13-6에서 교류 신호를 입력하지 않을 경우와 입력할 경우에 대하여, 스위치 S_2가 개방 혹은 단락일 때, 점4, 점5, 점6에서 직류전압의 변화가 발생하는가? 발생한다면 원인은 무엇인가?
7. 변압기 결합에서 입력저항과 출력저항의 관계를 코일의 감긴 횟수 N1(입력측), N2(출력측)로 표시하시오.

실험 14

오디오 증폭기의 주파수 응답

실험목표

1. 오디오 증폭기의 주파수 응답 특성을 측정한다.
2. 공통 이미터 증폭기의 이미터 저항 부귀환의 영향을 조사한다.

가. 실험 내용

◎ 주파수 응답

사람이 들을 수 있는 가청주파수의 범위는 20 Hz에서 20 kHz 사이이다. 오디오 증폭기는 이 주파수 범위에서 입력신호를 균일하게 증폭할 수 있어야한다. 가격이나 기술적인 문제로 많은 오디오 증폭기는 가청주파수의 전 영역에서 균등하게 증폭하지 못하며, 저 주파수 영역(500 Hz)이나 고주파(5 kHz 이상) 영역에서 이득이 감소하는 현상이 나타난다.

오디오 증폭기의 중요한 특성은 입력신호의 각 주파수 성분에 대하여 해당하는 출력신호를 공급할 수 있어야 한다. 이 특성은 입력신호로 함수발생기 정현파 신호를 사용하고 출력신호를 오실로스코프로 측정함으로서 관측할 수 있다. 그리고 전압 이득은 각 주파수에서 측정된다.

임의의 주어진 주파수에서 증폭기의 그 주파수에서 입력과 출력전압을 측정하면 전압 이득을 계산할 수 있다.

$$전압이득 = \frac{v_{out}}{v_{in}} \tag{14-1}$$

주파수 응답은 여러 주파수에서 주파수와 이득과의 관계를 나타낸 것으로, 이들 각 주파수에서 이득을 연속적으로 연결하면 주파수 응답곡선이 된다. 만약 함수발생기의 출력이 전 주파수에서 일정하다면, v_{in}값을 출력 파형에 왜곡이 없는 어떤 값으로 조정, 예를 들어, $10\,\mathrm{m}V_{p-p}$한 후 오실로스코프로 출력 v_{out}를 측정할 수 있다. 그러나, 함수발생기의 출력은 부하가 연결된 상태에서 주파수에 따라 값이 바뀔 수 있다. 따라서 각 측정주파수에 대하여 함수발생기 출력은 부하가 연결된 상태에서 측정할 필요가 있다. 이 각각 측정된 v_{in}의 값이 전압이득 식에 사용되어야 한다. 오디오 증폭기의 주파수응답특성곡선에서, 주파수는 가로축, 전압이득 (v_{out}/v_{in})은 세로축이 된다.

부귀환에 의한 주파수 특성의 개선

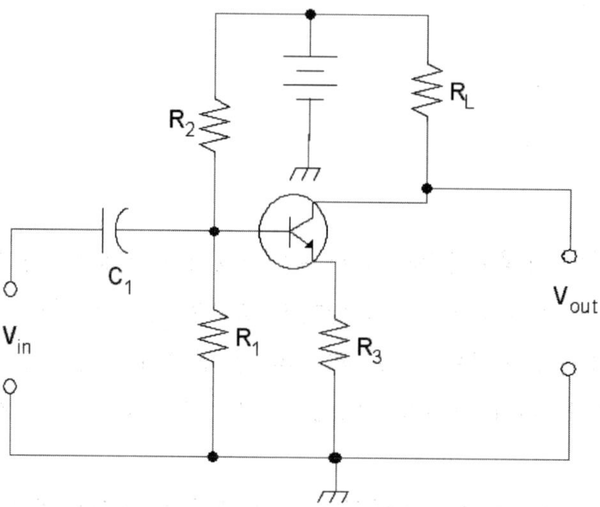

그림 14-1 부귀환으로 이미터저항이 있는 증폭기

증폭기를 안정화하고 주파수 응답특성을 개선시키기 위하여 트랜지스터 증폭기에 부귀환을 사용한다. 그러나 증폭기의 확장된 주파수특성을 얻기 위한 부귀환의 사용으로 증폭기의 이득은 감소하게 된다.

부귀환 증폭기를 만드는 한 가지 방법은 그림 14-1에서와 같이 이미터 접지 증폭기에서 이미터저항을 사용하는 것이다. 이미터저항 양단에 발생되는 신호전압은 베이스에 인가되는 전압과 동상이다. 증폭기에 가해지는 신호는 입력신호와 이미터 저항 양단에 나타나는 신호전압의 차이다. 결과적으로 이미터 저항은 입력저항을 증가시키고 이득을 감소시키게 된다. 이미터 저항이 없는 경우에는 입력저항과 이득은 다음과 같고

$$R_{in(base)} = \beta \cdot re'$$

$$A_v(\text{전압이득}) = R_L / r_e'$$

이미터 저항 R_3이 존재하면 다음과 같다.

$$R_{in(base)} = \beta \cdot (R_3 + re')$$

$$A_v(\text{전압이득}) = R_L / R_3$$

여기서, r_e'는 25 mV/Ic로 수 Ω~수십 Ω이고 R_3는 수백 Ω이므로 이미터 저항에 의해 입력저항은 수십배 증가하고 전압이득은 수십배 감소하게 된다. 이때 β는 전류이득 I_c/I_b이다.

그림 14-2는 그림 14-1 회로의 변형이다. 여기서 R_3는 이미터 저항의 일부이며, 부귀환을 공급하기 위하여 사용된다. 직류바이어스는 바이패스 커패시터 C_4와 병렬 연결된 R_4에 의하여 안정하게 된다. 이 경우 전압이득은

$$A_v(\text{전압이득}) = R_L / R_3$$

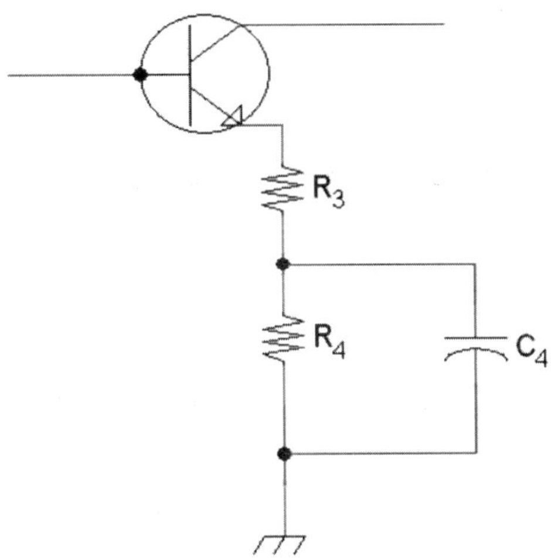

그림 14-2 직류바이어스 안정화와 부귀환을 위한 스왐핑 저항

이고 직류바이어스는 R_3+R_4에 의해 결정된다. 즉, 이득을 높이기 위해 R_3을 작게 할 수 있다.

그림 14-3은 또 다른 부귀환을 가진 2단 트랜지스터 증폭기이다. 이 증폭기에서, 귀환은 Q_2의 출력으로부터 주어져서 R_8과 C_5를 통하여 Q_1의 베이스에 결합된다. 귀환신호의 진폭은 R_8, C_5와 Q_1의 이미터 임피던스로 구성된 임피던스 분할기에 의해서 결정된다. 부귀환이 되기 위해서는 귀환되는 신호인 Q_2의 출력신호가 Q_1의 베이스 신호에 180° 위상차가 나게 적당히 조절되어야 한다. 부귀환이 되는 것을 설명하면 Q_2의 출력신호가 커지면 R_8과 C_5를 통하여 Q_1의 이미터 신호가 커지고 따라서 Q_1의 베이스-이미터 전압이 감소하여 Q_1 컬렉터 신호는 줄어든다. 따라서 Q_2의 출력신호가 감소하게 되는 부귀한 경로가 형성된다. 이 형태의 귀환은 개선된 주파수를 갖는 오디오 증폭기에서 사용된다.

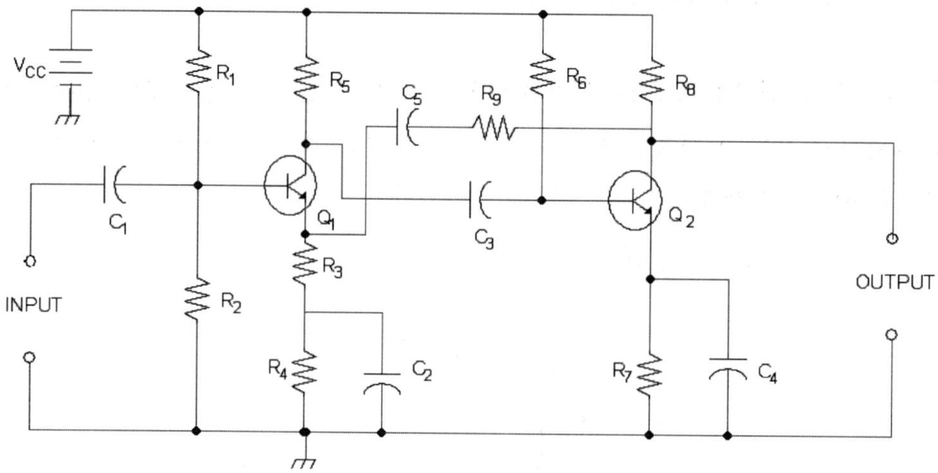

그림 14-3 부귀환(R_8, C_5)을 가진 공통이미터 오디오 증폭기

요 약

1. 오디오 증폭기의 주파수 응답은 가청주파수 영역에서 전압이득의 주파수에 대한 변화로 표현된다.
2. 정현파 함수발생기를 신호원으로 사용하고, 오실로스코프로 입력과 출력 신호를 측정하여 주파수응답을 관측한다.
3. 주파수 응답은 주파수에 대한 증폭기 이득의 그래프이다. 이득은 v_{out}/v_{in}의 비이다.

4. 응답 곡선에서, 이득은 세로축이고, 주파수는 가로축이다.
5. 주파수 응답특성은 부귀환을 사용하여 개선할 수 있다.
6. 부귀환을 사용하면 증폭기의 전체 이득은 감소하나 사용 가능한 주파수영역은 개선된다.

나. 실험 과정

실험 장비 및 재료

- 가변 직류전압원
- 오실로스코프, 함수발생기, 디지털 멀티미터
- 저항 : 100 Ω, 220 Ω, 330 Ω, 560 Ω, 1 kΩ, 8.2 kΩ, 10 kΩ, 18 kΩ, 33 kΩ 1/2 W
- 커패시터 : 47 μF 25V 2개, 100 μF 25V 2개, 4.7 nF
- 트랜지스터 : 2N3904
- 가변저항 : 1 kΩ(1 W), SPST 스위치 2개

1. 그림 14-4의 회로를 구성하고, S_1은 개방한다. 정현파 출력이 0(zero) 이 되도록 R_1을 최소로 조정한다. 즉 C를 점 B로 설정한다. 그리고 오실로스코프 프로브를 Q_2의 컬렉터와 접지 사이에 연결한다.
2. S_1, S_2을 닫는다. 함수발생기의 주파수를 1 kHz로 조정하고, A-B 양단에 100mV 정현파 V_{AB1}이 인가되도록 출력을 증가시킨다. 다음 Q_2의 컬럭터에서 출력정현파 v_{1out}가 2 V_{pp}가 되도록 가변저항 R_1을 조절한다.
3. 함수발생기의 주파수를 30 Hz로 조정한다. A-B 양단의 신호를 측정하고, 실험 2와 같이 신호가 100 mV가 되도록 정현파 발생기의 출력을 다시 조정한다.
4. Q_2의 컬렉터와 접지점 사이의 출력신호전압 v_{1out}을 측정하여 표 14-1에 기록한다.
5. 표 14-1에 있는 함수발생기의 각 주파수마다 실험 3과 4를 반복하고, 증폭기의 응답곡선 (1)을 그래프용지에 그린다.

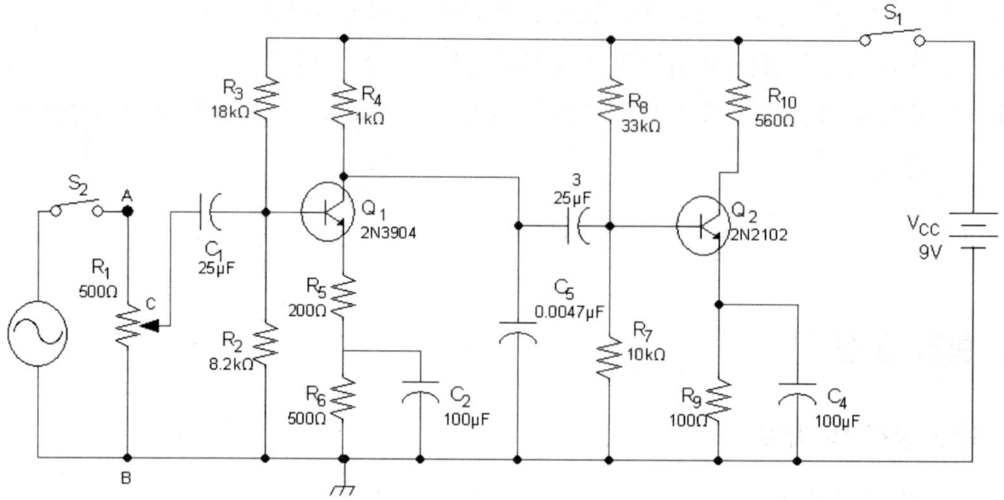

그림 14-4 2단 오디오 증폭기의 주파수특성 회로

6. S_1, S_2을 개방하고, C와 B 사이의 저항을 측정하여 기록한다. 또 A와 B 사이의 저항을 측정하여 기록한다.
7. R_6 양단에 47 μF의 이미터 바이패스 커패시터 C_2를 접속한다. 단 R_5는 바이패스 되지 않는 상태로 둔다. 이와 같이 첫째 단에 부귀환을 걸어준다. S_1과 S_2를 닫고, R_1값은 그대로 유지한다. 신호 발생기의 주파수를 1 kHz로 조정하고, Q_2의 컬렉터에서 출력신호가 2 V_{pp}가 되도록 함수발생기 출력을 조정한다. 다음 A-B 양단에 나타나는 신호전압 V_{AB2}를 측정하여, 표 14-1에 기록한다.
8. V_{AB2}에서 함수발생기의 출력을 그대로 유지하면서, 표 14-1에 주어진 각 주파수에서 출력 V_{2out}을 측정하여 기록한다. 증폭기의 응답곡선 (2)를 그래프 용지에 그린다. 단 응답곡선 (1)과 같은 축을 사용하라.
9. 다시 R_5와 R_6이 바이패스 되도록 C_2를 옮기고, 실험 2, 3과 같이 함수발생기와 R_1을 조정한다.
10. 회로에서 C_5를 제거한다. C_5 없이 표 14-1에 있는 각 주파수에서 측정하여 기록한다.
11. 회로에서 C_5를 제거했을 때 주파수 응답의 효과를 측정한다.
12. 또 주파수 응답곡선 (3)을 같은 그래프 용지에 그려서, C_5가 있는 경우와 없는 경우의 차이점을 생각해 본다.

표 14-1 주파수 응답 특성

주파수 [Hz]	V_{AB1} : 100 mV	V_{AB2}	V_{AB1} : 100 mV
	$v_{1out\ p-p}$	$v_{2out\ p-p}$	$v_{1out\ p-p}$
	감쇠가 없을 때	감쇠가 있을 때	C_5 제거
30			
50			
80			
100			
300			
500			
800			
1K	2 V	2 V	2 V
2K			
3K			
5K			
8K			
10K			
12K			
15K			
과정 6	R_{CB} = Ω		R_{CB} = Ω

다. 검토 사항

1. 그림 14-4에서 커패시터 C_1과 C_2가 증폭기의 주파수 응답에 어떤 영향을 미치는가? 주파수가 작아져 Xc1의 값이 커지면 어떤 현상이 생기는가?
2. 1 kHz에서 (a)귀환이 없는 경우, (b)귀환이 있는 경우, (c) C_5가 없는 경우, 증폭기의 총 이득을 계산하고, 그 차이점을 설명하라.
3. 작성한 응답곡선 그래프를 이용하여 귀환이 있는 경우, 귀환이 없는 경우, C_5가 없는 경우에 대하여 증폭기의 주파수 응답을 비교하라. 이득과 일정한(중간주파수) 이득의 주파수 폭을 비교하시오,

4. 회로에서 C_5를 제거했을 때 주파수 응답에 어떤 영향을 미치는가? 왜 그런지 이유를 설명하라. 고주파 잡음과 관련되어 있다.
5. 이상적인 오디오 증폭기는 어떤 주파수특성을 가져야 하는가? 가청주파수에 대한 전압이득을 그리시오.

실험 15

JFET와 특성곡선

실험목표

1. JFET의 동작을 이해한다.
2. JFET의 드레인 전압-전류 특성곡선을 그린다.
3. $I_D - V_{GS}$에 대한 곡선으로 부터 JFET 전달 특성곡선을 구한다.

가. 실험 내용

JFET의 동작

지금까지 바이폴라 트랜지스터(bipolar transistor)를 사용하여 실험하였다. 이 바이폴라 트랜지스터는 두 개의 접합을 가지며, 두 종류의 캐리어인 정공과 전자의 베이스에서 동작(결합)에 의해 소자의 동작 특성이 결정되므로 쌍극성 소자이다. 이와 동작이 전혀 다른 전계효과 트랜지스터, FET(field-effect-transistor)라 불리는 소자가 있다. 이 소자는 전계에 의해 전송자를 실리콘 표면으로 모이게 하고 한 종류의 전하에 의하여 전류를 전달하므로 단극성 소자라 불린다. FET는 접합FET(Junction-FET)와 금속 산화물 반도체(MOS(Metal Oxide Semiconductor) FET가 있다. 이번 실험에서는 JFET에 관하여 공부한다.

그림 15-1에 N-채널 JFET의 구조를 그려 놓았다. 이 트랜지스터의 3단자는 소스, 게이트, 드레인 이다. 또 트랜지스터의 몸체 혹은 채널은 N형 반도체이다. N형 드레인과 소스의 단자는 채널 위, 아래에서 드레인과 소스라 불리는 전극에 저항성 접촉으로

연결되어 있다. pn 접합으로 이루어진 채널 양쪽에 게이트라 불리는 P형 물질이 있다. P형 물질 역시 게이트라 불리는 금속 전극과 저항성 접촉으로 연결된다. N형 채널과 P형 게이트 접합으로 이 소자가 구성되므로 접합 FET라 부른다. 그림 15-1에는 주로 사용되는 p형 게이트가 같이 연결된 단일 게이트 JFET(a)와 게이트가 따로 분리된 이중 게이트 JFET(b)를 보인다. 보통 게이트1과 2는 같이 연결된다.

FET에서, 드레인은 바이폴라 트랜지스터의 컬렉터, 소스는 이미터, 게이트는 베이스에 각각 해당된다. 그러나 단극성 트랜지스터의 동작은 쌍극성 트랜지스터와는 완전히 다르다. 가장 큰 차이점은 JFET에서는 드레인 전류 I_D는 게이트와 소스 사이의 전압 V_{GS}에 의하여 제어되지만, 쌍극성 트랜지스터에서 컬렉터전류는 베이스 전류에 의하여 제어된다는 점이다.

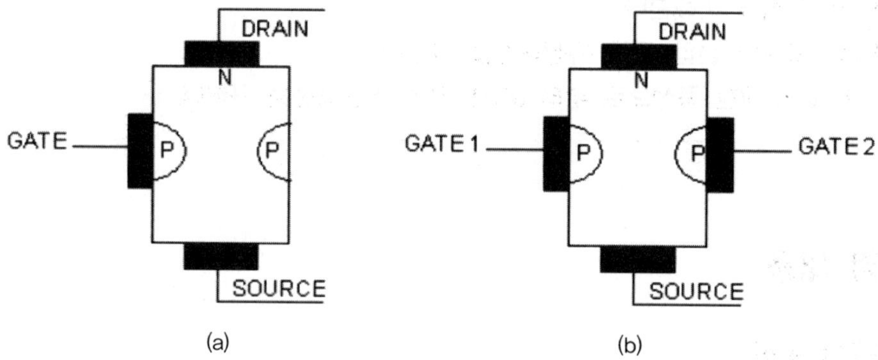

그림 15-1 N 채널 JFET (a) 단일게이트, (b) 이중게이트

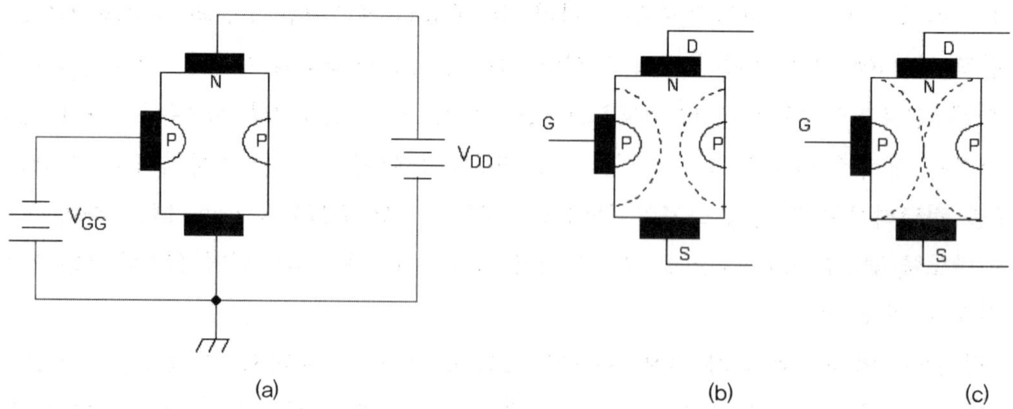

그림 15-2 (a) 게이트와 소스에 역방향 바이어스, (b) 게이트의 확장,
(c) 충분한 역 바이어스 게이트로 드레인 전류가 차단상태

JFET의 동작을 이해하기 위하여, 그림 15-2에 있는 드레인과 소스에 저항성 접촉으로 연결된 N 채널 반도체를 생각해보자. 만약 전원 V_{DS}가 채널 양단에 연결되어 있다면, N 채널에서 전자(음 전하)는 전원의 양(+) 단자로 이동하면서 드레인으로 흐르고, 전자를 보충하기 위하여 전원의 음(−) 단자에서 전자들이 소스를 통하여 N 채널로 이동한다.

드레인 전류의 제어방법은 소스 단자에 대하여 게이트 단자가 더 역방향 바이어스가 되게 하는 것이다. 게이트 단자에 역방향 바이어스를 인가하면 pn 접합의 역방향 특성에 의하여 공핍층이 늘어나고 결과적으로 전자가 움직이는 채널 폭이 좁아지며, 채널로 흐르는 전류의 흐름을 방해한다. 게이트에 역방향 바이어스를 더 인가하면 접합부에서 전계는 pn 공핍층을 더 확장시켜, 그림 15-2 (b)와 같이 채널폭이 더욱 감소한다. 만약 게이트에 역방향 바이어스가 충분히 인가되면, 그림 15-2 (c)와 같이 채널 폭이 완전히 막혀 드레인과 소스 사이의 전류가 완전히 흐르지 못하는 상태가 된다.

게이트 접합부에 역방향 바이어스가 인가되면 게이트에는 매우 작은, 수 nA의 역방향 pn 접합 누설 전류가 흐른다. 이 전류는 무시할 수 있을 만큼 작은 전류이다. 따라서 드레인전류 I_D는 게이트전류에 의해서가 아니라 게이트 역방향 전압에 의한 채널 폭의 변화로 제어되게 된다.

위에서 N 채널 JFET에 관하여 논하였으며, 그림 15-3에 N 채널 JFET 기호를 나타내었다. 게이트 화살표는 그림 15-3 (a)와 같이 채널 중심을 향할 수도 있고, 그림 15-3 (b)와 같이 소스 쪽에 가깝게 그릴 수도 있다.

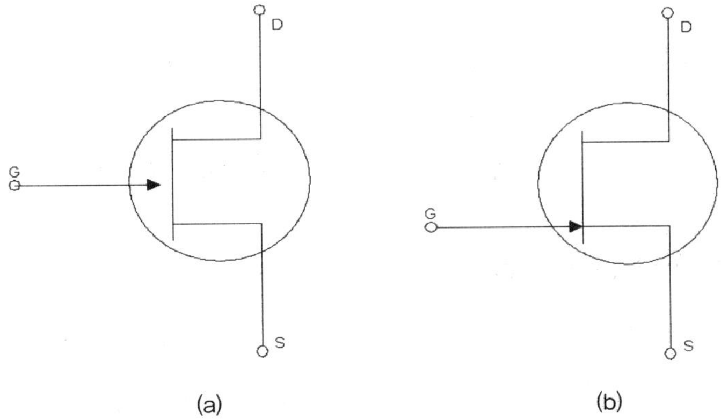

그림 15-3 N 채널 JFET 기호

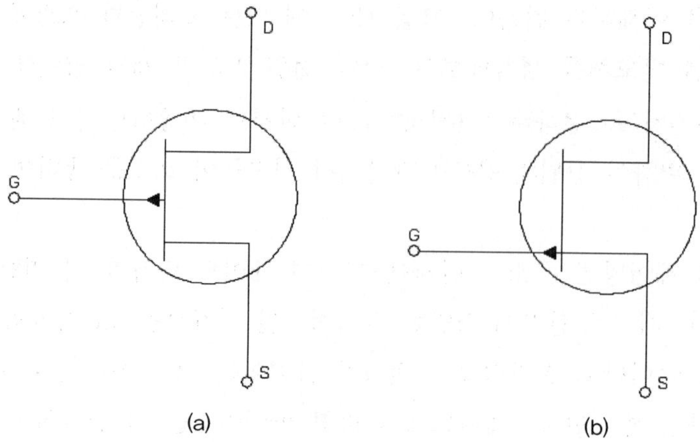

그림 15-4 P채널 JFET 기호

그림 15-4 (a), 15-4 (b)에 P채널 JFET의 기호를 나타내었다. P채널 소자는 N채널 소자와 반대방향이다. 또 P채널 JFET에 대한 바이어스는 N채널 JFET와 반대방향으로 연결하면 된다.

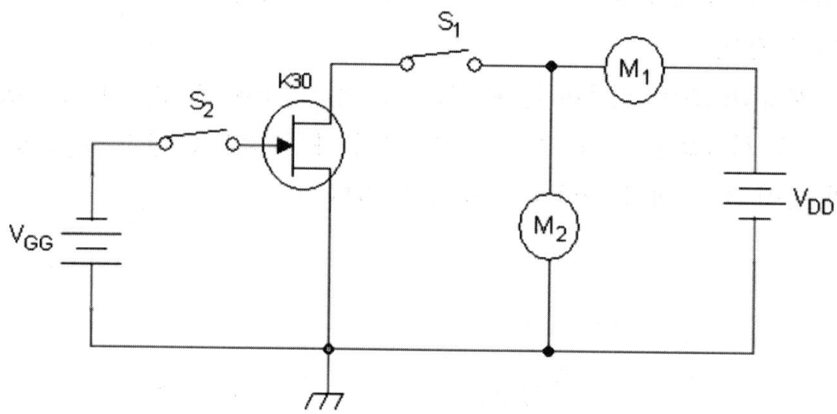

그림 15-5 N채널 JFET 드레인 전압-전류 특성 회로

JFET 드레인 전압-전류 특성

N채널 JFET에서 드레인-소스전압 V_{DS}에 대한 I_D의 변화는 그림 15-5 회로의 실험에서 구할 수 있다. 여기서 V_{GG}는 게이트 역방향 전압원이며, V_{DD}는 드레인 전압원이다. 전류계 M_1는 V_{DD}가 변화될 때 I_{DS}를 측정한다.

그림 15-6은 $V_{GS}=0$일 때 V_{DS}에 대한 I_D의 변화를 나타내는데, 이것은 게이트가

소스와 효과적으로 단락될 때의 조건이다. V_{DS}가 0 V에서 V_P까지 증가하면 I_D는 0에서 최대까지 증가하며 이때 V_P를 핀치오프(pinch-off)전압이라 하고, 이 드레인 전류를 I_{DSS}라고 한다. V_{DS}가 V_P에서 최대 V_{DS} 까지 증가할 때, 드레인 전류 I_{DSS}는 비교적 일정하게 유지된다. JFET가 증폭기로 사용될 경우는 I_D의 변화가 거의 없는 V_P에서 최대 V_{DS} 사이에서 동작된다.

만약 V_{DS}가 최대 V_{DS}점 이상으로 증가하면 드레인과 게이트 pn 역방향 전류가 갑자기 증가하는 에벌런치 현상으로 JFET가 파괴된다. 그러므로 최대 V_{DS}는 $V_{GS}=0$일 때 JFET가 안정하게 동작하는 최대 드레인-소스 전압이다.

V_P 값은 I_D가 일정하게 유지되는 V_{DS}에서 시작된다. 이것은 V_{GS}가 $-V_P$와 같을 때, 즉 게이트 바이어스가 $-V_P$일 때 채널이 차단되어 드레인 전류는 차단됨을 의미한다.

다른 여러 드레인 특성곡선은 V_{GS}가 -1 V 간격으로 감소할 때 I_D의 변화를 그린 것으로 그림 15-6에 나타내었다. 여기서 드레인 전류가 차단되는 V_{GS}의 최종값($V_{GS}=-5.0$ V)이 $V_{GS(off)}$가 됨을 볼 수 있다.

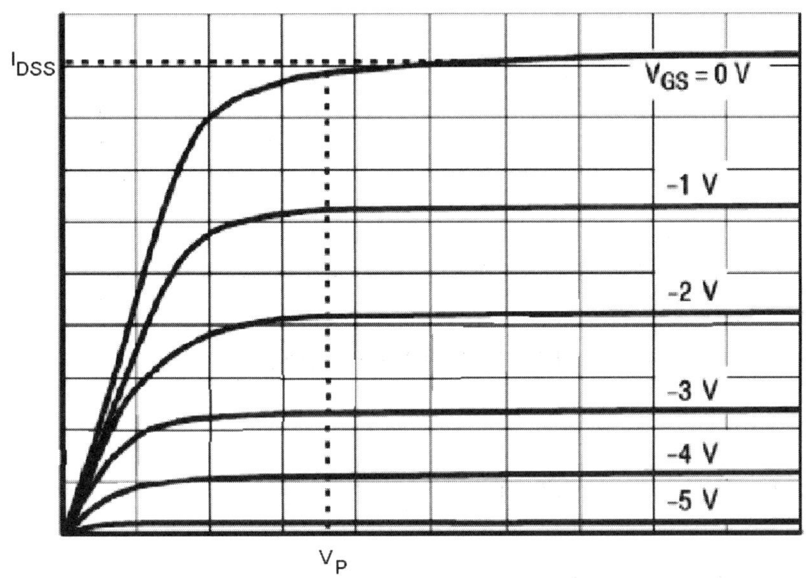

그림 15-6 JFET의 드레인 전압-전류 특성

$V_{GS}-I_D$ 전달특성 곡선

전달특성 혹은 전달 컨덕턴스 특성은 FET의 동작을 이해하는데 유용하게 이용된다. 이 곡선은 그림 15-5의 회로를 이용하여 구할 수 있다. 여기서, V_{GS}가 변화하는 동안 V_{DS}는 일정한 값(드레인 전류가 드레인 전압에 의해 변화하지 않는 드레인 전압 영역)을 유지하면서 I_D를 측정한다. 결과를 그림 15-7에 나타내었다.

특성곡선에서 나타내는 곡선의 양 끝점은 (1) $V_{GS}=0\,\text{V}$, $I_D=I_{DSS}$와 (2) $V_{GS(off)}=-5\,\text{V}$, $I_D=0$이다. 여기서 점 (1)은 $V_{GS}=0$일 때 최대 드레인 전류이며, 점 (2)는 $V_{GS}=V_{GS(off)}$일 때 차단 드레인 전류로 정의한다.

그림 15-7의 전달 특성 곡선에서 드레인 전류는 게이트전압의 제곱에 비례함을 볼 수 있다. 즉, 자승법칙(square-law)이 성립하는 곡선이다. 따라서 아래와 같은 제곱항의 식으로 나타낼 수 있다.

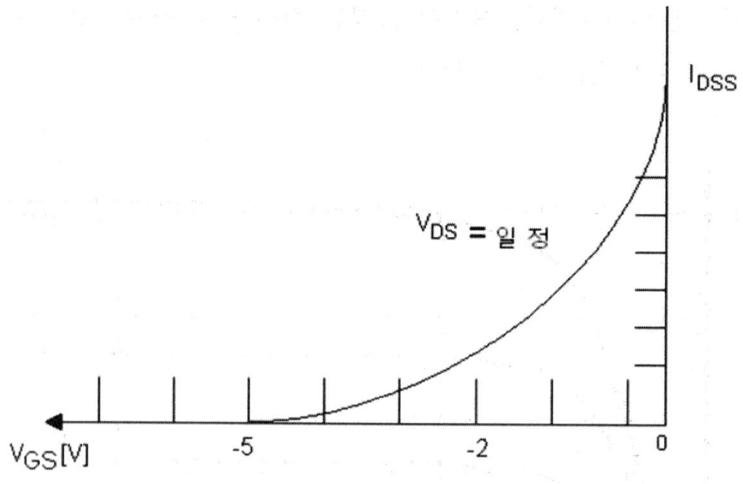

그림 15-7 FET 전달 특성곡선

$$I_D = I_{DSS}\left(1-\frac{V_{GS}}{V_{GS(off)}}\right)^2 \qquad (15-1)$$

제곱법칙의 비선형성으로 인하여 JFET 소자는 라디오나 TV의 튜너에 이용된다.

또한 FET는 높은 입력 임피던스를 가지고 있으므로, 입력회로, 즉 게이트에는 전류가 흐르지 않는다. 이 특성은 볼트미터나 저항계에 필요한 특성으로 많은 계기의 입력회로는 JFET로 설계된다.

요 약

1. FET는 채널 내에 하나의 전송자에 의해 전류가 흐르므로 단극성소자라 부른다.
2. FET는 JFET와 MOSFET의 두 종류가 있다.
3. FET의 소자는 드레인, 소스, 게이트로 구성되어 있다. 이것은 각각 쌍극성 트랜지스터의 컬렉터, 이미터, 베이스에 대응된다.
4. FET는 전압 제어소자인 반면, 쌍극성 트랜지스터는 전류 제어소자이다.
5. JFET의 게이트는 소스에 대하여 역 바이어스된다.
6. JFET의 드레인 특성곡선은 다음과 같다.
   (a) I_{DSS}는 FET가 정상적으로 동작하는 범위에서 최대 드레인 전류이다.
   (b) 게이트-소스 전압이 역 바이어스로 증가하면 I_D는 감소하고, $V_{GS(off)}$에서 차단된다.
7. JFET는 채널이 N형 반도체 혹은 P형 반도체로 만들 수 있으며, 채널이 N형일 때 게이트는 P형이다.
8. JFET의 입력 임피던스는 매우 높다.

나. 실험과정

실험 장비 및 재료

- 직류 가변전압원
- 디지털 멀티미터, 전류계(0~10 mA)
- 트랜지스터 K30(N 채널 JFET)
- SPST 스위치 2개

소스에 대하여 게이트 단자 단락 $V_{GS}=0$

1. 그림 15-5의 회로를 구성하고 S_1은 개방한다. V_{GG}를 제거하고, 게이트와 접지를 단락한다.
2. V_{DD}의 출력을 0 V로 맞추고, S_1을 단락한다. $V_{DS}=0$, $V_{GS}=0$에 대하여 드레인 전류 I_D를 측정하여 표 15-1에 기록한다.

3. V_{DD}를 증가하여, $V_{DD}=0.5$ V로 조정하고, $V_{DS}=0.5$ V $V_{GS}=0$ V에 대하여 드레인 전류 I_D를 측정하여 표 15-1에 기록한다.
4. 표 15-1에 있는 각 V_{DS}의 값에 대한 I_D를 측정하여 표 15-1에 기록한다.
5. S_1을 개방하고, 게이트와 접지 사이의 단락 회로를 제거한다.

게이트에 역방향 바이어스 인가

6. 그림 15-5의 회로에 V_{GG}을 다시 추가하고, S_1과 S_2을 개방한다.
7. V_{DD}와 V_{GG}의 출력을 0 V로 조정하고, S_1, S_2을 단락하고 전원을 ON한다.
8. V_{GG}를 조정하여, V_{GG}를 -0.25 V로 맞춘다. 이 레벨은 실험 9와 실험 10에서도 유지한다.
9. $V_{DS}=0$ V에 대하여 표 15-1에 있는 값들에 대하여 측정하여 기록한다.

표 15-1 드레인 전압-전류 특성

V_{DS} [V]	I_D : mA									
	V_{GS} [V]									
	0	−0.25	−0.5	−0.75	−1.0	−1.25	−1.5	−2.0	−3.0	−4.0
0										
0.5										
1.0										
1.5										
2.0										
2.5										
3.0										
4.0										
5.0										
7.5										
10										
12.5										
15										

10. 표에 있는 V_{DS}의 각 값에 대하여 V_{DD}를 증가시켜, V_{DS}의 각 값에 대하여 I_D를 측정하여 기록한다.
11. V_{DD}를 0 V로 감소시키고, V_{GG}를 −0.5 V로 증가시킨다. 단, 실험 12에서도 이 레벨은 유지되어야 한다.
12. 표 15−1에 있는 V_{DS}의 값들에 대하여 실험 9와 10을 반복한다.
13. 드레인 전류가 차단될 때까지 표 15−1에 있는 V_{GS}와 V_{DS}의 각 값에 대하여 실험 11과 12를 반복한다.
14. 전원을 OFF한다.

$V_{GS} - I_D$ 전달특성 곡선

15. S_1과 S_2를 개방하고, $V_{DD} = 10$ V에서 $V_{GG} = -0.25$ V로 조정한다.
16. S_1과 S_2를 단락하고, $V_{DS} = 10$ V로 유지하면서 V_{GS}의 각 값에 대한 I_D의 값을 측정하여 표 15−2에 기록한다. 그리고 S_1은 개방한다.
17. 표 15−1를 이용하여, 드레인 특성곡선을 그래프 용지에 그려라. 단, V_{DS}는 수평축, I_D는 수직축으로 한다.
18. 표 15−2를 이용하여, 전달 특성곡선을 그래프 용지에 그려라. 단, V_{GS}는 수평축, I_D는 수직축으로 한다.

표 15−2 게이트 전압− 드레인 전류 특성 ($V_{DS} = 10$ V)

V_{GS}	0	−0.25	−0.5	−0.75	−1.0	−1.25	−1.5	−2.0	−3.0	−4.0
I_D										

다. 검토 사항

1. (a) 실험 결과 그래프에서 V_P의 값은 얼마인가?
   (b) V_P의 값은 JFET 소자의 어떤 값에 의해 결정되는가?
2. (a) 실험 결과 그래프에서 I_{DSS}의 값은 얼마인가?
   (b) I_{DSS}를 정의하기 위한 V_{GS}와 V_{DS}의 값은 얼마인가?

3. 표 15-1과 드레인 특성에서 $V_{DS}=5$ V에서 15 V 사이에 있는 V_{GS}의 각 값에 대한 드레인 전류를 비교 검토하라. 전류가 어떻게 바뀌는가?
4. 드레인 전류를 효과적으로 제어하는 것은 V_{DS} 혹은 V_{GS} 중 어느 것인가? 실험 데이터를 가지고 설명하라.
5. 실험에서 드레인 전류 I_D를 차단상태로 하기 위한 $V_{GS(off)}$의 값은 얼마인가? 이 값은 V_P와 어떤 관계인가?
6. 표 15-1에서 그린 드레인 특성곡선에서, $V_{DS}=10$ V에서 표 15-2에 있는 V_{GS}의 각 값에 대하여 I_D의 값을 구하라. 이 값을 식 (15-1)에서 얻은 값과 비교하라.
7. JFET가 정상적으로 동작하는 범위에서는 게이트에 전류가 흐르지 않아야 한다. 이를 확인하는 방법을 설명하라.

실험 16

MOSFET 공통 소스 증폭기의 바이어스와 전압이득

실험목표

1. MOSFET의 드레인 전압-전류 특성을 조사한다.
2. FET 증폭기에 대한 여러 가지 바이어스를 고찰한다.
3. MOSFET 공통 소스 증폭기의 전압이득을 측정한다.

가. 실험 내용

JFET(Junction Field Effect Transistor)와 마찬가지로 MOSFET(Metal Oxide Semiconductor Field Effect Transistor)도 드레인 전류 I_D가 게이트 전압에 의해 제어되는 전계효과 트랜지스터이다. MOSFET와 JFET는 물리적 구조와 동작원리가 다르다. MOSFET는 만드는 방법에 따라 공핍형(depletion type)과 증가형(enhancement type)으로 구분된다. MOSFET는 게이트가 산화막으로 절연됨으로 게이트에 pn 접합 역방향전류가 흐르는 JFET보다 더 큰 입력 임피던스를 가지고 있다.

MOSFET

(1) 증가형 MOSFET

증가형 MOSFET에서 게이트 전압이 가해지지 않은 상태에서는 드레인과 소스 사이에 채널이 형성되지 않고 그림 16-1에서 N형 드레인과 소스가 P형 기판에 의하여 분리되어 있다. 반도체 기판 위에는 매우 얇은 실리콘 산화막(SiO_2) 절연층이 있고, 그 위에 게이트 단자로 작용하는 금속이 증착되어 있다. 저항성 접촉은 게이트, 드레인, 소스, 기판단자에 만들어 진다. 보통 기판 단자가 내부적으로 소스와 연결되어 있으며 기판 단자는 만들지 않는다.

MOSFET에서 게이트는 기판으로부터 절연되어 있어, MOSFET를 절연게이트 FET(IGFET, Insulated Gate Field Effect Transistor)라 부른다. 그림 16-1에 있는 MOSFET를 N-채널 증가형 MOSFET라 부른다.

게이트와 기판은 SiO_2 절연체에 의하여 분리되어진 커패시터의 전극판과 같은 작용을 한다. 그림 16-2와 같이 소스가 기판에 접속되어 있는 경우, 게이트에 소스에 대하여 양 전압을 가하면 커패시터는 충전된다. 게이트가 양전압이 되면, 반도체 기판의 표면에 음(-) 전하가 유도되어 N채널이 만들어진다. 따라서 이 전자층 채널을 통해 드레인-소스 사이에 전류가 흐르게 된다. 이때 드레인 전류가 흐르기 시작하는 게이트 전압을 문턱전압(threshold voltage)이라 한다.

N채널 증가형 MOSFET는 게이트가 소스에 대하여 양 전압 일 때만 도통되고 게이트와 소스 사이가 0V일 때 차단상태가 된다. 게이트는 기판과 산화막에 의해 절연되어 있음으로 게이트가 기판에 대하여 양 전압이 되더라도 직류 전류는 흐르지 않는다. 따라서 MOSFET는 높은 입력 임피던스를 가진다.

N채널과 P채널 증가형 MOSFET의 기호는 각각 그림16-3(a)와 (b)에 나타내었다. 그림의 원 속에 점선으로 표시된 수직선이 증가형 MOSFET를 나타낸다. 게이트 전압이 가해지지 않은 경우 채널이 형성되지 않음을 나타낸다.

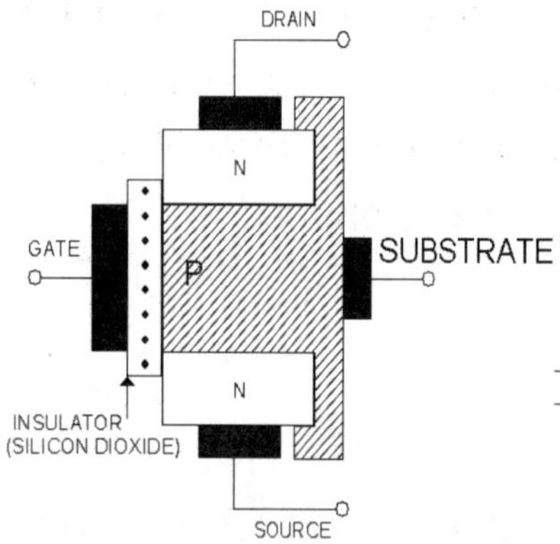

그림 16-1 증가형 MOSFET의 구조

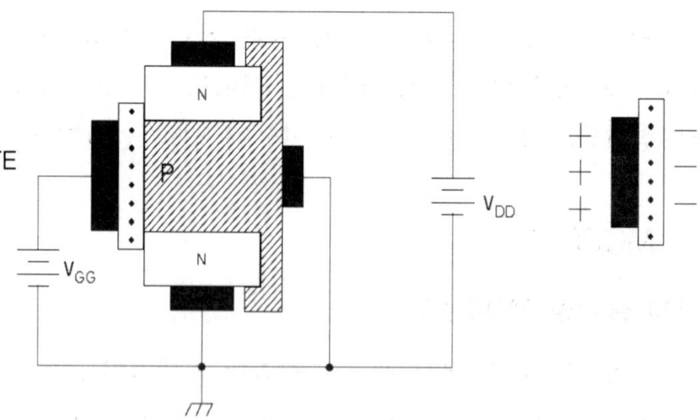

(a) (b)

그림 16-2 증가형 MOSFET의 바이어스

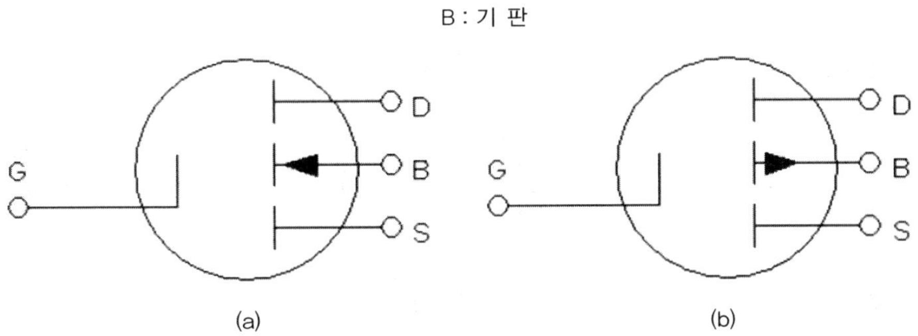

그림 16-3 증가형 MOSFET의 구조. (a) N 채널, (b) P 채널

(2) 공핍형 MOSFET

그림 16-4에 나타낸 MOSFET는 그림 16-1에 나타낸 것과 같은 구조이다. 그림 16-1은 미리 N 채널을 갖고 있지 않지만, 그림 16-4에는 게이트 전압이 가해지지 않은 경우에도 N 채널을 가지고 있다. 그림 16-4에 있는 MOSFET는 양(+)과 음(−)의 게이트 전압에 대하여 동작할 수 있다. 게이트가 양(+)전압일 때 MOSFET는 증가형모드로 동작하고, 게이트가 충분히 큰 음전압 일 때 공핍형 모드로 동작한다.

그림 16-5의 N 채널에서 양의 게이트 전압에 대한 캐리어 전하의 영향을 생각해보자. 게이트-채널 사이의 커패시터가 충전되어, 그림 16-5의 N 채널에 전자가 유도되고 이 전자층을 통해 드레인 전류가 흐른다. 게이트에 더 양 전압을 가하면, 더 많은 전자층이 채널에 생기고 드레인 전류가 증가한다. 이것이 증가형 모드의 동작이다.

게이트가 소스에 단락되었을 때, 즉 게이트전압이 0 V이고, 그림 16-5와 같이 전압원 V_{DD}가 드레인에 연결되면 채널을 통하여 드레인 전류는 드레인에서 소스 쪽으로 흐른다. 0 V 게이트 전압일 때 드레인 전류는 양 전압의 게이트 전압일 때 드레인 전류보다 적게 흐른다. 게이트 전압이 0 V인 경우에도 드레인 전류가 흐르므로, 이것을 normally on MOSFET라고 부른다.

그림 16-6과 같이 게이트가 소스에 대하여 음 전압이 되면 게이트에 있는 전자들은 N 채널에 있는 음(−)전하들을 밀어내어, 채널에서 음(−) 전하의 결핍으로 인하여 드레인 전류를 감소시킨다. 게이트가 더욱 더 음 전압으로 되면, 드레인 전류는 더 감소하게 되고 V_{GS}가 충분히 음 전압이 되면, 드레인 전류는 차단상태가 된다.

공핍형 MOSFET도 N 채널과 P 채널로 만들 수 있다. N 채널과 P 채널 공핍형 MOSFET의 기호는 그림 16-7에 나타내었다. 그림의 원안에 표시된 수직 채널선은 이 소자가 normally on 상태이기 때문에 점선이 아니다.

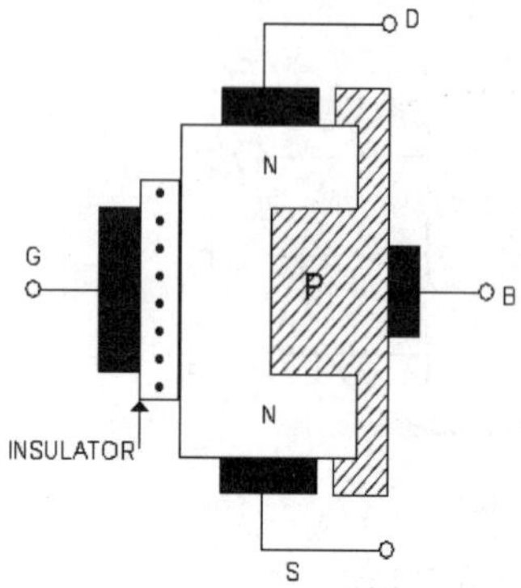

그림 16-4 공핍형 MOSFET의 구조

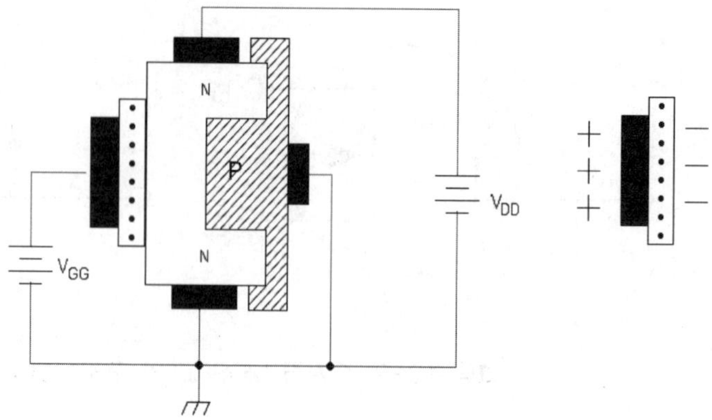

(a) (b)

그림 16-5 증가형 모드 : 게이트에 양전압

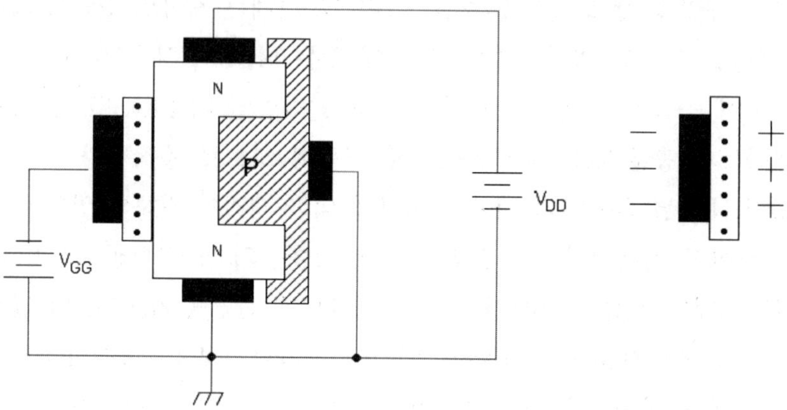

(a) (b)

그림 16-6 공핍모드 : 게이트에 충분히 큰 음전압

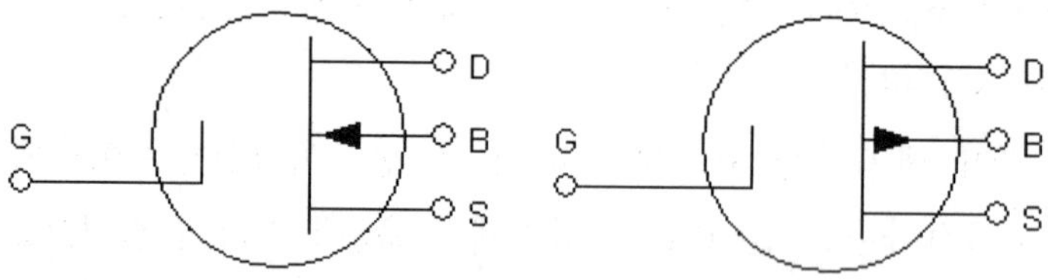

(a) (b)

그림 16-7 공핍형 MOSFET의 기호 (a) N 채널, (b) P 채널

MOSFET에 대한 드레인 특성곡선은 JFET 결과와 비슷하며, 그림 16-8에 N 채널 공핍형 MOSFET에 대한 드레인 특성곡선을 나타내었다.

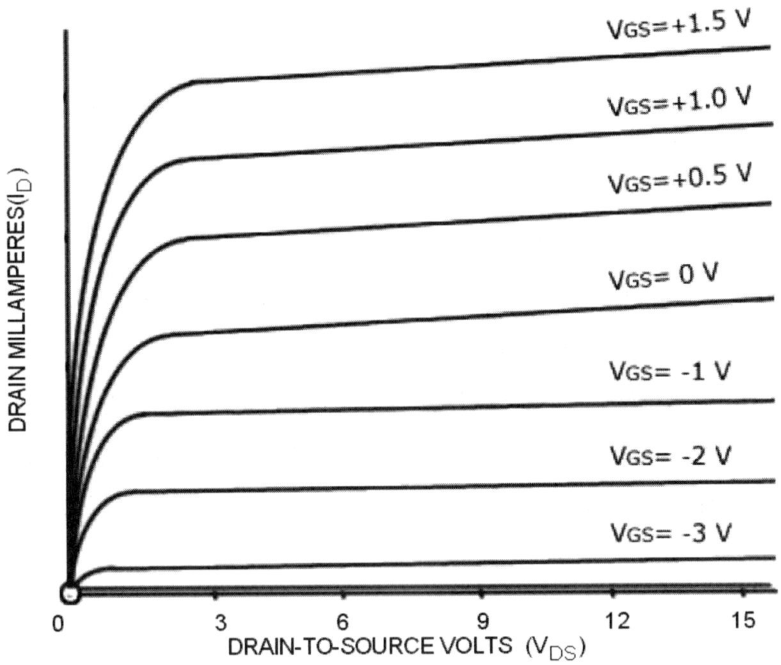

그림 16-8 공핍형 MOSFET의 드레인 특성곡선

FET의 바이어스 방법

(1) JFET 바이어스

JFET의 게이트 바이어스회로에서 JFET의 게이트는 소스에 대하여 역방향 전압이 되어야 한다. 이 사실 외에는 쌍극성 트랜지스터의 바이어스 회로와 유사하다. 반면 쌍극성 트랜지스터의 베이스는 이미터에 대하여 순방향전압이다.

1) 전압분배 바이어스

그림 16-9 (a)는 전압분배 바이어스를 사용한 N 채널 JFET 게이트 바이어스회로를 나타내었다. 게이트와 접지 사이의 전압 V_G는 다음 식에 의하여 주어진다.

$$V_G = \frac{R_1}{R_1 + R_2} V_{DD} \tag{16-1}$$

소스와 접지 사이의 전압 V_S는 소스 저항 R_S 양단의 전압 강하이며 이 값은 드레인 전류 I_D와 R_S의 곱으로 주어진다.

$$V_S = I_D \times R_S \tag{16-2}$$

게이트-소스 바이어스 V_{GS}는 V_G와 V_S의 차이이고, 아래와 같다.

$$V_{GS} = V_G - V_S \tag{16-3}$$

게이트가 역 바이어스로 되려면 V_S는 V_G보다 커야 한다. 따라서 $V_G - V_S$는 음(-)의 값이 된다. 소자 값들은 이와 같은 조건이 성립되도록 선택해야 하며, 동시에 회로에 적당한 동작점을 공급하도록 선택해야 한다.

그림 16-9 (a)의 게이트와 기판 사이에 교류신호 (V_g)를 인가하면 교류증폭기와 같이 동작한다. 그러나 이 회로의 이득은 매우 낮다. 왜냐하면 R_S 양단에서 교류전압(V_s)이 발생하고, 증폭기에서 들여다 본 게이트-소스전압은 V_g와 V_s의 차이이기 때문이다. 즉 아래와 같다.

$$v_{gs} = v_{in} = v_g - v_s \tag{16-4}$$

R_S 양단에 걸리는 교류 신호전압 강하는 그림 16-9 (b)와 같이 R_S 양단에 바이패스 커패시터를 연결함으로써 제거할 수 있다. C_1의 근사값은 다음의 식으로 주어진다.

$$x_{C1} \le \frac{R_S}{10} \tag{16-5}$$

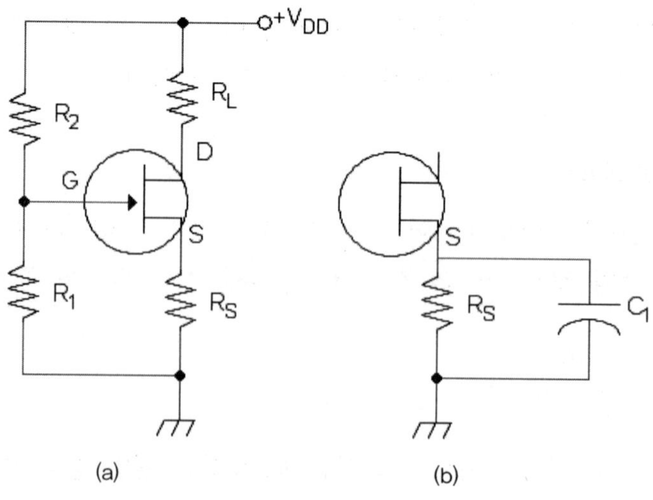

그림 16-9 (a) JFET의 전압분압 바이어스, (b) 교류입력 신호의 감소를 방지하는 바이패스 방법

이 식에서 주파수는 증폭기가 동작해야 하는 최저 주파수이다. 이 방법은 쌍극성 트랜지스터 증폭기에서 이미터저항을 바이패스할 때 사용하는 방법과 같다. 그림 16-9에서, 출력신호는 R_L 양단의 전압이며 드레인에서 출력된다.

2) 자기(self) 바이어스

그림 16-10의 회로는 N 채널 JFET에 대한 자기 바이어스 회로이다. 이 회로는 게이트가 R_1을 통하여 접지에 연결되어 있으며 게이트전류가 0임으로 게이트전압 V_G는 0 V 이다. JFET와 외부 회로(R_S와 R_L)에 흐르는 전류 I_D는 R_S 양단에 전압강하 V_S를 발생시키며, 아래와 같다.

$$V_S = I_D R_S \qquad (16-6)$$

$V_G = 0$이므로 V_G와 V_S 사이의 전압차는 게이트 바이어스 전압 V_{GS}이며, 다음과 같이 된다.

$$V_{GS} = 0 - V_S = -I_D R_S \qquad (16-7)$$

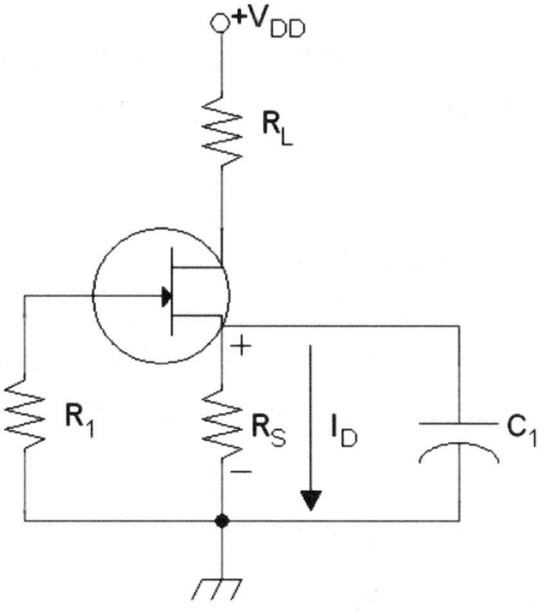

그림 16-10 N 채널 JFET에 대한 자기 바이어스 회로

(2) MOSFET 바이어스

전압분배 바이어스와 자기 바이어스는 MOSFET를 바이어스하는 데도 사용될 수 있다. 회로 구성 방법은 그림 16-9와 그림 16-10과 같다. 바이어스에 필요한 전압은 채널의 종류(N 혹은 P)와 MOSFET의 형식(증가형 혹은 공핍형)에 따라 다르다.

공핍형 MOSFET는 0 바이어스, 즉 $V_{GS}=0$ V에서 동작될 수 있다. N채널 MOSFET의 게이트에 인가된 교류신호는 양(+)의 반주기 동안은 FET를 증가형모드로, 음(−)의 반주기 동안은 FET를 공핍형모드로 동작시킨다.

1) MOSFET 공통 소스 증폭기회로와 동작

그림 16-11의 회로는 N채널 공핍형 MOSFET을 사용한 공통 소스 증폭기이다. 커패시터를 통해 게이트는 입력신호를 받아들인다. 이 증폭기는 자기 바이어스로 동작한다. 출력신호는 드레인에 접속된 10 kΩ 부하저항 양단에서 얻어진다.

증폭기의 전압이득 A_v는 바이폴라 트랜지스터의 증폭기와 같이 출력신호와 입력신호의 비로 구한다.

$$A_v = \frac{v_{out}}{v_{in}} \tag{16-8}$$

MOSFET도 JFET와 같이 제곱법칙소자 특성을 보이는데 증폭기가 정상 동작하는 포화 영역(활성영역)에서 드레인 전류는 게이트전압의 제곱에 비례한다. 즉,

$$I_d = \beta/2(Vgs-Vth)^2 \tag{16-9}$$

이 된다. 여기서 β는 Cox μW/L 로 주어지며 Cox는 단위면적당 산화막 커패시턴스이고 μ는 표면 이동도, W는 채널의 폭, L은 채널의 길이 이다.

보통 공통 소스 증폭기의 이득은 다음과 같이 주어지며 포화상태에서 아래 식으로 주어진다. g_m은 트랜스컨덕턴스로 소자의 데이터 시트로부터 알 수 있거나 또는 아래 식으로 구할 수 있다.

$$Av = -(R_L \parallel r_o)/(1/g_m + R_S) \tag{16-10}$$

$$\fallingdotseq -R_L/(1/g_m + R_S)$$

$$g_m = \triangle Id/\triangle Vgs \tag{16-11}$$

여기서 r_o는 V_{ds}-I_d 드레인 특성곡선의 포화(활성)영역에서 $\triangle V_{ds}/\triangle I_d$로 그 값이 수백 kΩ 이상으로 매우 크다. 따라서 보통 $(R_L \parallel r_o)$은 R_L이 된다. MOSFET 증폭기의 전압이득은 바이폴라 트랜지스터의 증폭기와 비교하여 적다. 바이폴라 트랜지스터의 공통 이미터 증폭기의 구성과 비교되며 입력신호와 출력신호의 위상차는 180°이다.

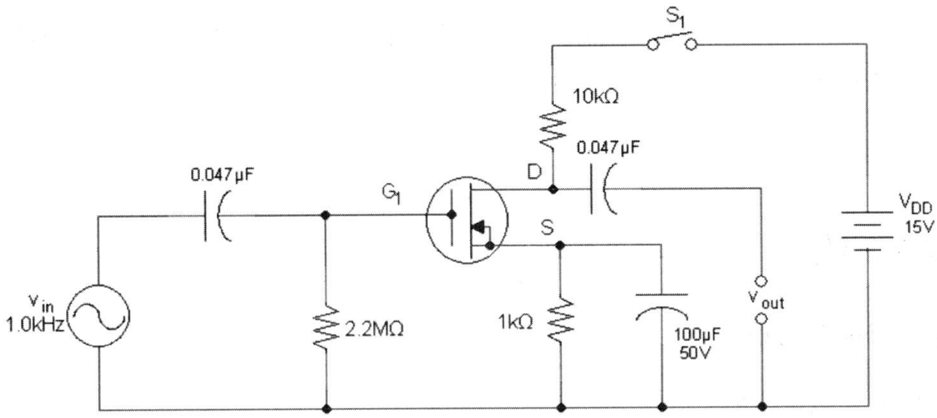

그림 16-11 N 채널 공핍형 MOSFET 공통 소스 증폭기

요 약

1. MOSFET는 드레인 전류를 게이트 전압으로 제어하는 금속-산화물 반도체(Metal Oxide Semiconductor) FET이다.
2. MOSFET의 동작에는 두 종류의 동작모드가 있다. (a) 공핍형, (b) 증가형
3. MOSFET의 게이트는 기판으로부터 절연되어 있다. 그러므로 이 소자는 IGFET (Insulated Gate Field Effect Transistor)라 부른다.
4. 증가형 MOSFET는 게이트전압이 0 V일 때, 드레인과 소스 사이에 채널을 가지지 않는다. 채널에서 전하의 생성은 게이트와 기판에 가해지는 전압에 의해 기판 내에 유기되는 전하로 구성된다.
5. 증가형 MOSFET는 게이트전압이 0일 때, 채널이 없으므로 그 기호는 그림 16-3에 나타낸 것과 같이 채널은 점선으로 표시되어 있다.
6. N 채널 증가형 MOSFET의 게이트는 양 전압으로 바이어스 되어야 한다. 반면 P 채널 증가형 MOSFET의 게이트는 음 전압으로 바이어스 되어야 한다.
7. 공핍형 MOSFET는 그림 16-5와 같이 게이트전압이 0 V일 때, 채널이 형성되어 있다.

8. 공핍형 MOSFET의 게이트는 양(+), 0 혹은 음(−)전압으로 바이어스할 수도 있다.
9. N 채널 공핍형 MOSFET의 게이트에 양(+)전압으로 바이어스 되면, 증가형모드로 동작하고, 음(−)전압으로 바이어스 되면, 공핍형 모드로 동작한다.
10. FET는 그림 16−9와 같이 전압분배 바이어스로, 또한 그림 16−10과 같이 자기바이어스로 바이어스 된다.
11. 그림 16−11과 같은 FET 증폭기는 바이폴라 트랜지스터에 비해 높은 입력 임피던스와 낮은 전압이득을 가진다.

나. 실험 과정

실험 장비 및 재료

- 직류 가변전압원
- 장비 : DMM, dc 전류계(0~10 mA)
- 저항 : 10 kΩ, 1 kΩ, 2.2 mΩ 1/2 W
- 커패시터 : 0.047 μF 2개, 100 μF 50 V
- 반도체 소자 : 2N187(MOSFET) 또는 증가형 MOSFET(CSD18511KCS)
- 기타 : SPST 스위치 2개

n 채널 공핍형 MOSFET 드레인 전압−전류 특성(게이트 제어)

1. 그림 16−12의 회로를 구성하고, S_1과 S_2는 개방한다. 다음 $V_{DD}=0$ V, $V_{GG}=0$ V로 조정한다.
2. S_1과 S_2는 단락하고, $V_{GS}=-5$ V, $V_{DS}=0$ V에 대하여 I_D의 값을 측정하고 표 16−1에 기록한다.
3. $V_{GS}=-5$ V로 유지하면서, 표 16−1에 주어진 $V_{DS}=0.5$ V, 1.0 V 등에 대하여 I_D의 값을 측정하여 기록한다.
4. $V_{GS}=-3$ V로 감소시키고, 표 16−1에 주어진 V_{DS}에 대하여 각각 I_D의 값을 측정하여 기록한다.
5. 표 16−1에 주어진 V_{GS}의 음(−)값에 대하여 실험 4를 반복하면서 각 I_D의 값을 측정하여 기록한다.

6. S_1과 S_2는 개방한다. 게이트 바이어스 전압 V_{GG}의 극성을 역으로 조정하고, V_{GS} = 0 V와, V_{GS}, V_{DD}의 각 양(+) 전압에 대하여 실험 4를 반복하라. 표 16-1의 데이터를 가지고, V_{ds}-I_d 드레인 특성곡선을 그려라. 각 주어진 V_g 곡선을 식별할 수 있도록 하라.

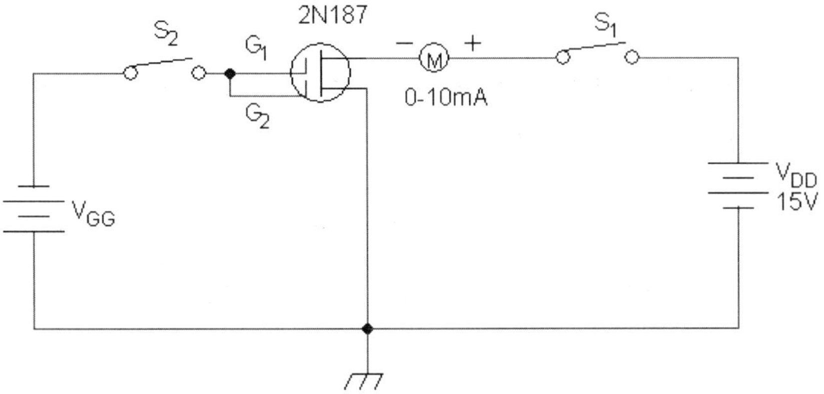

그림 16-12 MOSFET의 게이트 제어특성을 결정하기 위한 실험 회로

표 16-1 Vds-Id 드레인특성

V_{DS} [V] / V_{GS} [V]	I_D [mA]							
	0	0.5	1	1.5	2	5	10	15
−5								
−3								
−2								
−1.5								
−1.0								
−0.5								
0								
+0.5								
+1.0								
+1.5								
+2								
+3								
+5								

◉ 공통 소스 증폭기

7. S_1은 개방하고, 그림 16-11의 회로를 구성한다. $V_{DD} = +15\,V$로 조정하고, 1.0 kHz에서 함수발생기의 출력이 최소가 되도록 조정한다.
8. S_1을 단락한다. 오실로스코프로 출력신호 v_{out}를 측정하면서 입력신호를 점차적으로 증가시켜 가면서 v_{out}가 왜곡이 발생하지 않는 최대값까지 입력신호를 증가시킨다.
9. v_{out}와 v_{in}의 값을 측정하여 표 16-2에 기록하라. V_{GS}와 V_{DS}의 값을 측정하여 기록하라. 또 이득을 계산한다.

표 16-2 증폭기 이득

입력 V_{pp}	출력 V_{pp}	V_{GS} [V]	V_{DS} [V]	이득

다. 검토 사항

1. 표 16-1의 데이터에서, 드레인 전류가 흐르기 시작하는 V_{GS}의 값은 얼마인가?
2. 표 16-1의 데이터에서, 드레인 전류가 포화되기 시작하는 게이트 전압을 구하고 포화되기 시작하는 드레인 전압을 게이트 전압과 문턱전압의 함수로 표현하시오.
3. MOSFET이 공핍형인지 증가형인지 알 수 있는 방법은 무엇인가?
4. 증가형 MOSFET에서 문턱전압은 무엇인가?
5. 그림 15-11에서 드레인 부하저항 R_L의 변화에 대하여 증폭기이득을 계산하라.
6. 제곱법칙소자특성이란 어떤 뜻인지 설명하시오.
7. 표 15-2에서 기울기를 구하시오. 이것이 트랜스 컨덕턴스가 된다.
8. 바이폴라 트랜지스터에서는 컬렉터 전류는 베이스전류(또는 입력전압)에 선형적으로 비례하는데 반해 MOSFET나 JFET에서는 드레인 전류가 입력전압의 제곱에 비례한다. 증폭기로서 어느 소자가 유리한가?

실험 17

차동 증폭기

실험목표

1. 단일입력 차동 증폭기의 입력, 출력파형의 위상관계를 살펴본다.
2. 서로 반대의 위상을 갖거나, 차동모드인 두 입력에 대한 차동 증폭기의 출력파형을 관찰한다.
3. 차동 증폭기의 두 입력신호에 대한 출력파형을 조사한다.

가. 실험 내용

◎ 차동 증폭기

차동 증폭기는 연산 증폭기(OP AMP)와 같은 직접결합(direct-coupled) 선형 집적회로(IC) 증폭기에서 널리 사용된다.

그림 17-1은 기본적인 차동 증폭기의 회로도로, 두 개의 입력과 하나의 출력을 갖는 두 개의 트랜지스터로 구성된다. 이 회로는 대칭적이다. 즉 두 개의 트랜지스터 Q_1과 Q_2는 서로 동일한 특성을 갖고, 이미터저항 R_E는 두 트랜지스터에 공통으로 연결된다. 컬렉터 부하저항은 같은 값으로 주어지며 $R_{L1} = R_{L2}$가 된다. 두 입력회로 역시 동일하다. 즉 $v_1 = v_2$이고, $R_1 = R_2$인 값을 갖는다.

출력신호는 두 입력신호의 차에 비례하고, 출력전압 v_{out}을 식으로 나타내면 다음과 같다.

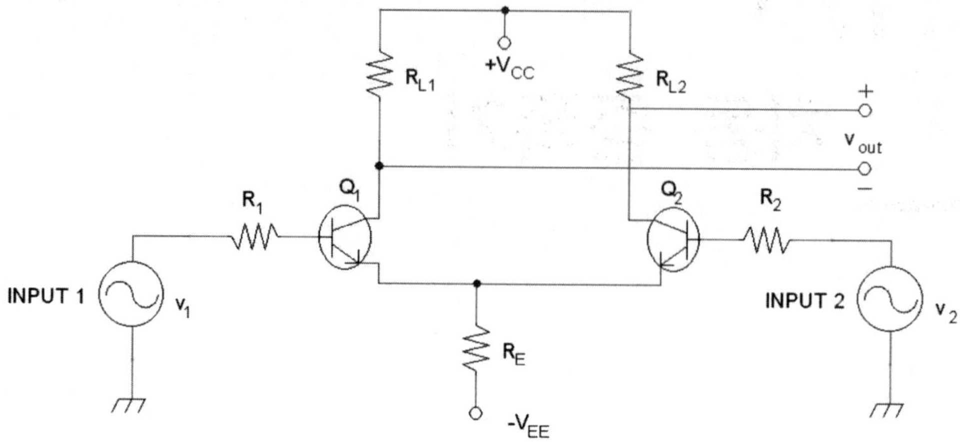

그림 17-1 차동 증폭기

$$v_{out} = A(v_1 - v_2) \tag{17-1}$$

여기서 A는 트랜지스터의 전압이득이고, v_1과 v_2는 각 베이스단자에서의 전압이다. 두 개의 입력신호가 동상이고, 크기가 같을 때 동상모드 동작조건은

$$v_1 - v_2 = 0$$

$$v_{out} = A(0) = 0 \tag{17-2}$$

이 된다. 다시 말해, 차동 증폭기는 동상신호를 제거하기 때문에 이상적으로는 공통 모드신호의 출력은 0이 된다. 그러나 실제로는 차동 증폭기가 완전한 평행상태, $Q_1 = Q_2$가 되지 않기 때문에, 공통 모드신호에 대해서 매우 작은 출력이 존재한다.

두 입력이 크기는 같고, 180°의 위상차를 가질 때, 차동모드 동작조건은

$$v_1 = -v_2 \text{ 혹은 } v_2 = -v_1$$

$$v_{out} = A[v_1 - (-v_1)] = A(2v_1) \tag{17-3}$$

이 된다. 따라서, 차동모드 또는 비공통 모드에서 차동 증폭기의 출력은 입력신호의 크기에 전압이득의 2배를 곱한 값이 된다.

단일 입력(Single-Ended Input)과 단일 출력(Single-Ended Output)

차동 증폭기는 일반적으로 그림 17-1과 같이 2 입력으로 사용되지만, 그림 17-2와 같이 단일 입력으로도 사용할 수 있다. 차동 증폭기의 출력 역시 그림 17-1과 같이 두 트랜지스터의 컬렉터에 걸린 전압차로 얻는 방법도 있고, 그림 17-2와 같이 각 컬렉터 단자와 접지사이의 전압 v_{out1} 또는 v_{out2}로 단일출력을 사용하는 방법도 있다.

먼저 단일 입력에 대해 살펴보면 2개의 입력을 갖는 차동 증폭기의 동작을 쉽게 이해할 수 있다. 그림 17-2 (b)에서 보여준 극성을 갖는 정현파 v_1을 입력 1에 가해주면, Q_1의 컬렉터와 접지 사이에 나타나는 증폭된 신호 v_{out1}은 입력과 180°의 위상차를 갖게 된다. 또한, 이미터저항 R_E는 바이패스 되지 않았기 때문에 R_E 저항에 걸리는 전압은 v_1과 동일한 위상을 갖게 된다. Q_2의 베이스는 접지에 연결되었기 때문에, Q_2의 베이스와 접지 사이에는 신호전압이 없다. 그러나 베이스 2와 공통 이미터 사이의 전압은 입력 1과 180°의 위상차를 갖는 정현파 v_2가 됨을 알 수 있다. v_2의 크기는 v_1과 같다. Q_2의 이미터와 베이스간의 정현파 $-v_2(=v_1)$는 공통 베이스 증폭기인 Q_2의 입력신호가 되고 Q_2의 컬렉터와 접지 사이에는 v_1과 같은 위상의 정현파 v_{out2}가 나타난다[그림 17-2 (b)]. Q_2는 공통베이스 구성의 증폭기임을 알 수 있다. 공통베이스 증폭기의 이득은 공통이미터 증폭기와 크기가 같고 부호가 반대가 된다. 따라서 v_1과 v_2의 크기는 같으므로, v_{out2}의 출력파형은 v_{out1}에 대하여 크기는 같고 위상은 180° 차이를 갖게 된다.

정리하면, 그림 17-2의 차동 증폭기에서 Q_1의 컬렉터를 기준으로 하면 Q_2의 컬렉터 출력파형 v_{out2}은 Q_1의 컬렉터 출력파형과 크기는 같고 위상은 180° 차이가 나고, 입력 v_1과 동일위상인 파형이 된다. 따라서 Q_2의 단일출력에 대하여 입력 1은 위상이 같게 되고 비반전입력이라 한다.

반면에 그림 17-3에서 보는 바와 같이 Q_1의 베이스저항을 접지에 연결하고 입력신호를 Q_2의 베이스에 인가한 후, Q_2와 Q_1의 컬렉터 사이의 차동 출력파형을 얻으면, 출력파형 v_{out}은 입력 파형과 180°의 위상차가 생긴다. 이 경우, Q_2의 베이스에 가해지는 입력 2를 반전입력이라 한다.

v_1에 대한 v_{out1}의 전압이득은 공통 이미터 증폭기의 해석에서

$$Av = v_{out1}/v_1$$
$$= - R_{L1} / r_e' \quad (17-4)$$

가 된다.

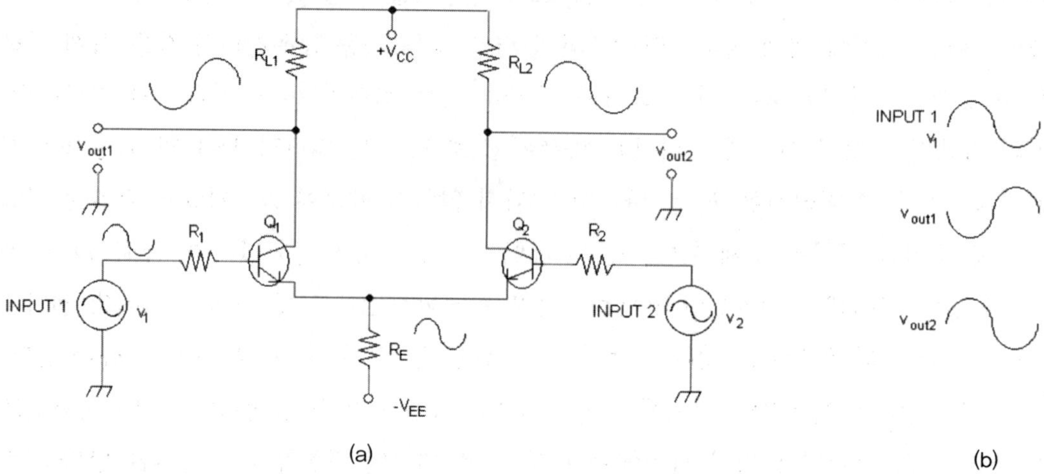

그림 17–2 (a) 단일 입력과 단일 출력을 갖는 차동 증폭기, (b) 입력 및 출력파형의 위상

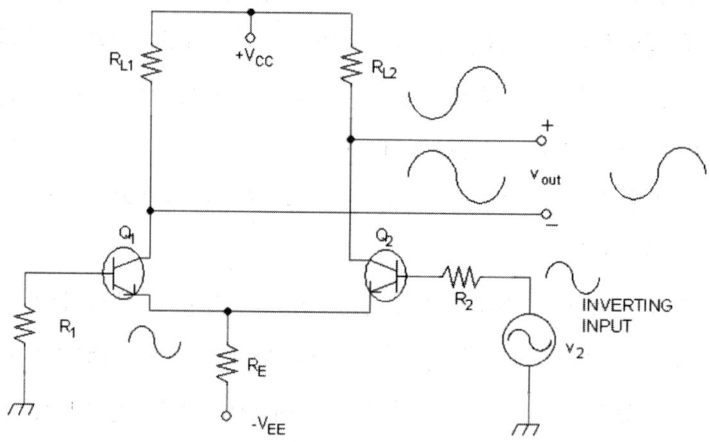

그림 17–3 Q_2에 인가하는 단일 입력과 Q_2와 Q_1의 컬렉터 사이의 차동출력

차동모드(Differential Mode) 입력

차동모드 입력을 가진 차동 증폭기의 동작은 그림 17–4에 나타낸 것과 같다. 차동 증폭기를 구성하고 있는 Q_1과 Q_2 트랜지스터 베이스는 중앙에 접지된 변압기의 2차측 양

쪽 끝단으로부터 정현파입력을 받는다. Q_1과 Q_2의 베이스에 인가하는 입력신호는 크기는 같고 위상차가 180° 되는, 즉 차동모드 동작조건을 갖게 된다. 중첩의 원리를 이용하여 동작을 살펴본다. 우선 베이스 1에 정현파가 상향인 때를 살펴보면, 베이스 2는 하향이 된다. 이때 Q_2가 회로에 없다고 가정하여 Q_1트랜지스터의 동작을 살펴보면 다음과 같다. Q_1의 베이스에 상향신호가 인가되면 컬렉터에는 하향의 증폭된 파형이 출력된다. 또한 Q_1의 이미터 퐐로워 동작으로 바이패스 되지 않은 이미터저항 R_E에는 상향 정현파가 나타나게 된다.

같은 방법으로 Q_1이 없는 경우 Q_2의 동작을 살펴보자. Q_2의 베이스에 하향 신호를 인가하면 컬렉터 2에는 증폭된 상향 정현파가 출력된다. Q_2의 이미터 폴로워 동작으로 R_E 저항 양단에는 하향 정현파가 나타난다. Q_1과 Q_2 트랜지스터의 상반적인 동작으로 R_E 저항에 걸리는 전압은 크기가 같고, 180° 위상차를 갖게 된다. 따라서 Q_1과 Q_2 함께 동작할 때는 이미터저항에 걸리는 전압은 서로 상쇄되기 때문에 이미터저항 양단에는 아무 전압도 나타나지 않게 된다. 결과적으로 이미터저항에는 어떤 신호전류도 흐르지 않게 되어, 교류에 대해 바이패스된 것과 같이 동작한다. 따라서 R_E에서는 신호감쇠가 일어나지 않게 된다. 따라서 차동모드의 전압이득은 이론적으로 무한대가 된다.

Q_1과 Q_2는 공통 이미터 증폭기로, 각 컬렉터에는 베이스 입력신호에 대해 180°의 위상차를 갖는 파형이 출력된다. Q_2와 Q_1의 컬렉터 사이의 전압을 출력 v_{out}으로 하면, v_{out}은 접지된 컬렉터로부터 얻어지는 단일 출력전압의 2배가 되는 상향 정현파가 된다.

차동 증폭기는 두 개의 단일 출력을 갖도록 사용할 수 있는데, 이것은 접지에 대해 각각 Q_1의 컬렉터 전압과 Q_2의 컬렉터 전압이 된다. 이 신호 전압은 크기는 같고 180°의 위상차를 보인다.

공통 모드(Common Mode) 입력

그림 17-5는 공통 모드 입력으로 연결된 차동 증폭기를 보여주고 있다. 변압기 T의 2차 측으로 부터 위상과 크기가 같은 신호전압 v_1과 v_2가 Q_1과 Q_2의 베이스에 공급되고 있음을 볼 수 있다. Q_1과 Q_2의 베이스에 공급되는 같은 위상의 신호는 R_E의 양단에 더해진 신호가 걸리도록 한다. 즉, R_E 저항은 각 증폭기에 대해 전압이득을 감소시키거나 혹은 부귀환 작용을 한다. R_E는 Q_1과 Q_2에 공통으로 연결되기 때문에 각 트랜지스터가 개별적으로 동작할 때보다 대략 2배 정도의 큰 이득 감쇠효과를 갖게 된다. 따라서

각 증폭기에서 관측되는 베이스-이미터간의 유효신호는 무시할 정도로 작게 되어 각 컬렉터에서의 출력은 매우 작게 된다. 이상적으로는 출력은 0이 되지만, 실제로는 그렇지는 않다. 공통모드일 경우 회로의 대칭성으로 공통모드의 전압 이득은 식 (17-4)의 1/2가 된다.

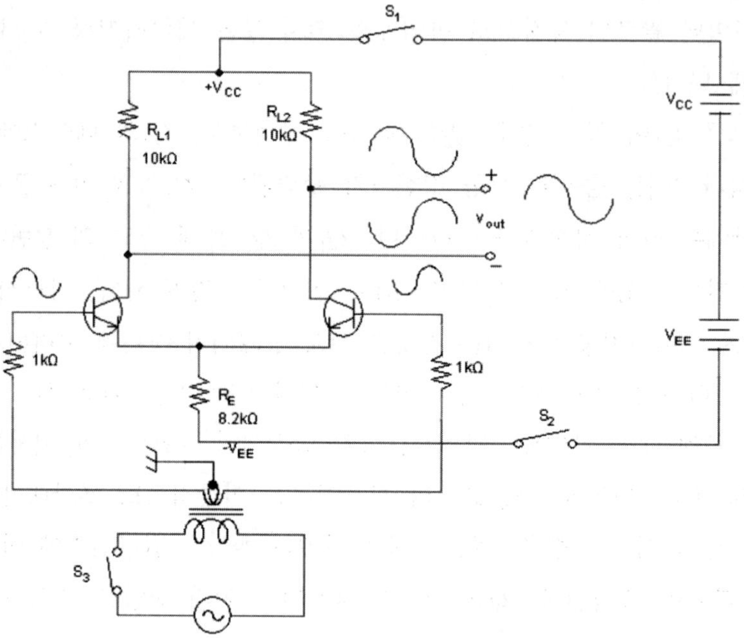

그림 17-4 차동모드 입력의 증폭기

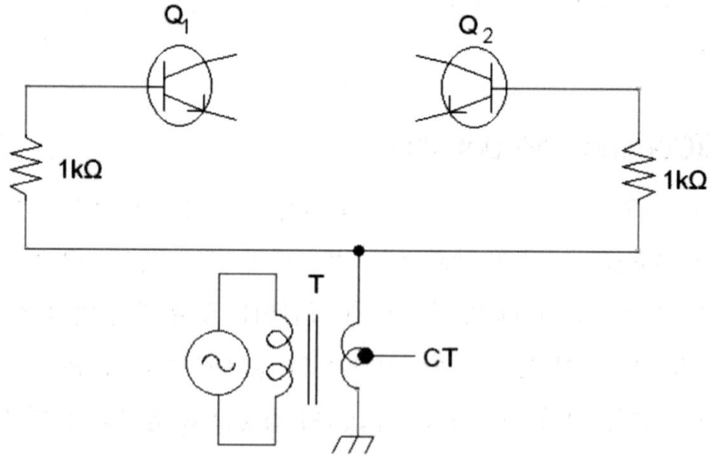

그림 17-5 공통 모드 입력을 갖는 차동 증폭기 입력단

그림 17-1의 차동 증폭기는 차동 모드와 공통모드로 동작할 수 있다. 차동모드로 동작시키기 위해서는 위상차가 있는 같은 신호의 크기를 Q_1과 Q_2의 베이스에 인가하면 된다. 반면에, 위상이 같고 크기가 같은 신호를 Q_1과 Q_2의 베이스에 인가하면 공통 모드의 동작이 수행된다. 두 가지 형태의 신호가 동시에 Q_1과 Q_2의 베이스에 인가되면, 차동 증폭기는 동상 모드의 신호는 제거하고, 차동 모드의 신호는 증폭한다.

공통 모드 제거비(CMRR, Common Mode Rejection Ratio)

차동 증폭기는 차동 모드 입력신호에 대해서는 전압이득이 크고, 공통 모드신호에 대해서는 전압이득이 낮도록 동작되어야 한다. 차동 모드 신호의 전압이득을 A_{DM}이라 하고, 공통 모드신호의 전압이득을 A_{CM}이라 할 때, A_{DM}/A_{CM}을 그 증폭기의 공통모드 제거비 혹은 CMRR이라 한다.

$$CMRR = \frac{A_{DM}}{A_{CM}}$$

CMRR값은 차동 증폭기의 효율을 나타낸다. 따라서 이 값이 큰 경우에 더 좋은 차동 증폭기라 할 수 있다.

이미터 저항 R_E의 효과

공통 모드신호에 대해 이미터저항 R_E는 입력신호의 감쇠작용 혹은 부귀환 동작을 한다. 따라서 R_E 저항이 크면 클수록 공통모드에서의 부귀환 전압이 커져서 결국 차동 증폭기가 공통 모드신호를 제거하는 효과가 커지게 된다.

차동 모드에서 R_E는 완전히 바이패스된 것으로 동작하기 때문에 차동 모드 신호에 대해서는 증폭기의 이득을 감쇠시키지 않는다.

따라서 차동 증폭기에서 R_E 저항을 크게 함으로써 차동 모드이득(A_{DM})에 영향을 주지 않으면서 공통 모드이득(A_{CM})을 작게 할 수 있다는 것을 알 수 있다. 큰 R_E 저항을 사용함으로써 큰 값의 CMRR을 얻게 된다.

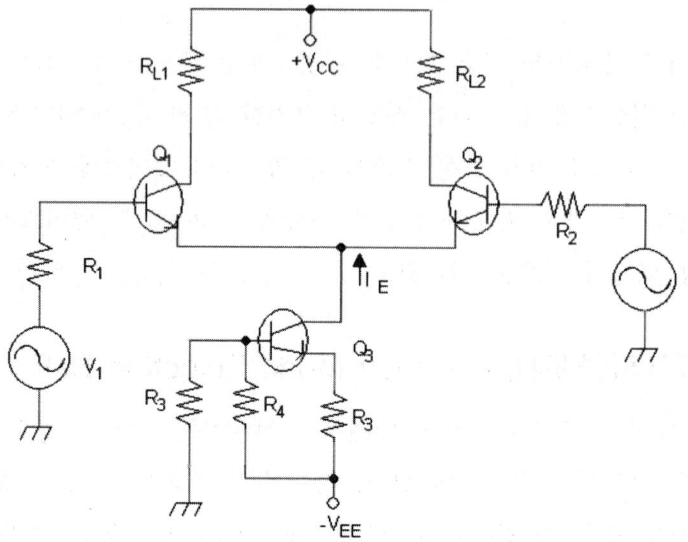

그림 17-6 그림 17-1에서 이미터 저항 R_E 대신 정전류 트랜지스터 Q_3을 사용한 차동증폭기

실제적으로는 R_E값이 이미터전류 I_E를 결정하기 때문에 무조건 크게 할 수는 없다. 여기서 I_E에 근사식을 다시 적어보면 다음과 같다.

$$I_E = \frac{V_{EE} - 0.7}{R_E} \tag{17-5}$$

또한 이미터는 차동 증폭기의 두 컬렉터에 동일 전류를 공급한다. R_E값을 증가시키면 이미터와 컬렉터전류 모두 감소하게 되어 출력 구동능력이 감소하게 된다.

그림 17-6에서와 같이 R_E 대신 정전류 트랜지스터 Q_3를 사용하여 컬렉터-이미터간의 높은 교류저항을 이용할 수 있다. Q_3의 컬렉터 전류는 Q_1과 Q_2의 컬렉터전류를 공급하는 이미터전류 I_E가 된다. 그림 17-6에서의 직류 이미터저항 R_E는 상대적으로 작은 값이 된다. Q_3에 대한 직류 바이어스는 R_3와 R_4의 전압분배에 의해 결정된다. 회로에 Q_3를 추가함으로써 Q_1과 Q_2에 대한 컬렉터전류를 제한하지 않고 효과적으로 높은 이미터저항을 얻을 수 있다.

◎ 회로기호

차동 증폭기의 회로는 그림 17-6에 나타난 회로보다 더 복잡하다. 따라서 기존의 회로로 표현하는 것보다 그림 17-7에서와 같은 블록형태로 간단하게 표현한다. IC로 된 차동 증폭기는 입력핀과 출력핀으로 표시된다. 그림 17-7 (a)는 두 개의 입력과 하나의 출력으로 구성된 차동 증폭기를 의미하고, 그림 17-7 (b)는 두 개의 다른 출력을 갖는 2출력 차동 증폭기이다. 그림에서 −와 +표시는 출력 3에 대해 반전입력과 비반전 입력을 의미한다.

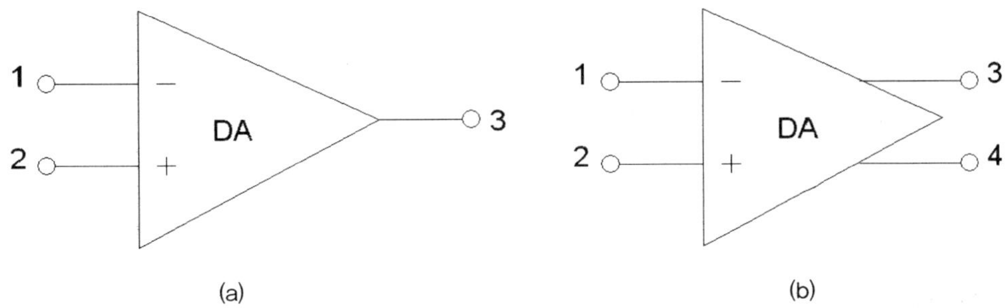

그림 17-7 차동 증폭기 회로표시. (a) 1과 2는 입력, 3은 차동출력
(b) 1과 2는 입력, 3과 4는 접지에 대한 단일출력

요 약

1. 그림 17-1의 차동 증폭기는 트랜지스터 Q_1과 Q_2의 특성이 같거나 유사한 것으로 구성된다. 저항은 $R_1 = R_2$와 $R_{L1} = R_{L2}$가 된다. 회로 부품들의 특성이 같으면 차동 증폭기의 회로는 완전히 대칭적이다.
2. 차동 증폭기의 출력 v_{out}(그림 17-1)은 식 $v_{out} = A(v_1 - v_2)$으로 주어지는데 여기서 A는 트랜지스터의 전압이득이고, v_1과 v_2는 입력신호를 의미한다.
3. 차동 증폭기에서는 Q_1과 Q_2의 컬렉터 사이에 걸리는 전압으로부터 하나의 출력을 얻을 수 있다(그림 17-1).
4. 그림 17-2에서와 같이 두 개의 출력을 사용할 수도 있다. 이때의 출력은 각 트랜지스터의 컬렉터 단자와 접지로부터 각각 얻을 수 있다.
5. 그림 17-2에서 보는 바와 같이 차동 증폭기의 두 입력 중 하나의 입력을 접지시키는 경우가 있는데, 이 같은 구성을 단일 입력(single-ended)이라 한다.
6. 그림 17-3의 차동 증폭기의 출력신호(Q_2 의 컬렉터)는 Q_1의 베이스에 인가하는 단일 입력신호와 동위상이 된다. 따라서 Q_1의 입력을 비반전 입력이라 부른다.
7. 그림 17-3의 차동 증폭기의 출력신호(Q_2 의 컬렉터)는 Q_2의 베이스에 인가하는 단일 입력신호와 180° 위상차가 있다. 따라서 Q_2의 입력을 반전 입력이라 한다.

8. 차동 증폭기에 인가하는 신호는 공통 모드와 차동 모드로 구분한다. 공통 모드는 신호의 크기와 위상이 같은 신호로서, 그림 17-5의 회로는 공통 모드로 동작한다. 차동 모드 신호는 그림 17-4와 같이 크기는 같고 180°의 위상차를 갖는다.
9. 차동 증폭기는 공통 모드와 차동 모드신호를 모두 받는다. 차동 증폭기는 공통 모드신호는 제거하고 차동 모드 신호만 증폭하는 특성을 갖는다.
10. 차동 모드신호 이득을 A_{DM}이라 하고, 공통모드신호의 이득을 A_{CM}이라 할 때, A_{DM}/A_{CM}를 CMRR(common-mode rejection ratio) 혹은 공통모드제거 비 라 한다. CMRR 비가 클수록 차동 증폭기의 성능은 좋다.

나. 실험과정

실험 장비 및 재료

- 가변 직류전압원
- 장비 : DMM, 오실로스코프
- 저항기 : 10 kΩ, 8.2 kΩ, 1 kΩ 1/2 W 각 2개
- 반도체 소자 : 2N3904 2개
- 기타 : SPST 스위치, 변압기(1차가 220 V, 2차가 0, 9, 18 V로 센터 탭)

단일 입력

1. 그림 17-8 (a)의 회로를 연결한다. 함수발생기를 사용하여 차동 증폭기의 입력 v_1으로 사용한다. 스위치 S_1, S_2, S_3를 연다.
2. 컬렉터 공급전압, V_{CC}를 10 V로, 이미터 공급전압, V_{EE}를 9 V로 조절한 후, S_1, S_2를 닫는다.
3. Q_1의 컬렉터와 접지 사이의 직류전압(V_{C1})과 Q_2의 컬렉터와 접지 사이의 직류전압(V_{C2})을 측정하여, 약 5 V가 되는가를 확인한다. 그렇지 않으면 V_{EE}를 조정하여 5 V가 되도록 한다. V_{C1}, V_{C2}전압과 이미터 공통 접점에서 접지까지의 전압(V_E)를 측정하여 표 17-1에 기록한다. V_{EE} 전압도 측정하여 기록한 후, 남은 실험동안 이 V_{EE}값을 유지한다. Q_1과 Q_2의 이미터와 베이스간의 바이어스 전압

V_{B1}, V_{B2}를 측정하여 기록한다.

4. 스위치 S_3를 닫는다. 오실로스코프를 사용하여 1 kHz의 입력 파형을 관찰하면서, v_{1p-p}=30 mV가 되도록 함수발생기 출력을 조정한다.
5. Q_1의 베이스 파형을 관찰한다. 이 때 오실로스코프의 단자를 조정하여 화면상에 한 개 또는 두 개의 파형이 나타나도록 한다. 기준파형 v_1을 표 17-2와 같이 화면의 중앙에 오도록 한 후, v_{out1}, v_{out2}, V_E(이미터와 접지 사이의 파형)을 각각 관찰 및 측정하여 표 17-2에 기록한다. 또한 이들 파형을 표에 그려 넣는다.
6. 스위치 S_1, S_2, S_3를 열고, 그림 17-8 (b)와 같이 함수발생기의 출력 v_2p-p = 50 mV가 되도록 하여 Q_2의 베이스에 입력한다.
7. 스위치 S_1, S_2, S_3를 닫고, 실험과정 4와 5을 수행한다.

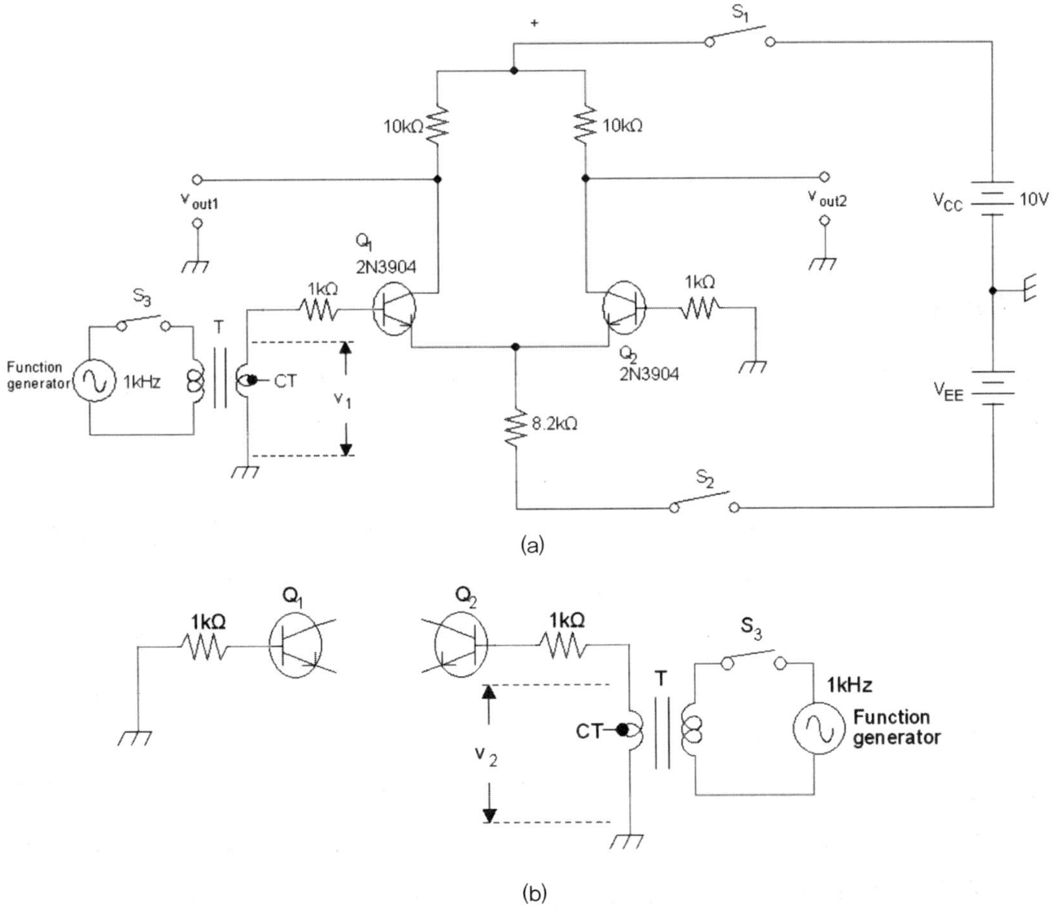

그림 17-8 단일 입력을 가진 차동 증폭기 실험회로. (a) Q_1, (b) Q_2

표 17-1 차동 증폭기의 직류 전압

V_{C1}	V_{C2}	V_E	V_{EE}	V_{B1}	V_{B2}

표 17-2 차동 증폭기의 파형–단일 입력

측정점	파 형	V_{p-p}
기 준 v_1	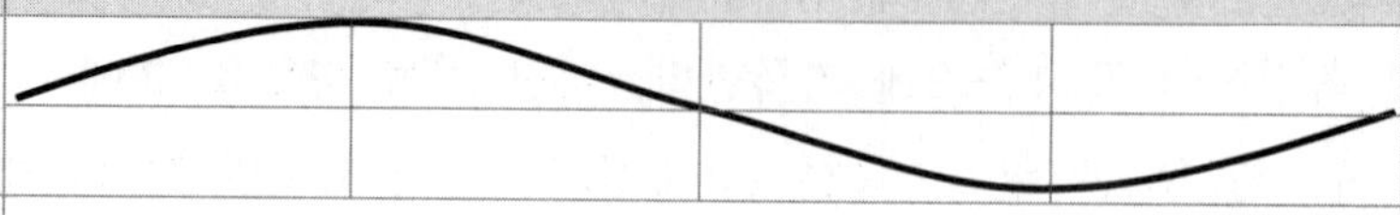	30 mV
v_{out1}		
v_{out2}		
v_E		
기 준 v_1		30 mV
v_{out1}		
v_{out2}		
v_E		

차동모드

8. 스위치 S_1, S_2, S_3를 연다. 이 때 V_{CC}와 V_{EE}는 변경하지 않는다.
9. 그림 17-4와 같이 차동 모드 입력을 갖는 회로로 수정한다.
10. 스위치 S_1, S_2, S_3를 닫고, 변압기 T의 1차측에 함수발생기를 연결하고 2차측에 1 kHz, 60 mV_{p-p}의 정현파가 출력 되도록 함수발생기를 조절한다. 이때 Q_1과 Q_2의 베이스와 접지 사이의 전압 v_1, v_2는 각각 30 mV_{p-p}가 되어야 한다.
11. 오실로스코프로 Q_1의 베이스와 접지간의 파형 v_1을 관찰한다. 기준 파형 v_1을 표 17-3과 같이 중앙에 오도록 하고, v_1=30 mV_{p-p}의 정현파가 되도록 함수발생기의 출력을 조절한다.
12. Q_1의 컬렉터와 접지간의 파형(v_{c1}), Q_2의 베이스와 접지간의 파형(v_2), Q_2의 컬렉터와 접지간의 파형(v_{c2}), Q_1의 컬렉터와 Q_2의 컬렉터 사이의 파형(v_{out}) 및 이미터 와 접지 사형의 파형(v_E)를 관찰하여 기준파형 v_1을 고려하여 표 17-3에 그린다. 또한 이들 파형의 피크간의 전압을 측정하여 기록한다.

13. Q_1과 Q_2의 이득 $(v_{out}/v_1$과 $v_{out2}/v_2)$을 계산하여 표 17-3에 기록한다.

표 17-3 차동 증폭기의 파형-차동모드

측정점	파 형	V_{p-p}
기 준 v_1	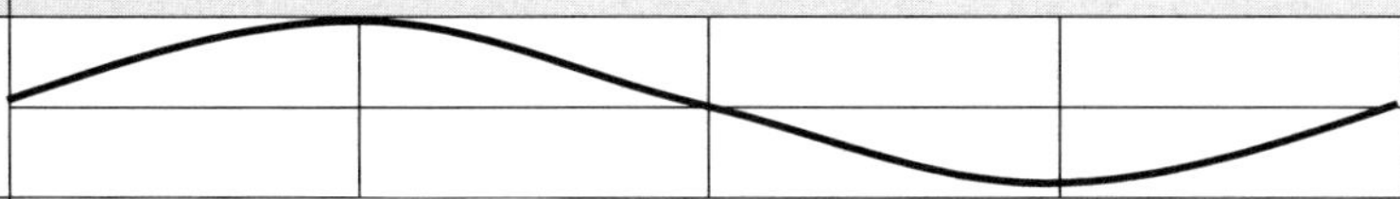	30 mV
v_{c1}		
v_2		
v_{c2}		
v_{out}		
v_E		
Q_1의 이득		
Q_2의 이득		

공통 모드

14. V_{CC}와 V_{EE}값을 그대로 한 상태에서, 스위치 S_1, S_2, S_3를 연다. 입력회로에 같은 전압 $v_1 = v_2$가 되게 입력회로를 연결한다.
15. 스위치 S_1, S_2, S_3를 닫는다. 1 kHz 30 m V_{p-p}가 되도록 함수발생기의 출력을 조정하고 $v_1 = v_2$ 의 정현파를 인가한다.
16. 오실로스코프를 사용하여 Q_1의 베이스와 접지간의 파형 v_1를 관찰하면서, 표 17-4와 같이 기준 파형이 화면 중앙에 오도록 오실로스코프를 조정한다.
17. v_{c1}, v_{c2}, v_2 v_{out}와 V_E를 관찰하고, 기준파형의 위상에 맞춰 표 17-4에 그린다. 또한 각 파형의 피크-피크 전압도 측정하여 기록한다. 여기서 v_{out}을 측정하기 위해서는 차동입력을 갖는 오실로스코프를 사용해야 하는 것은 이미 언급한 바와 같다.
18. Q_1과 Q_2의 이득을 계산하여 표 17-4에 기록한다.

표 17-4 공통 증폭기의 파형–공통모드

측정점	파 형	V_{p-p}
기 준 v_1	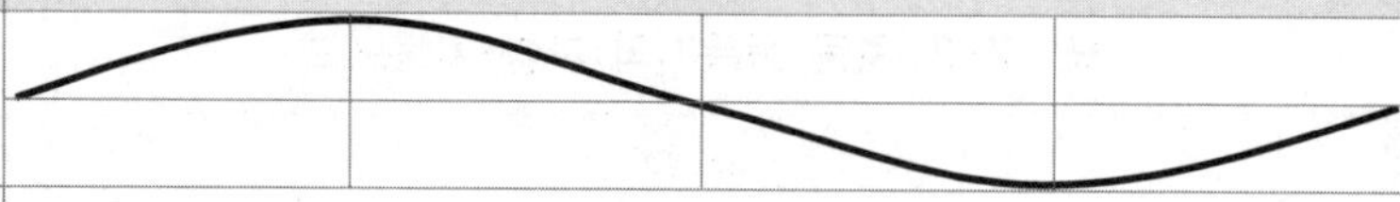	30 mV
v_{c1}		
v_2		
v_{c2}		
v_{out}		
v_E		
Q_1의 이득		
Q_2의 이득		

다. 검토 사항

1. 단일 입력 차동 증폭기의 실험에서, 이미터저항의 역할은 무엇인가? 표 17-2의 데이터를 참고하여 위 물음에 대한 답을 검토하라.
2. 그림 17-8에서 입력파형에 대한 v_{out1}과 v_{out2}의 위상을 비교 설명하라.
3. 공통이미터 증폭기를 해석하여 단일 입력 모드로 동작하는 증폭기의 이득을 해석하시오. 표 17-2의 데이터를 사용하여 해석 값과 Q_2의 컬렉터와 Q_1의 컬렉터간의 출력파형 값을 비교하시오.
4. 단일입력과 차동입력의 경우 전압이득을 비교하시오.
5. 그림 17-4의 실험회로에서 Q_1과 Q_2의 컬렉터와 접지간의 파형(v_{c1}과 v_{c2}) 크기와 위상을 비교하시오.
6. 그림 17-4의 실험회로에서 이미터 접지 저항은 회로에 부귀환역할을 하는지 설명하시오. 표 17-3에서 전압이득을 계산하시오.
7. 공통이미터 증폭기를 해석하여 차동모드로 동작하는 증폭기의 이득을 해석하시오. 해석 값과 실험 데이터를 비교하라.
8. 그림 17-5의 공통모드에서 이미터 접지저항은 회로에 부귀환 역할을 하는지 설명하시오. 공통모드 입력일 경우 그림 17-5에서 해석적으로 이득을 구하시오. 표 16-4에서 실험으로 구한 공통모드의 전압이득은?

실험 18

연산 증폭기(OP AMP) 회로

실험목표

1. 연산 증폭기를 이용한 회로의 이득은 입력과 출력 사이의 부귀환에 의존함을 실험적으로 확인한다.
2. 연산 증폭기를 이용한 비반전 증폭기를 구성한다.
3. 연산 증폭기를 이용한 반전 가산기를 구성한다.

가. 실험 내용

◉ 연산 증폭기

연산 증폭기[OP(operational) AMP(amplifier)]는 입력저항이 매우 크고, 출력저항은 적으며 전압이득은 매우 큰 특성을 가진다. 이는 직접결합으로 여러 단의 증폭기가 연결된 차동 선형증폭기이며 집적회로(Integrated Circuit, IC)로 제작된다. 연산증폭기의 응용에서 응답특성은 입력과 출력 사이의 부귀환 작용의 외부회로에 의해 결정된다. 연산 증폭기는 가산, 적분 및 미분 등 수학적인 연산을 수행할 수 있다. 또한, 연산 증폭기는 오디오 신호증폭기, 발진기, 여파기 등에 사용된다.

그림 18-1은 연산 증폭기의 회로기호이다. 실험 17에서 살펴본 차동 증폭기와 같이 (−)와 (+) 표시가 되어있는 두 가지 입력이 있다. −표기된 입력은 반전 입력단자로서, 이 단자에 가해진 입력에 대하여 출력은 180°의 위상차를 갖게 된다. + 입력단자는 비반전 입력단자로서, 입력과 같은 위상의 신호가 출력된다. 연산 증폭기의 내부회로는 그림 18-7 (a)에 보이듯이 매우 복잡하므로, 회로도에서는 연산 증폭기의 기호로 표시한다.

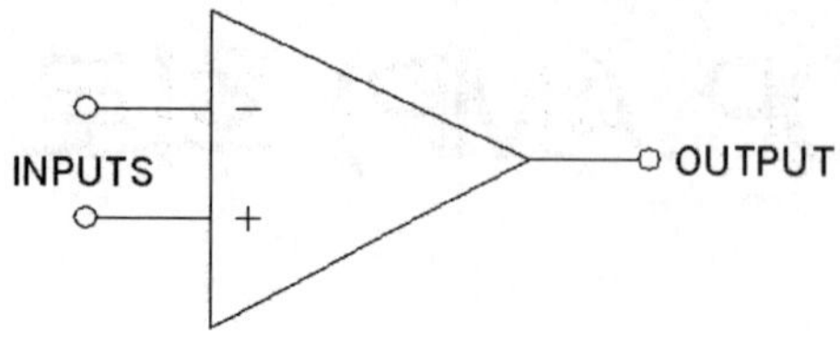

그림 18-1 연산 증폭기 회로기호

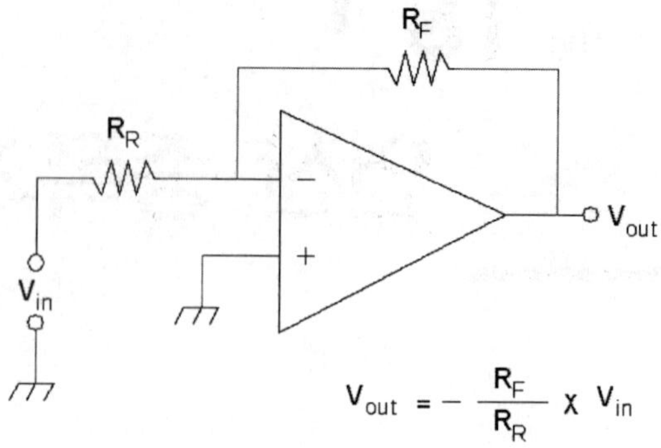

그림 18-2 부귀환 된 반전 연산증폭기

부귀환 제어

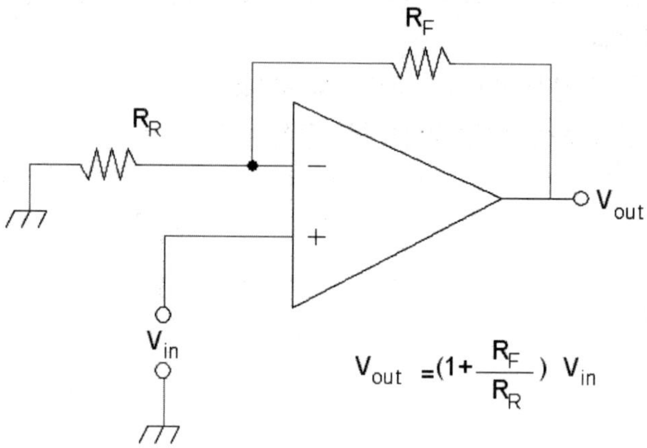

그림 18-3 비반전 연산 증폭기

그림 18-2는 연산 증폭기의 부귀환을 포함한 기본적인 회로를 나타내고 있다. 출력단자가 저항을 통해 반전 입력단자와 연결되어 있어 출력신호가 입력신호에 부귀환 된다. 입력신호는 반전 입력단자에 인가되므로 출력 신호는 반전되어 출력된다.

연산 증폭기에 그림 18-3과 같이 +입력단자에 신호를 입력함으로써, 비반전 증폭기로 동작시킬 수 있다. 이 경우에도 귀환 회로는 출력에서 저항을 통해 반전 입력단자에 연결된다.

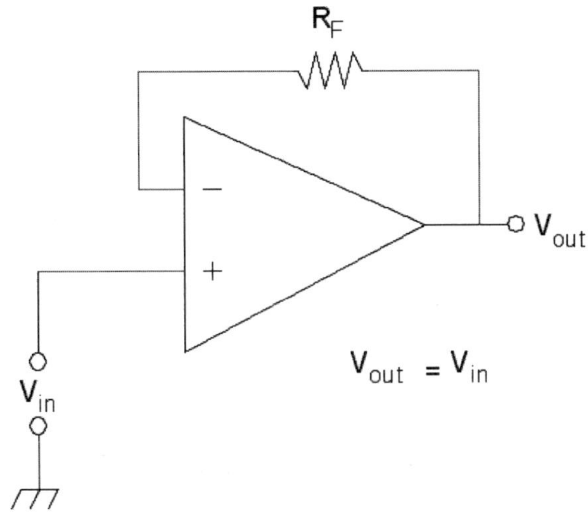

그림 18-4 전압 팔로워 연산 증폭기

연산 증폭기의 이득은 이상적인 연산증폭기의 특성인 무한 입력저항, 무한 전압이득, 0의 출력저항을 이용하면 쉽게 해석할 수 있다. 여기서 이득을 계산해 보면 그림 18-2의 회로에서 R_R에 흐르는 전류는 V_{in}/R_R이 되고 이 전류는 연산증폭기의 매우 큰 입력저항으로 인하여 R_F를 통해 모두 흐르게 된다. 매우 큰 전압이득으로 +입력과 −입력 전압은 거의 같게 되므로 출력전압은 식 (18-1)과 같이 결정된다.

$$V_{out} = -\frac{R_F}{R_R} V_{in} \qquad (18-1)$$

−기호는 출력이 입력에 대해 위상이 반전되었음을 의미한다.

그림 18-3의 비반전 증폭기인 경우에는, R_R에 흐르는 전류는 V_{in}/R_R이 되고 이 전류는 연산증폭기의 매우 큰 입력저항으로 인하여 R_R을 통해 −입력에서 접지로 모두 흐르게 된다. 이 전류는 R_F에 흘러 출력 전압을 결정한다. 매우 큰 전압이득으로 +입력과 −입력 전압은 거의 같게 된다. 따라서 출력 전압은 $V_{in}+(V_{in}/R_R)R_F$가 되어 식 (18-2)와 같이 된다.

$$V_{out} = \left(1+\frac{R_F}{R_R}\right) V_{in} \qquad (18-2)$$

식 (18-1)과 (18-2)의 식으로부터 출력전압은 귀환저항 R_F와 R_R의 비에 의해 결정됨을 알 수 있다. 그림 18-4는 비반전 전압팔로워로 사용되는 연산 증폭기의 회로도이다. 이 회로에서 $V_{in} = V_{out}$으로 이득이 1이기 때문에 단위이득 증폭기라고 한다.

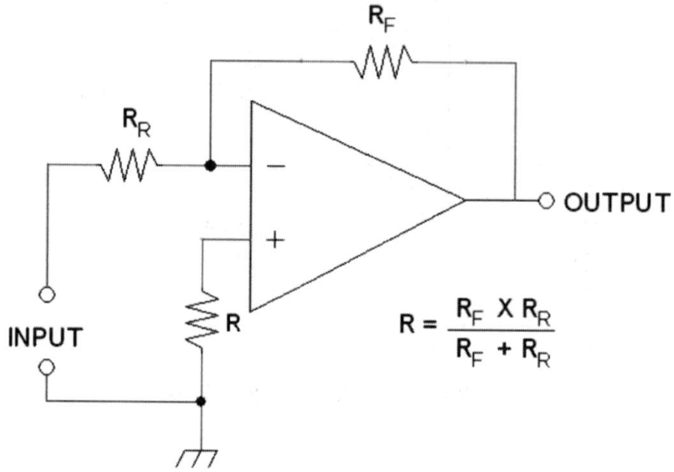

그림 18-5 입력 바이어스 전류에 의한 오차를 보상하기 위한 저항 R
반전과 비반전 입력의 입력저항을 같게 한다.

연산 증폭기의 입력 오차를 일으키는 하나의 요인은 바이어스 전류이다. 그림 18-5에서와 같이 이 오차는 비반전 입력단에 R_F와 R_R의 병렬 저항값에 해당하는 저항을 연결함으로써 해결된다. 반전 입력단자와 비반전 입력단자의 저항이 같아지면 바이어스 전류에 의한 저항에서의 전압강하가 같아져 바이어스 전류에 의한 입력 오차를 제거할 수 있다.

◎ 연산 증폭기를 이용한 가산기

그림 18-6은 연산 증폭기를 이용한 가산기이다. 여기서, $R_F = R_1 = R_2$이라면, 출력전압은 다음과 같다.

$$V_o = -(V_1 + V_2) \tag{18-3}$$

즉, 출력전압은 두 입력전압을 더한 결과에 –를 한 값과 같다. 만일, 하나의 입력이 반대 극성이라면 그림 18-6의 그 입력전압의 부호를 바꾸게 되어 뺀 것과 같게 된다. 예를 들어, $V_1 = +4\,\text{V}$, $V_2 = -2\,\text{V}$이면, $V_o = -(4-2) = -2\,\text{V}$가 된다. 출력전압은 R_F, R_1, R_2의 값을 사용한 입력의 비로 얻을 수 있다. 예를 들어, $R_F = 2R_1 = 4R_2$이라면,

$$V_o = -\left(\frac{R_F}{R_1}V_1 + \frac{R_F}{R_2}V_2\right) \tag{18-4}$$

$$V_o = -(2V_1 + 4V_2)$$

가 된다. 그림 18-6에서 입력을 더하면 여러 개의 입력을 갖는 가산기로 응용할 수 있다.

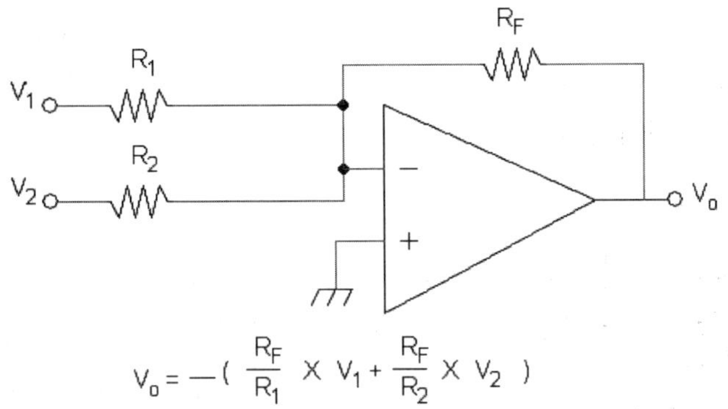

그림 18-6 연산 증폭기를 사용한 가산기

연산증폭기의 규격

연산증폭기의 제조회사는 회로도, 기본응용회로도, 연산증폭기의 규격 및 동작특성곡선을 제공한다. 본 실험에서 사용하는 741C 연산증폭기의 회로도는 그림 18-7 (a)와 같고, 18-7 (b)는 각 단자들을 보여주고 있다. 741 연산증폭기는 군사용(M, military)과 상업용(C, commercial) 두 종류로 나뉜다. 이 경우, 사용하는 패키지도 다르며 정격 또한 차이가 있다. 본 실험에서는 741C로 표기된 플라스틱 패키지로 된 상업용 연산 증폭기를 사용한다. 741C에 대한 제조회사의 최대 정격은 다음과 같다.

공급전압	±18 V
내부 소비전력	500 mW
차동 입력 전압	±30 V
동작온도	0~70℃

그러나 회로 설계시 아래의 정격에 대한 검토가 더 필요하다.

입력 바이어스 전류	800 nA
입력저항	0.3~2 mΩ
입력전압범위	±13 V(평균)
동상제거비($R_S \leq 10\,\mathrm{k}\Omega$)	90 dB(평균)
출력저항	75 Ω
출력 단락전류	25 mA
전원전류	2.8 mA(평균)
소비전력	85 mW(평균)
대신호전압이득($R_L \geq 2\,\mathrm{k}\Omega$, $V_{out} = \pm 10\,\mathrm{V}$)	15,000
출력전압변화폭($R_L \geq 2\,\mathrm{k}\Omega$)	±13 V

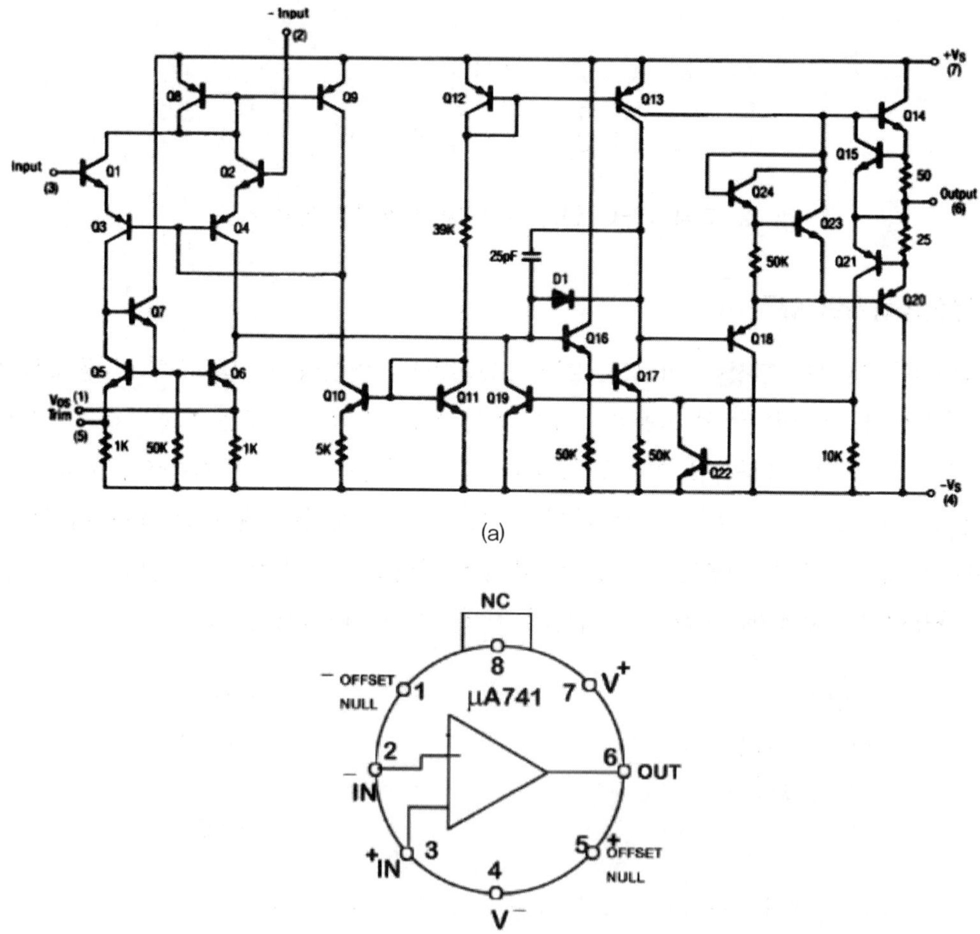

(a)

(b)

그림 18-7 (a)회로도, (b) 741C의 핀 배치도

요 약

1. 연산 증폭기는 직접결합 차동 증폭기로 주로 외부 귀환회로에 의해 이득을 제어한다.
2. 연산 증폭기는 반전입력(−)과 비반전입력(+)을 각각 갖는다.
3. 반전 증폭기(그림 18−2)에서, 귀환회로는 출력에서 반전(−) 입력단자로 연결되어 있다. 이 때 신호는 반전 입력단자에 가해진다.
4. 그림 18−2의 반전 증폭기의 출력은 다음과 같다. − 기호는 입력과 출력 사이에 180°의 위상차가 있음을 의미한다.

$$V_{out} = -\frac{R_F}{R_R} V_{in}$$

5. 그림 18−3의 비반전 증폭기에서 입력신호는 비반전 입력단자(+)로 인가되고, 귀환회로는 출력에서 반전 입력단자로 연결된다.
6. 그림 18−3의 비반전 증폭기의 출력은 다음과 같다.

$$V_{out} = \left(1 + \frac{R_F}{R_R}\right) V_{in}$$

7. 연산 증폭기를 이용하여 가산기를 만들 수 있다.
8. 반전증폭기에서 비반전 입력 단자에 R_R과 R_F의 병렬저항 값에 해당하는 저항을 연결함으로써, 바이어스 전류 오프셋을 보상할 수 있다.
9. 연산 증폭기의 회로도, 기본적인 도면 및 규격들은 제조회사가 제공한다.

나. 실험과정

실험 장비 및 재료

- 전원 : 가변 직류전압원
- 장비 : 오실로스코프, 디지털 멀티미터, 함수발생기
- 저항 : 10 kΩ, 0.5 W
- 반도체 소자 : 741C

연산 증폭기의 이득

1. $R_F = R_R = 10\,\text{k}\Omega$로 하여 그림 18-8과 같이 회로를 연결한다. 두 개의 공급전원을 각각 10 V, −10 V로 조정한 후, 오실로스코프를 연산 증폭기의 출력에 연결한다. 함수발생기를 정현파 1 kHz로 하고, 출력을 0이 되도록 조정한다.
2. 스위치 S_1과 S_2를 닫는다.
3. 파형이 찌그러지기 직전까지 함수발생기의 출력을 점차적으로 증가시킨다. 출력신호 전압의 첨두-첨두값을 측정하여 표 18-1에 기록한다. 이 값이 회로에 사용된 귀환저항에 대해 찌그러짐이 없는 최대전압이 된다.
4. 오실로스코프를 사용하여 증폭기의 입력신호 v_{in}을 측정하여 표 18-1에 기록한다.
5. 증폭기의 이득(v_{out}/v_{in})을 계산하여 기록한다.
6. 입력과 출력신호의 위상을 비교하여, 동위상인지 혹은 180°의 위상차가 있는지를 표 18-1에 기록한다.
7. 신호 발생기의 출력을 0으로 줄인다.
8. 표 18-1의 여러 가지 R_R값에 대해 실험과정 3에서 7번까지를 반복한다. 저항 decade box를 이용하여 R_R를 설정한다.

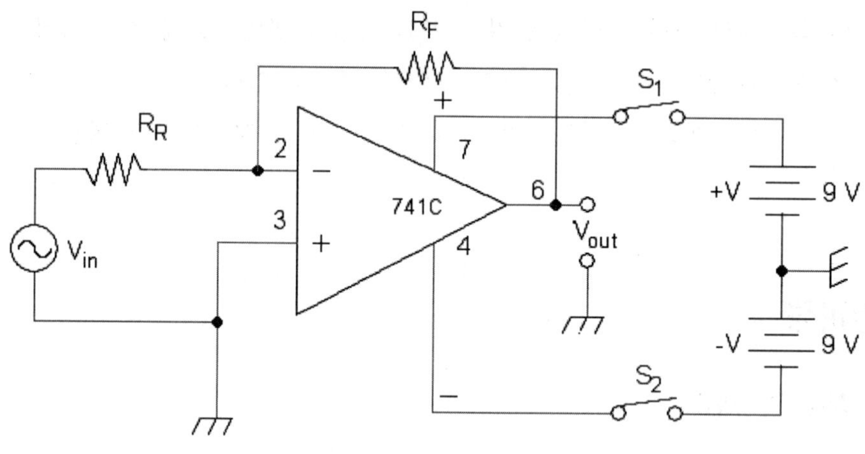

그림 18-8 반전 증폭기의 실험회로

표 18-1 반전 연산 증폭기의 이득

$R_F\,[\Omega]$	$R_R\,[\Omega]$	V_{p-p}		이득(v_{out}/v_{in})	위상
		출력	입력		
10 k	10 k				
	4.7 k				
	3.3 k				
	2.2 k				
	20 k				
	30 k				

비반전 증폭기

9. 스위치 S_1과 S_2를 연다.
10. 그림 18-9와 같이 회로를 변경한다. 전원공급은 그림 18-8과 동일하게 10 V 그대로 둔다. 함수발생기를 정현파 1 kHz, 0 V로 한다.
11. 스위치 S_1과 S_2를 닫는다. 각 R_R, R_F값에 대해 표 18-2의 각 칸을 표 18-1과 같은 방법으로 기재한다.

표 18-2 비반전 연산 증폭기

$R_F\,[\Omega]$	$R_R\,[\Omega]$	V_{p-p}		이득(v_{out}/v_{in})	위상
		출력	입력		
10 k	10 k				
	4.7 k				
	3.3 k				
	2.2 k				
	20 k				
	30 k				

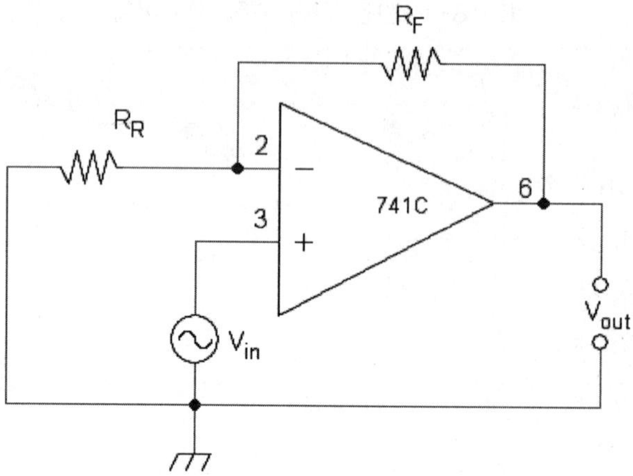

그림 18-9 비반전 증폭기의 실험회로

반전 가산기

12. 스위치 S_1과 S_2를 닫는다. 전원공급은 그림 18-8와 같이 연결하고, 10 V로 한다. $R_F = R_1 = R_2 = 10\,\text{k}\Omega$로 하고, 그림 18-10와 같이 실험회로를 변경한다. V_1, V_2는 다른 가변 직류전압원을 사용한다.
13. S_1, S_2을 닫고 S_3, S_4는 연 상태에서 V_1, V_{out}를 측정하여 표 18-3에 기록한다.
14. S_3을 열고, S_4는 닫은 태에서 13번 과정을 반복한다.
15. S_3, S_4을 닫고, V_{out}과 V_{in}을 측정하여 기록한다.
16. V_1의 극성을 반대로 한다. S_3, S_4를 닫은 상태에서, V_{out} V_{in}을 측정하여 기록한다.

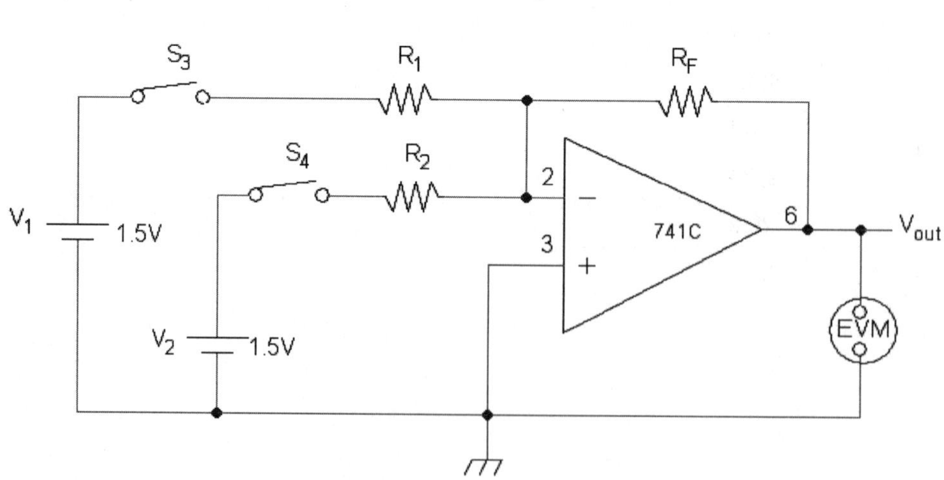

그림 18-10 가산기의 실험회로

17. V_1의 극성을 정상으로 한다. 두 개의 1.5 V 입력에 대해, 대략 $v_{out} = -4.5$ V가 되도록 그림 18-10의 R_1 또는 R_2 저항을 수정한다. 저항값과 V_1, V_2의 극성을 기록한다. 출력전압을 측정하여 별도의 표에 기록한다.
18. 두 개의 1.5 V 입력에 대해, 대략 $v_{out} = +1.5$ V가 되도록, 가산기의 회로의 저항과 전압의 극성을 수정한다. 수정한 저항 값과 V_1, V_2의 극성을 기록한다.
19. 반전 증폭기에서 신호가 찌그러짐이 없는 증폭기의 이득은 얼마인가를 실험적으로 결정한다. 이때의 최대 전압과 이득을 기록한다.

표 18-3 연산 증폭기를 이용한 가산기

조건		입력 극성		V_{in} [V]		V_{out} [V]
S_3	S_4	V_1	V_2	V_1	V_2	
ON	OFF	+	×		×	
OFF	ON	×	+	×		
ON	ON	+	+			
ON	ON	−	+			

다. 검토 사항

1. 연산 증폭기의 찌그러짐이 없는 최대 정현파 출력은 증폭기의 이득에 따라 달라지는가? 실험데이터를 이용하여 대답하시오.
2. 연산 증폭기의 실험에서 반전, 비반전 증폭기의 입력과 출력전압의 위상에 어떤 관계가 있는가를 설명하시오.
3. 반전 증폭기의 회로에서 전압이득을 R_R과 R_F 저항 사이의 관계를 이용하여 설명하시오.
4. 표 18-2의 비반전 증폭기의 이득을 R_R과 R_F 저항 사이의 관계를 이용하여 설명하시오.
5. 가산기를 감산기로 동작하도록 하기 위해 어떻게 하면 되는가?
6. 연산증폭기에서 바이어스 전류란 무엇인가?

실험 19

연산 증폭기의 특성

실험목표

1. 입력 바이어스 전류에 대하여 측정한다.
2. 출력 오프셋 전압을 측정하고, 0으로 하기 위한 방법을 알아본다.
3. 741 연산 증폭기의 슬루율(slew rate)을 계산한다.
4. 전압-대역폭의 효과를 관찰한다.

가. 기본 내용

그림 19-1은 741 연산 증폭기의 간략화 된 회로도이다.

입력단

Q_1과 Q_2는 차동 증폭기이다. 이 차동 증폭기는 실험 17에서 설명한 바와 같이, 정전류원으로 동작하는 Q_{14}에 의해 바이어스된다. 이 차동 증폭기는 Q_3과 Q_4가 포함된 능동부하(active load)를 구동시킨다. 입력신호 V_{in}은 증폭되어 Q_5의 베이스에 인가된다.

둘째 단 및 셋째 단

이미터 팔로워인 Q_5는 둘째 단으로써, 셋째 단인 Q_6의 입력 임피던스를 β배만큼 증가시키는 일을 한다. 트랜지스터 Q_6은 출력 단의 구동기로서 동작한다.

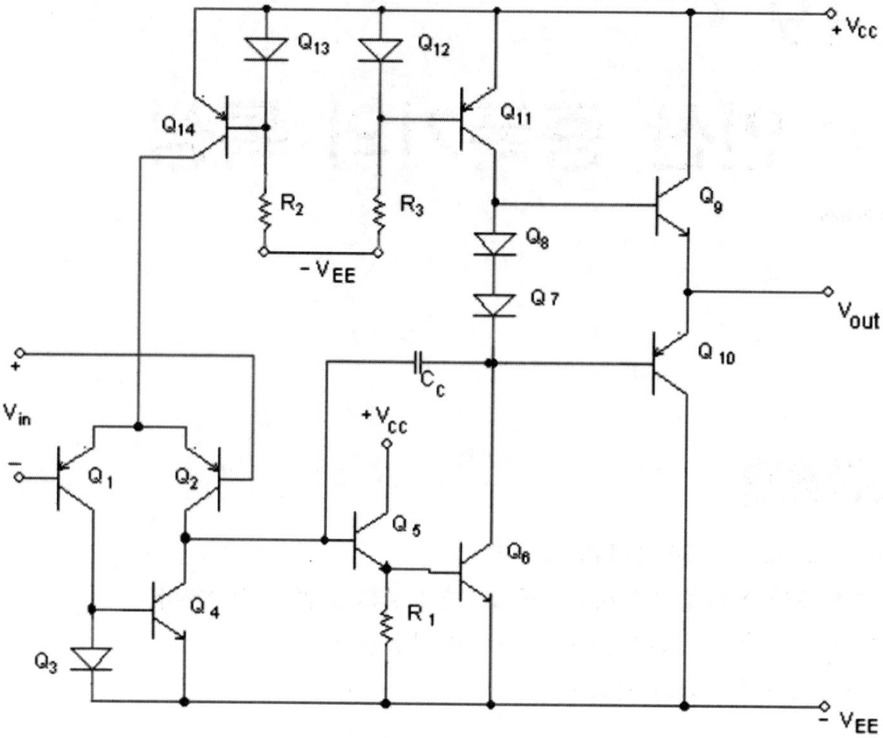

그림 19-1 741 표준 연산 증폭기의 간략화 된 회로도

출력단

마지막 단은 B급 푸시풀 이미터 팔로워이다(Q_9와 Q_{10}). 양전원과 음전원의 크기가 같은 분리전원이기 때문에, 입력이 무신호 시 출력은 이상적으로 0이 된다. Q_{11}은 낮은 컷인 전류를 흘려 크로스오버(crossover) 왜곡을 제거하기 위한 바이어스회로 이다. 다이오드 Q_7과 Q_8은 보상용 다이오드로서, Q_9와 Q_{10}의 베이스-이미터 다이오드곡선에 정합되는 I-V 특성곡선을 갖는다. 이 다이오드들은 온도 변화에 의해 무부하 시 전류가 위험한 수준에 이르지 않도록 보상해주는 역할을 한다.

보상 커패시터

C_C를 보상용 커패시터라고 한다. 보통 수십 pF의 값을 갖는 이 커패시터는 주파수 응답특성과 관계가 있으며, 폴-제로 분리를 통해 불필요한 발진을 막는 역할을 한다.

능동부하

지금까지 공통 이미터 단은 주로 저항이나 변압기의 1차단 등과 같은 수동부하를 사용하였다. 그림 19-1에서 능동부하(Q_{11})를 구동하는 공통 이미터 단(Q_6)을 볼 수 있다. 이상적인 경우 Q_{11}은 정전류원으로 동작하기 때문에, 교류 임피던스는 무한대에 가깝다. Q_6에서 출력되는 전류는 최종 출력단 트랜지스터(Q_9, Q_{10})로 유입된다. 트랜지스터의 능동부하는 칩 안에 저항을 구현하는 것 보다 트랜지스터를 구현하는 것이 쉽고, 작은 면적을 차지하기 때문에 집적회로에서는 일반화되어있다. 금속산화물(MOS) 디지털 집적회로 분야에서는 거의 모두 능동부하를 사용한다.

입력 바이어스전류

그림 19-1의 연산 증폭기는 IC 패키지 안에 있는 것과 동일한 것이다. 동작시키기 위해서는 V_{CC}와 $-V_{EE}$에 전원을 연결해야 한다. 그러나 이것 외에 입력 베이스 단자에 직류전원을 연결해야 한다. 즉 전원 공급장치의 다른 단이 접지에 연결되어 있기 때문에, Q_1과 Q_2의 베이스 전류가 접지로 흐르도록 해야 완전한 회로가 된다. 입력측에 접속된 외부저항의 크기를 같게 함으로써, 베이스에 흐르는 전류가 거의 같게 할 수 있다. 그러나 반드시 똑같게 할 필요는 없다. 외부저항을 통해 입력되는 베이스전류의 크기가 약간 차이가 있을 경우 작은 전압차가 생긴다. 이 작은 입력신호가 증폭을 하게 되면 출력 오프셋전압을 발생시킨다. IC의 데이터 시트에 나타난 입력 바이어스 전류값은 두 입력 베이스전류의 평균값을 나타내므로, 이 값을 보면 각 입력단자의 대략적인 바이어스 전류를 알 수 있다. 입력 바이어스전류가 작으면 작을수록 입력의 전압차 가능성은 적어진다. 741은 최악의 경우에 입력 바이어스전류가 수 백 nA가 되므로, 대부분의 응용분야에서 문제가 되지 않는다. 그러나 이 정도도 문제되는 중요한 분야에서는 입력바이어스전류가 낮은 연산 증폭기를 사용하면 된다.

입력 오프셋전류

입력 오프셋전류는 두 입력단자에 흐르는 전류의 차이이다. 이 값은 한 입력단자에 다른 입력보다 얼마나 더 큰 전류가 흐르는가를 알 수 있는 값이 된다. 741에서는 최악의 경우 20 nA가 된다. 즉 한쪽 베이스에 다른 쪽보다 20 nA 만큼의 전류가 더 흐른다는 것을 의미한다. 입력 오프셋전류가 적으면 적을수록 더 좋은 연산 증폭기가 된다.

입력 오프셋전압

이상적인 경우에는 반전입력과 비반전입력 사이의 전압차가 0인 경우, 출력 역시 0이 되어야 한다. 그러나 실제로는 출력에 약간의 오프셋전압 혹은 불균형이 발생한다. 이 같은 출력의 오프셋은 칩 내부의 소자의 불일치, 허용오차 등에 의해 발생한다. 입력바이어스 전류의 효과를 줄이기 위해 반전입력과 비반전입력을 단락시킨 경우라도 출력은 결코 0의 값이 출력되지 않는다.

입력 오프셋전압이란 출력전압을 0으로 만들기 위한 반전입력과 비반전 입력단자 사이에 가하는 전압차를 말한다. 예를 들어 741인 경우 최대 5 mV의 입력 오프셋전압을 가질 수 있다. 즉, 입력신호가 없는 경우, 5 mV 보다 적은 전압차를 인가함으로써 출력전압을 정확히 0으로 할 수 있음을 의미한다.

공통모드 제거비(common mode rejection ratio, CMRR)는 차동 증폭기에서 정의하였고, 실험 17에서 언급한 바와 같이 다음 식으로 표현된다.

$$\mathrm{CMRR} = \frac{A_{DM}}{A_{CM}} \tag{19-1}$$

741의 CMRR 값은 대략 50,000이 된다. 따라서, 같은 크기의 공통 모드와 차동모드 신호를 인가하면, 공통 모드신호는 차동모드신호보다 대략 50,000배만큼 작은 값이 출력 된다.

전원잡음, 리플(ripple) 및 유도잡음 등과 같은 간섭들은 연산 증폭기에서 공통모드 신호로 구동된다. 따라서 차동모드로 연산 증폭기를 구동시키면 관심의 신호에 대하여 이 같은 잡음들의 증폭은 매우 작은 값이 된다.

슬루율

연산 증폭기의 교류동작에 영향을 미치는 여러 가지 특성들 중에서, 슬루율이 가장 중요하다. 그 이유는 큰 신호 동작시 가장 중요한 제한요소가 되기 때문이다. 슬루율은 출력전압이 단위 마이크로초당 변할 수 있는 최대 변화율이다. 예를 들어 741은 평균적으로 매 마이크로초당 0.5 V의 슬루율을 갖는다. 이것은 일반적인 741의 최대속도가 된다. 따라서 출력전압은 0.5 V/μs 이하의 속도로 동작할 수 있다. 만일 741에 대신호의 계단파를 입력하면, 출력은 그림 19-2에서 보는 바와 같이 선형적으로 증가한다. 즉, 출력전압이 0 V에서 10 V로 변하는데 약 20 μs가 걸린다. 일반적으로 741의 출력을 이

보다 빠르게 동작하도록 하는 일은 불가능하다. 그림 19-1의 보상 커패시터 C_C는 느린 슬루율의 원인이 된다. 이는 전압이 증가하기 위해 C_C가 충전되어야 하기 때문이다.

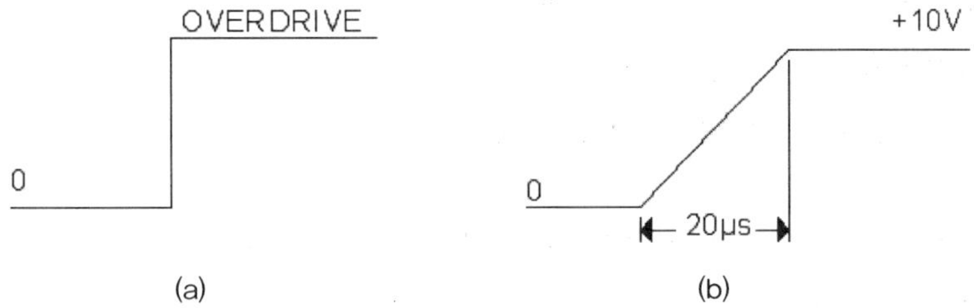

그림 19-2 계단파 구동에 대한 슬루율 제한

정현파도 슬루율에 의해 제한된다. 그림 19-3 (a)는 10 V 최대값을 갖는 정현파이다. 정현파의 초기 기울기가 슬루율 S_R보다 작거나 같은 경우에는 슬루율에 의한 제한이 발생하지 않는다. 그러나 정현파의 초기 기울기가 S_R보다 큰 경우에는, 그림 19-3 (b)에서 보는 바와 같이 슬루율에 의한 왜곡이 생긴다. 출력은 삼각형 모양이 되는데, 주파수가 높아질수록 파형의 변화폭은 더 작아지고, 점점 더 삼각형에 가까운 모양의 파형이 출력된다.

대역폭

정현파의 슬루율 왜곡현상은 정현파의 초기 기울기가 연산 증폭기의 슬루율과 같아지는 점에서 시작된다. 연산 증폭기의 출력이 왜곡없이 동작할 수 있는 최대 주파수는 다음 식과 같다.

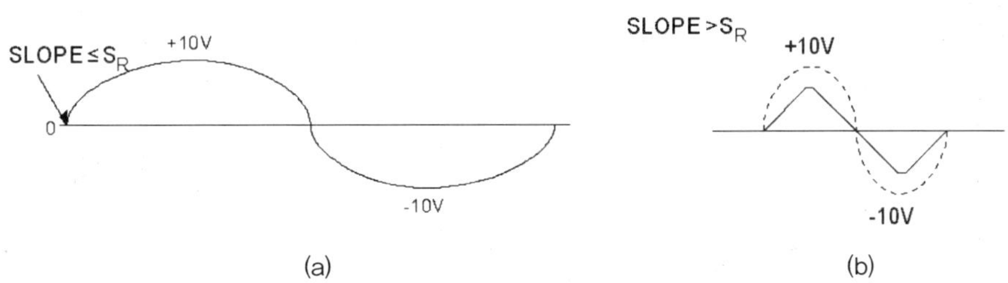

그림 19-3 정현파의 슬루율 왜곡

$$f_{max} = \frac{S_R}{2\pi V_p} \tag{19-2}$$

여기서 f_{max} : 왜곡없이 동작하는 최대 주파수

S_R : 연산증폭기의 슬루율

V_P : 출력정현파의 최대 전압 이다.

예를 들어, 출력정현파의 최대 전압이 5 V이고 연산 증폭기의 슬루율이 0.5 V/μs라면, 대신호 최대 동작주파수는 $f_{max} = 4\,\text{kHz}$가 된다.

주파수 f_{max}를 연산 증폭기의 대역폭이라고 한다. 741의 5 V 대역폭은 약 4 kHz인 것을 위에서 알 수 있다. 동일한 최대 전압에 대해 더 높은 주파수로 증폭하는 경우에는 슬루율에 의한 왜곡현상이 발생된다.

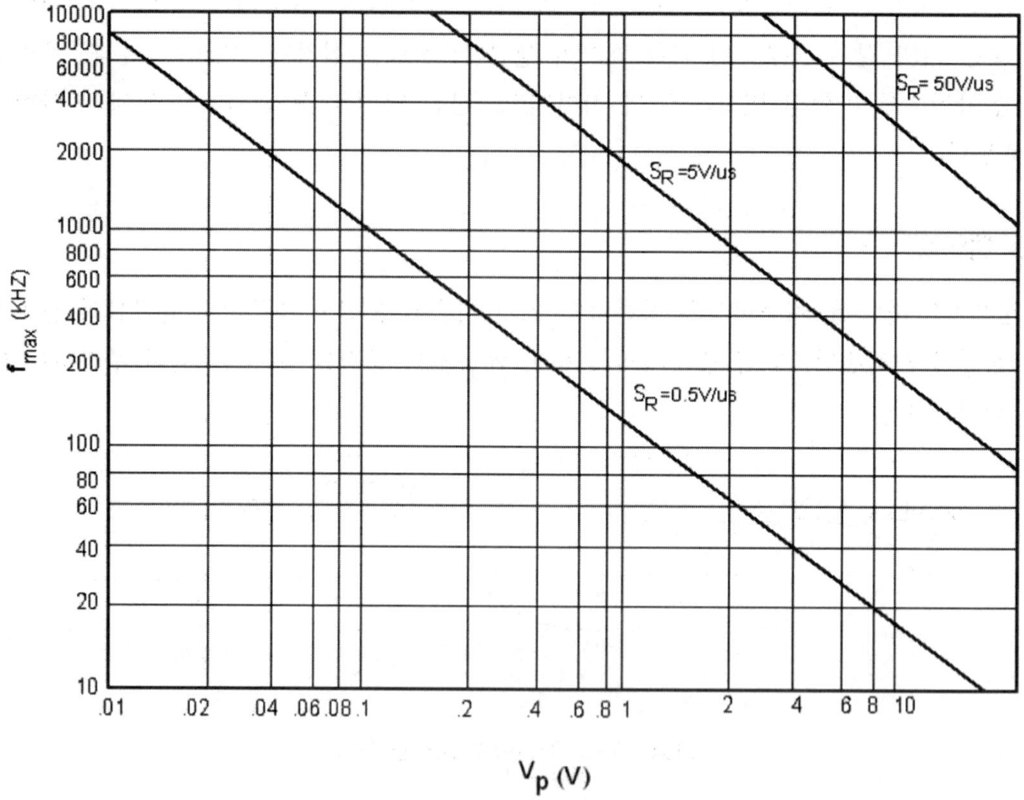

그림 19-4 대역과 진폭의 상관관계

대역과 진폭의 상관관계

대역폭을 증가시키는 방법의 하나는 더 낮은 최대전압을 사용하면 된다. 그림 19-4는 세 가지 슬루율에 대해 식 (19-2)를 이용하여 작성된 그래프이다. 해당 주파수의 진폭을 줄여서 대역폭을 개선할 수 있다. 예를 들어, 1 V의 최대 진폭이면 충분한 응용분야라면, 741의 대역폭은 80 kHz까지로 할 수 있다(맨 아래 커브). 연산 증폭기의 슬루율이 50 V/μs(맨 위 커브)인 경우에는, 10 V에서 대역폭은 800 kHz가 되고, 1 V에서 대역폭은 8 MHz가 된다.

요 약

1. 741의 첫째 단은 차동 증폭기이다.
2. 741의 출력단은 B급 푸시풀 이미터 팔로워이다. 다이오드에 의해 Vbe를 turn-on 시키는 작은 바이어스전류는 크로스오버 왜곡을 없애준다.
3. 741에서는 능동부하를 사용하는데, 이것은 저항 대신에 트랜지스터를 부하로 사용하는 것을 말한다.
4. 연산 증폭기 내부에 있는 보상 콘덴서는 주파수 응답특성을 제한하며, 발진을 방지하는 역할을 한다.
5. 입력 바이어스전류는 무신호시에 연산 증폭기 입력단에서 두 베이스전류의 평균값을 의미한다.
6. 입력 오프셋전류는 두 베이스전류의 차이이다.
7. 입력 오프셋전압이란 입력전압이 0일 때 출력전압을 0으로 하기 위한 입력측의 필요전압이다.
8. 공통 모드제거비(CMRR)란 연산 증폭기의 공통 모드 전압이득에 대한 차동 모드 전압이득의 비를 말한다.
9. 슬루율은 출력전압이 변화할 수 있는 최대 비율을 말하며, 741인 경우는 평균 0.5 V/μs의 슬루율을 갖는다.
10. 연산 증폭기의 대역폭이란 그 증폭기가 처리할 수 있는 최대 무왜곡 주파수를 의미한다. 이 값은 슬루율에 비례하고 진폭에 반비례한다.
11. 보통의 741은 10 V의 8 kHz 대역폭을 갖는다. 이 대역폭을 증가시키는 방법은 출력신호의 진폭을 작게 하거나 높은 슬루율을 갖는 연산 증폭기를 사용하는 것이다.

나. 실험과정

실험 장비 및 재료

- 전원공급장치 : 가변 직류전압원
- 측정장비 : 오실로스코프, 함수발생기, DVM
- 저항 : 0.5W 100 Ω, 1 kΩ, 10 kΩ, 100 kΩ, 220 kΩ
- 연산 증폭기 : 741C 3개
- 기타 : 가변저항 10 kΩ, 커패시터 10 μF

입력 바이어스 전류

1. 그림 19-5 (a)의 회로를 연결한다.
2. 연산 증폭기의 반전 입력단자에 오실로스코프의 수직 입력단자를 연결한다(지나친 리플이나 잡음이 있는 경우에는 그림 19-5 (b)와 같은 여파기를 삽입한다. 이 여파기는 직류는 통과시키고 교류는 막는 일을 한다). 표 19-1에 직류전압을 기록한다.
3. 점 A를 비반전입력에 연결한다. 직류전압을 표 19-1에 기록한다.
4. 다른 두 741C로 연산 증폭기를 교체한 후, 2번과 3번 실험과정을 반복한다.
5. 표 19-1의 데이터를 사용하여, 첫 번째 연산 증폭기의 입력전류를 계산한다. 이 두 전류의 평균을 구하여 표 19-2에 기록한다(이 값이 '입력 바이어스전류' 값이 된다).
6. 둘째와 세 번째 연산 증폭기에 대해 5번 계산을 반복한다.

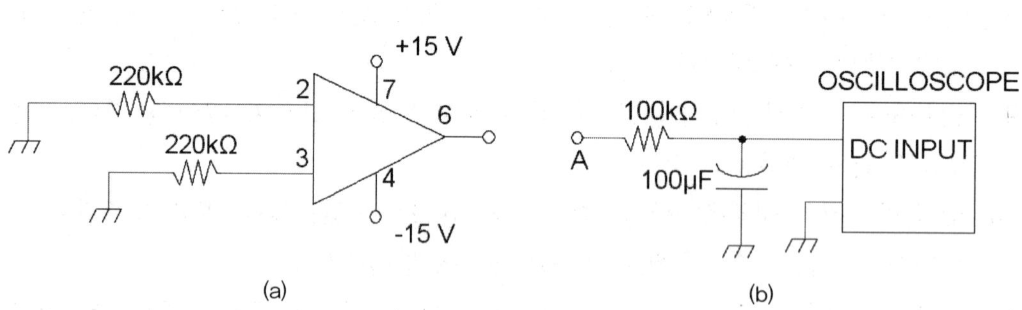

그림 19-5 입력 바이어스전류를 측정하기 위한 실험회로

표 19-1 직류전압

	반전입력	비반전
첫째 741C		
둘째 741C		
셋째 741C		

표 19-2 바이어스전류의 계산

	입력바이어스 전류
첫째 741C	
둘째 741C	
셋째 741C	

◎ 출력 오프셋 전압

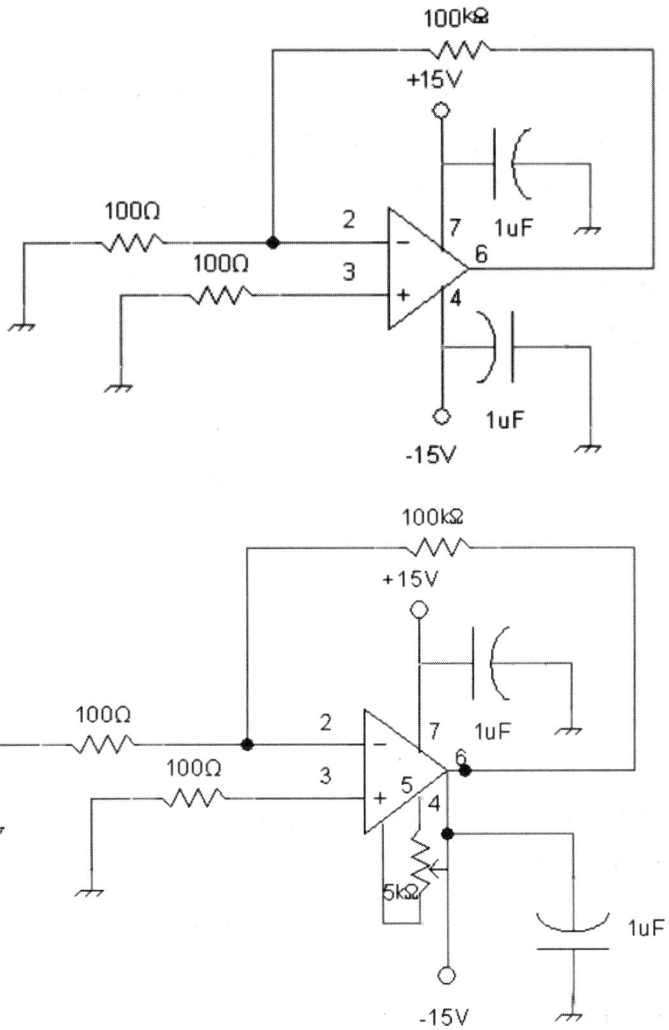

그림 19-6 입력 오프셋전압을 측정하기 위한 회로

7. 그림 19-6 (a)의 회로를 연결한다. 직류전류 전압(6번 핀)을 측정하여 표 19-3에 기록한다.
8. 둘째와 세 번째 연산 증폭기에 대해 7번 실험을 반복한다.
9. 전압이득은 대략 귀환저장과 입력저항의 비가 된다. 따라서, 그림 19-6(a)에서는 전압이득이 1000 정도 된다. 표 19-3의 출력전압을 가지고, 다음 식을 이용하여 입력 오프셋전압을 계산하라.

$$V_{in} = \frac{V_{out}}{1000} \tag{19-3}$$

표 19-3에 입력 오프셋전압을 기록한다.

10. 10 kΩ의 가변저항을 그림 19-6 (b)와 같이 회로에 연결한다. 오실로스코프를 사용하여 출력전압(6번 핀)을 관찰한다. 출력 오프셋전압이 0이 되도록 가변저항을 조정한다(이것이 출력 오프셋전압을 없애는 방법이다).

표 19-3 오프셋전압

	입력	출력
첫째 741C		
둘째 741C		
셋째 741C		

표 19-4 슬루율

	슬루율
첫째 741C	
둘째 741C	
셋째 741C	

슬루율

11. 그림 19-7의 회로를 연결한다.
12. 오실로스코프를 사용하여 연산 증폭기의 출력(6번 핀)을 관찰한다. 함수발생기를 10 kHz로 설정하여, 연산 증폭기를 초과구동 할 수 있도록 출력 신호 레벨을 조정한다. 오실로스코프의 시간/구간을 조정을 하여 그림 19-7 (b)와 같이 두 주기가 화면에 나오도록 한다.
13. 파형의 전압변화분 ΔV와 시간변화분 ΔT를 측정한다[그림 19-7 (b)]. 표 19-4에 결과를 기록한다.
14. 다른 741C에 대해 12번 실험과정을 반복한다.
15. 다음 식을 사용하여 슬루율을 계산한다.

$$S_R = \frac{\Delta V}{\Delta T} \qquad (19-4)$$

표 19-4에 슬루율을 기록한다.

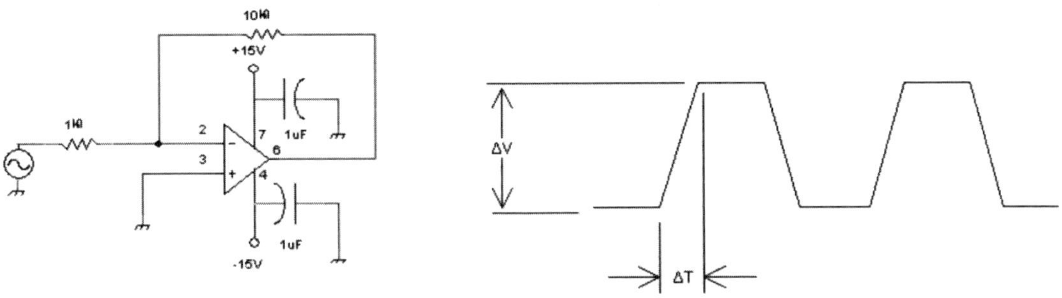

(a) (b)

그림 19-7 (a) 슬루율의 측정, (b) 기본적인 파형

대역폭

16. 그림 19-7 (a) 회로를 사용하고, 함수발생기의 주파수를 1 kHz로 조정한다. 신호 레벨은 연산 증폭기의 출력이 20 V_{pp}가 되도록 조정한다.
17. 주파수를 증가시키면서 파형을 관찰한다. 10 kHz 이상 부근에서 파형이 삼각형 모양으로 바뀌고 진폭이 작아지는 슬루율 왜곡현상을 확인할 수 있을 것이다. 이런 현상이 나타나기 시작한 주파수는 얼마인가? 이 값이 바로 그 연산 증폭기의 사용대역폭이다.

다. 검토 사항

1. 슬루율이 2 V/μs인 연산 증폭기가 있다. 대신호입력이 이 연산 증폭기를 구동시킬 경우에, 출력이 −10에서 +10V로 변하는데 걸리는 시간은 얼마인가?
2. 슬루율이 5V/μs인 연산 증폭기의 10 V 대역폭은 얼마인가?
3. 표 19-2에서 가장 큰 입력 바이어스전류를 사용하면, 이 전류로 인해 그림 19-6의 100 Ω 양단에 걸리는 전압은 대략 얼마인가?
4. 본 실험에서 사용된 3개의 741C의 최대전압 10 V의 대역폭을 계산하라.
5. 본 실험에서 사용된 3개의 741C의 최대전압 0.5 V의 대역폭을 계산하라.

실험 20

부귀환

실험목표

1. 부귀환에 의한 폐회로의 전압이득을 측정한다.
2. 이득-대역폭 곱을 계산한다.

가. 기본 내용

귀환시스템에서는, 출력의 일부를 추출하여 입력으로 보낸다. 이 귀환된 신호는 원래의 입력신호와 결합하여 시스템 성능에 변화를 일으킨다. 부귀환이란 귀환되는 신호가 원래의 입력신호와 반대되는 위상을 갖는 것을 의미한다. 부귀환은 이득을 안정화하고 입력과 출력 임피던스를 개선하며 대역폭을 증가시키는 등의 장점이 있다.

기본 개념

부귀환이 이득을 안정화시키는 동작을 설명해보자. 소자들 간의 값의 변동, 온도 변화 등의 이유로 증폭기의 전압이득 [A]이 증가한다고 가정하면, 출력전압 역시 증가할 것이다. 따라서 더 큰 부귀환 전압이 입력에 인가된다. 부귀환의 경우, 입력전압에서 이 귀환전압을 빼게 되므로, 결국 증폭기이득 A의 증가를 상쇄하여 출력이 줄어들게 된다. 결국 출력은 거의 증가하지 않는다.

증폭기의 이득 A가 줄어드는 경우에도 같은 설명을 할 수 있다. 어떤 이유로 인해 A가 줄어들면, 출력전압 역시 줄어들게 된다. 이것은 부귀환 전압을 작게 하여, 입력의 변화는 거의 없게 되고 결국 출력전압은 매우 작은 감쇠만 일으키게 된다. A의 감소를 거의 상쇄하게 됨을 볼 수 있다.

부귀환의 전압이득

부귀환 증폭기에서 다음과 같은 폐회로(closed-loop) 전압이득을 얻을 수 있다.

$$\frac{v_{out}}{v_{in}} = \frac{A}{1+AB} \tag{20-1}$$

여기서 A는 증폭기의 개회로(open-loop)이득이고, B는 귀환율로 출력이 입력에 귀환되는 비율이다. 부귀환이 더 효과적이기 위해서는, AB는 1보다 훨씬 커야 된다. 이 같은 조건이 만족되면, 식 (20-1)은 다음과 같다.

$$\frac{v_{out}}{v_{in}} = \frac{1}{B} \tag{20-2}$$

이 결과는 매우 중요한데, 그 이유는 전체 증폭기의 전압이득은 온도나 트랜지스터 간의 변동에 따라 변하는 내부이득 A에 대하여 독립적이라는 사실이다. 대신 전체이득은 B의 값에만 의존하게 되고 B를 결정하는 귀환회로는 일반적으로 저항을 사용한 저항회로이며 보통 B는 저항의 비에 의해 결정되어 매우 안정되고 정확한 값이 된다. 따라서 부귀환 회로의 전압이득은 $1/B$에 해당하는 고정된 값이 된다. 예를 들어 $B=0.1$이면 전체이득은 10이 된다.

개회로이득과 폐회로이득

증폭기의 내부이득 A를 개회로이득이라고 하는데, 그 이유는 귀환회로가 없을 때 이득이기 때문이다. 반면에, 귀환이 있는 경우의 이득을 폐회로이득이라 하는데, 이것은 귀환이 있어 폐회로를 형성할 때의 이득이기 때문이다. 따라서 식 (20-1)과 (20-2)를 다음과 같이 표현할 수 있다.

$$A_{CL} = \frac{A_{OL}}{1+A_{OL}B} \tag{20-3}$$

$$A_{CL} = \frac{1}{B} \quad A_{OL}\,B \gg 1) \tag{20-4}$$

여기서 A_{CL}은 폐회로이득, A_{OL}은 개회로이득이라 한다.

입력과 출력 임피던스

부귀환은 또한 입력, 출력 임피던스에 영향을 미친다. 비반전 증폭기의 입력 임피던스는 다음과 같다.

$$z_{in(CL)} = \frac{A_{OL}}{A_{CL}} z_{in(OL)} \tag{20-5}$$

이것은 입력 임피던스가 A_{OL}/A_{CL}의 비로 증가한다는 것을 의미한다. 예를 들어 증폭기의 입력 임피던스가 10 kΩ이고, A_{OL}/A_{CL}이 10이라면,

$$z_{in}(CL) = 10 \times 10\ \mathrm{k\Omega} = 100\ \mathrm{k\Omega}$$

이 된다. 부귀환은 비반전 증폭기의 출력 임피던스에 또 다른 효과를 미친다. 다음과 같은 식을 얻을 수 있다.

$$z_{out CL)} = \frac{z_{out(OL)}}{A_{OL}/A_{CL}} \tag{20-6}$$

이 식으로부터 부귀환은 출력 임피던스를 A_{OL}/A_{CL}비로 감소시킨다는 것을 알 수 있다. 예를 들어, 증폭기의 출력이 100 Ω의 출력 임피던스를 가지고 있고, A_{OL}/A_{CL}의 값이 10이라면,

$$z_{out(CL)} = \frac{100\ \Omega}{10} = 10\ \Omega$$

이 된다.

비반전 연산 증폭기

그림 20-1은 연산 증폭기를 사용한 비반전 부귀환 증폭기이다. 입력신호는 연산 증폭기의 비반전 입력에 인가되고, 연산 증폭기의 개회로 이득은 A_{OL}(약 10^5)이다. 외부저항 R_1과 R_2는 귀환소자로서 전압분배회로이다.

귀환전압은 반전입력에 인가되므로, 입력전압과 위상이 반대가 된다. 즉 부귀환이 걸리게 된다. 입력으로 귀환되는 출력전압의 비는

$$B = \frac{R_1}{R_1 + R_2}$$

가 된다. 따라서, 폐회로이득은 대략,

$$A_{CL} = \frac{1}{B} = \frac{R_1 + R_2}{R_1}$$

이 되며, 일반적으로 다음 식으로 표현한다.

$$A_{CL} = \frac{R_2}{R_1} + 1 \qquad (20-7)$$

이 식으로부터 폐회로의 이득은 귀환저항의 비에만 의존하는 것을 알 수 있다. 저항을 사용함으로써 정밀한 폐회로이득을 얻을 수 있다. 온도변화나 연산 증폭기를 바꾼 경우에도 안정된 폐회로이득을 얻을 수 있다.

식 (20-3)이 식 (20-4)의 0.99배 이상이 되기 위한 조건에서 $A_{ol} \cdot B > 99$임을 알 수 있다. 따라서 식 (20-7)의 이득이 1% 내의 정밀도를 갖기 위해서는, 개회로이득은 폐회로 이득보다 적어도 100배 이상이 되어야 한다. 즉, $A_{OL}/A_{CL} > 100$. 예를 들어 741C는 약 100,000 이상의 개회로이득을 갖는데, 이 경우, 폐회로이득이 1000 이내이면 식 (20-7)은 1% 이내의 정확성을 갖는다.

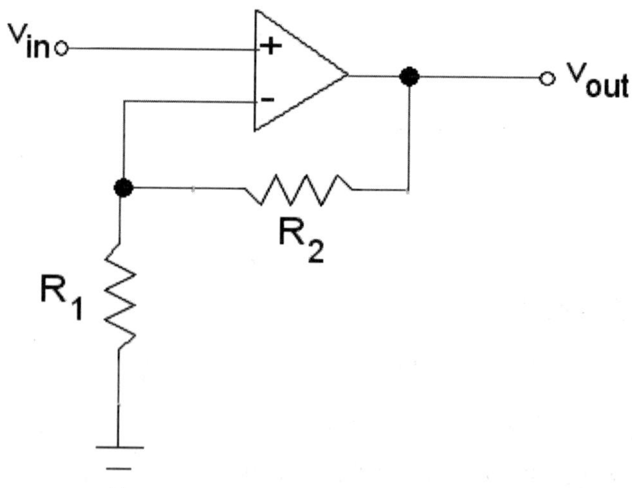

그림 20-1 부귀환을 가진 비반전 연산 증폭기

상한 차단주파수

연산증폭기는 직접 결합 다단증폭기로 하한 차단주파수는 없다. 그러나 개회로 상한 차단주파수(f_{OL})는 존재한다. 입력주파수가 증가하여 내부 차단주파수 f_{OL}이 되면 개회로이득은 최대값의 0.707배가 된다. 부귀환의 경우, 증가된 주파수에서 이득이 감소하여 작은 음의 출력전압이 입력에 귀환되기 때문에 입력이 감소하여 결국 폐회로 이득은 거의 줄어들지 않게 된다. 입력주파수를 더욱 증가시키면, 개회로 이득은 폐회로이득과 같아질 때까지 감소하게 된다. 이때부터 폐회로이득은 급격히 떨어지게 된다. 폐회로이득이 그 최대값의 0.707배가 되는 주파수를 폐회로 차단주파수, f_{CL}라고 한다. 결국, 부귀환으로 증폭기 전체의 상한 차단주파수, f_{CL}은 f_{OL}보다 커진다. 이것을 식으로 유도하면 다음과 같이 된다.

$$f_{CL} = \frac{A_{OL}}{A_{CL}} f_{OL} \tag{20-8}$$

예를 들어, f_{OL}이 100 Hz이고, A_{OL}/A_{CL}이 1000이라면, $f_{CL} = 1000 \times 100\ \text{Hz} = 100\ \text{kHz}$가 된다.

이득-폭의 곱

식 (20-8)은 다음과 같이 쓸 수 있다.

$$A_{CL} f_{CL} = A_{OL} f_{OL} \tag{20-9}$$

위 식의 오른쪽은 내부이득과 차단주파수의 곱이다. 예를 들어, 741C의 A_{OL}이 100,000이고 f_{OL}이 100 Hz이면, 내부이득과 차단주파수 곱은

$$A_{OL} f_{OL} = 100{,}000 \times 100\ \text{Hz} = 10\ \text{MHz}$$

가 된다. 즉, 741C의 개회로이득-대역폭 곱은 10 MHz라는 것을 의미한다.

식 (20-9)의 왼쪽은 폐회로이득과 폐회로 차단주파수의 곱이다. 그림 20-1의 저항 R_1과 R_2의 값에 상관없이, 폐회로의 $A_{CL} f_{CL}$은 개회로의 $A_{OL} f_{OL}$과 같다. 즉 개회로의 이득-대역폭 곱은 폐회로의 이득-대역폭 곱과 같다. 주어진 741C에 대해서는 R_1과 R_2의 값에 상관없이 $A_{CL} f_{CL}$는 항상 10 MHz가 된다. 식 (20-9)로부터 이득-대역폭 곱은

항상 일정하다고 한다. 따라서 외부저항을 변경하여 A_{CL}과 f_{CL}이 바뀌더라도, 특정한 연산 증폭기에 대해서 이 두 값의 곱은 항상 일정하다.

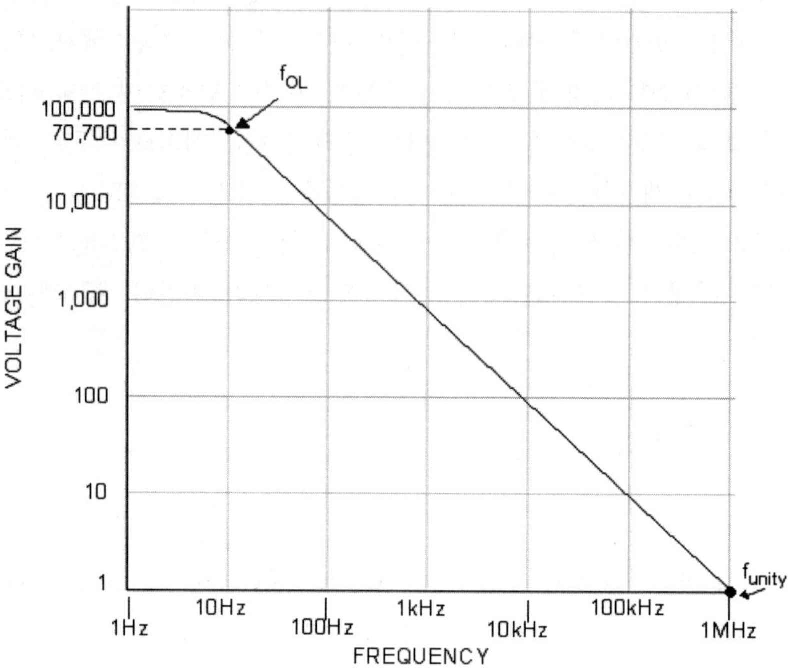

그림 20-2 741C의 전압이득과 주파수관계

◉ 단위이득 주파수

그림 20-2는 741의 주파수-이득의 개회로 응답특성을 로그-로그 그래프에 그린 보데(Bode) 선도이다. 개회로이득의 최대값은 100,000이 되고 동작 주파수를 10 Hz로 하면 개회로 이득은 최대값의 0.707배로 감소한다. 주파수를 계속 증가시키면, 이득 역시 계속하여 감소한다. f_{OL}보다 높은 주파수에서는, 주파수를 10배로 증가시킴에 따라 이득은 1/10로 감소한다(20 dB/decade와 같다).

단위이득 주파수는 개회로이득이 1로 감소할 때의 주파수이다. 그림 20-2에서 f_{unity}는 1 MHz가 된다. 이 값은 그 연산 증폭기의 상한 값이 되므로 데이터 시트에서 f_{unity}로 알려준다. 예를 들어 741C의 f_{unity}는 1 MHz로, 318의 f_{unity}는 15 MHz로 각각 데이터 시트에서 알려준다. 가격은 더 비싸지만, 318은 741C보다 더 높은 주파수까지 이용 가능한 이득을 제공한다.

f_{unity}인 신호에 대한 전압이득은 1이므로, 개회로이득-대역 곱 역시 f_{unity}가 된다. 그러므로 폐회로이득-대역폭 곱은 다음 식으로 표현된다.

$$A_{CL} f_{CL} = f_{unity} \tag{20-10}$$

어떤 연산 증폭기의 f_{unity}의 값을 알게 되면, 그 값이 바로 폐회로이득-대역폭 곱의 값이라는 것을 알 수 있다. 다시 말해 그림 20-1의 R_1과 R_2의 값에 무관하게 A_{CL}과 f_{CL}의 곱은 f_{unity}의 값과 같다.

요 약

1. 부귀환이란 귀환되는 신호가 원래의 입력신호와 반대되는 위상을 갖는 것을 의미한다.
2. 부귀환은 이득을 안정화하고 입력과 출력 임피던스를 개선하며 대역폭을 증가시키는 등의 장점이 있다.
3. 비반전연산증폭기의 경우 입력임피던스는 A_{OL}/A_{CL} 만큼 커지고 출력임피던스는 A_{OL}/A_{CL} 만큼 작아진다.
4. 개회로의 이득-대역폭 곱은 폐회로의 이득-대역폭 곱과 같다.
5. 단위이득 주파수는 개회로이득이 1로 감소할 때의 주파수이다.
6. 연산 증폭기의 f_{unity}의 값을 알게 되면, 그 값이 바로 폐회로이득-대역폭 곱의 값이라는 것을 알 수 있다.

나. 실험과정

실험 장비 및 재료

- 가변 직류전압원
- 장비 : 오실로스코프, 함수발생기
- 저항 : 1 kΩ, 10 kΩ, 47 kΩ, 100 kΩ
- 연산 증폭기 : 741C

폐회로이득

1. $R_2 = 10\,k\Omega$을 사용하여 그림 20-3의 회로를 연결한다.
2. 오실로스코프를 출력저항 $1\,k\Omega$의 양단에 연결하고, 주파수는 1 kHz, 신호는 3 V_{pp}가 되도록 조정한다.
3. 오실로스코프의 리드를 입력(3번 핀)과 연결해서, 입력전압의 첨두-첨두값을 측정하여 표 20-1에 기록한다.
4. v_{out}/v_{in}을 사용하여 폐회로이득을 계산하여 표 20-1에 기록한다.
5. 오실로스코프의 리드를 반전입력(2번 핀)에 연결해서, 입력전압의 첨두-첨두값을 측정하여 표 20-1에 기록한다.
6. 표 20-1에 주어진 다른 R_2의 값을 사용하여, 2~5번을 반복하여 표 20-1에 기록한다.

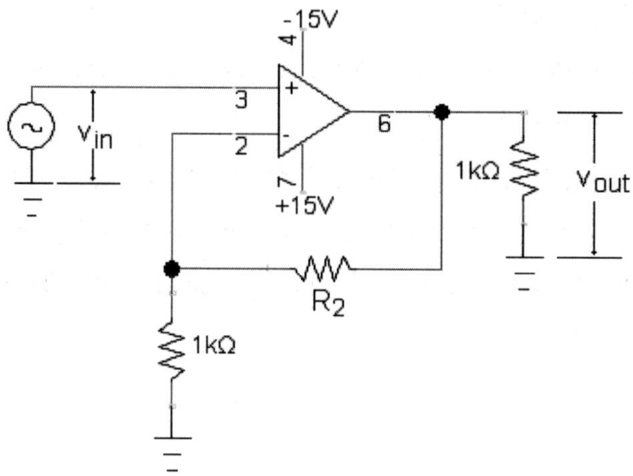

그림 20-3 실험회로

표 20-1 폐회로 이득

R_2 [kΩ]	v_{out} [V_{pp}]	v_{in}	A_{CL}	Bv_{out}
10	3			
47	3			
100	3			

표 20-2 이득-대역폭 곱

R_2 [kΩ]	f_{CL}	$A_{CL}f_{CL}$
10		
47		
100		

이득-대역폭 곱

7. 주파수를 증가시켜 출력전압이 2.1 V_{pp}가 되도록 한다(이 주파수가 차단주파수이다). 표 20-2에 폐회로 차단주파수를 기록한다. 또한 이득-대역폭 곱을 계산하여 기록한다.
8. R_2의 다른 값에 대해서도 7의 과정을 반복한다. 시작은 1 kHz, 3 V_{pp}의 출력에서 한다.

이득과 대역폭의 상관관계

9. 측정오차, 허용오차 등으로 인해 표 20-2의 이득 대역폭 곱은 근사적인 값이다. 세 값의 평균값을 구하여 기록한다.

   $A_{CL}f_{CL}$ = ________________

10. 20 kHz의 대역폭을 갖는 증폭기가 필요한 경우, 이때의 폐회로이득을 계산하여 기록한다.

    A_{CL} = ________________

11. R_1=1 kΩ인 경우 10번 과정에서의 폐회로 전압이득을 얻기 위한 R_2의 값은?

    R_2 = ________________

12. 10번 과정에서 구한 R_2의 저항값으로 회로를 변경한다.
13. 1 kHz에서 3 V_{pp}의 출력을 만들기 위한 입력전압을 측정하여 기록한다.

    v_{in} = ________________

14. 12번 과정에서의 폐회로 이득을 계산하여 기록한다.

    A_{CL} = ________________

    이것이 9번 과정의 A_{CL}과 거의 같은 값이 되어야 한다.

다. 검토 사항

1. 표 20-1의 귀환전압과 입력전압을 비교한다. 위상을 비교하라. 차이전압은 어느 정도인가?
2. 식 (20-7)을 사용하여 표 20-1에 있는 저항 값에 대한 이론적인 A_{CL}을 계산하라.
3. 이 실험에서 사용된 연산 증폭기의 f_{unity}는 대략 얼마인가?
4. 이 실험에서 사용된 연산 증폭기의 $A_{OL} f_{OL}$은 대략 얼마인가?
5. 그림 20-3의 회로에서 R_2를 220 kΩ으로 변경한다면 대역폭은 얼마인가? 이득-대역폭 곱을 사용하라.
6. A_{OL}이 100,000인 경우 f_{OL}은 얼마인가?

실험 21

기본 연산 증폭기 회로

실험목표

1. 전압-전류 변환기 동작의 이해
2. 전류-전압 변환기 동작의 이해
3. 전류 증폭기 동작의 이해

가. 기본 내용

◎ 전압 증폭기

그림 21-1은 부귀환을 가진 비반전 연산 증폭기이다. 회로의 특성은 앞 실험에서 살펴본 바와 같이 안정된 전압이득, 높은 입력 임피던스와 낮은 출력 임피던스를 갖는다. 이 회로는 다음 식과 같은 이상적인 전압 증폭기 역할을 한다.

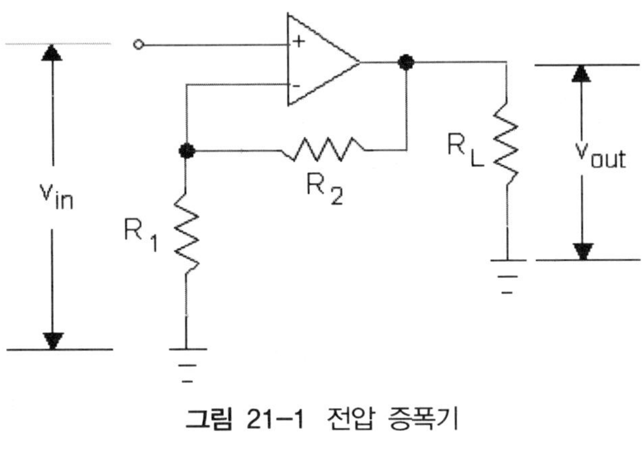

그림 21-1 전압 증폭기

$$\frac{v_{out}}{v_{in}} = \frac{R_2}{R_1} + 1 \tag{21-1}$$

$$z_{in} = \infty \tag{21-2}$$

$$z_{out} = 0 \tag{21-3}$$

이상적인 전압 증폭기는 입력 임피던스가 무한대이기 때문에 증폭기를 구동시키는 회로에 대해 부하로 작용하지 않는다. 또한 출력 임피던스가 0이기 때문에 증폭기는 이득의 감쇠현상이 없이 작은 저항부하를 구동할 수 있다. 741 연산증폭기을 사용하여 거의 이상적인 전압 증폭기를 구성할 수 있다. A_{OL}/A_{CL}이 1,000보다 크면, 입력 임피던스는 수 메가 옴(MΩ) 정도가 되고 출력 임피던스는 몇 옴(Ω) 정도가 된다. 연산 증폭기의 매우 큰 전압이득 특성과 무한대의 입력 임피던스를 갖는다는 점 때문에, 이상적으로는, 연산 증폭기의 +/− 입력단 전압의 차이는 거의 없게 된다. 즉, $V^- = V^+$이다.

전압-전류 변환기

그림 21−2는 또 다른 귀환회로인데, 귀환되는 출력전압이 입력에 반대되기 때문에 부귀환 이라는 것을 알 수 있다. $V^- = V^+$이기 때문에, 저항 R의 양단에 걸리는 전압 V_R은 V_{in}과 같게 된다. 입력 임피던스(Z_{in})가 ∞이기 때문에, 부하저항 R_L에 흐르는 전류는 저항 R에 흐르는 전류와 같다. 이 회로를 분석하면 다음과 같은 식으로 정리되어, 완전한 전압−전류 변환기로 동작하는 것을 볼 수 있다.

$$i_{out} = \frac{v_{in}}{R} \tag{21-4}$$

$$z_{in} = \infty \tag{21-5}$$

완전한 전압−전류 변환회로에서, 출력전류는 입력전압과 저항 R의 값에 따라서만 달라진다. 예를 들어 입력전압이 $v_{in} = 1\ \text{V}$ 이고 저항 $R = 1\ \text{k}\Omega$이면,

$$i_{out} = \frac{1\ \text{V}}{1\ \text{k}\Omega} = 1\ \text{mA}$$

가 된다. 이 회로는 부하저항에 걸리는 전압이 전원전압의 크기를 넘지 않는 한, 부하저항의 크기에 무관하게 정확히 1 mA를 공급하는 전류원으로 동작한다.

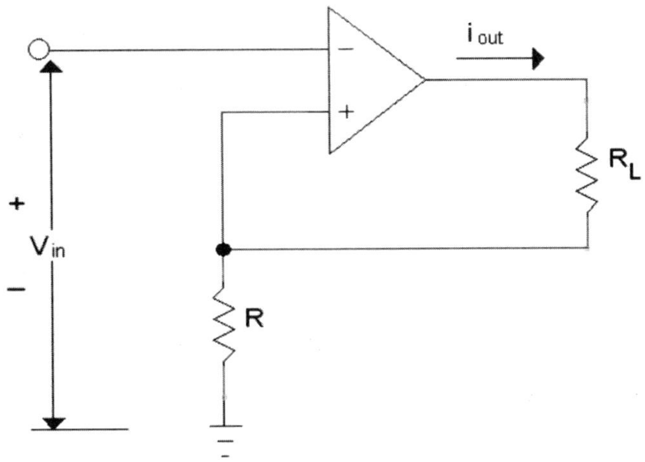

그림 21-2 전압-전류변환기

전류-전압 변환기

그림 21-3은 부귀환의 세 번째 종류의 회로이다. 이 회로에 대한 분석을 하면, 대략 다음 식과 같이 되어 완전한 전류-전압변환기로 동작하는 것을 알 수 있다.

$$v_{out} = -R \times i_{in} \qquad (21-6)$$

$$z_{out} = 0$$

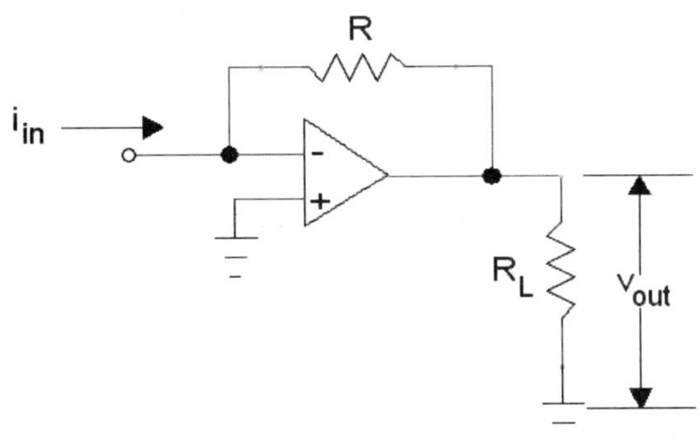

그림 21-3 전류-전압변환기

완전한 전류–전압 변환기인 경우, 출력전압은 입력전류와 저항 R의 값에 따라 결정된다. 예를 들어 $i_{in} = 1\ \mathrm{mA}$이고 $R = 1\ \mathrm{k\Omega}$이면, 출력은 $v_{out} = 1\ \mathrm{k\Omega} \times 1\ \mathrm{mA} = 1\ \mathrm{V}$가 된다. V– = V+이기 때문에 반전 입력단자는 "가상접지"로 동작하여 0 V가 된다. 그러나 이 단자가 실제로 접지는 아니기 때문에, 모든 입력전류는 저항 R을 통해 흐른다. 또한 출력 임피던스가 거의 0이기 때문에, 부하저항의 크기에 상관없이 1 V가 출력된다.

전류 증폭기

그림 21–4는 부귀환회로의 네번째 형태의 회로이다. 이 회로를 분석하면 다음 식과 같은 완전한 전류 증폭기로 동작한다.

$$\frac{i_{out}}{i_{in}} = \frac{R_2}{R_1} + 1 \tag{21–7}$$

완전한 전류 증폭기는 전류이득을 제공하고, 이를 구동시키는 회로에 부하로 작용하지 않는다. 또한 부하저항의 크기에 상관없이 일정한 전류를 공급한다.

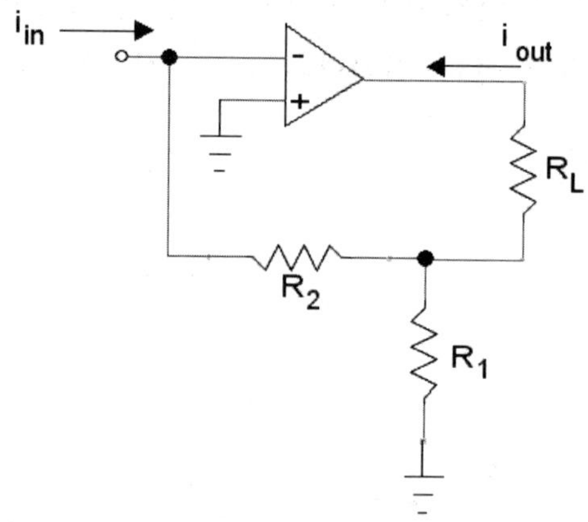

그림 21–4 전류증폭기

요 약

1. 전압 증폭기는 안정된 전압이득과 높은 입력 임피던스 및 낮은 출력 임피던스를 제공한다.
2. 전압–전류변환기는 입력전압과 저항의 값에 따라서 출력전류가 결정된다.

3. 완전한 전압-전류 변환기는 부하로 동작되지 않고, 부하저항의 크기에 무관하게 일정한 전류를 공급한다.
4. 전류-전압 변환기는 입력전류와 저항에 의해 출력전류가 결정된다.
5. 완전한 전류-전압 변환기는 부하로 동작하지 않고, 작은 부하저항에 의해서도 출력전압이 영향을 받지 않는다.
6. 전류 증폭기는 전류이득을 제공한다. 그러나 낮은 입력 임피던스와 높은 출력 임피던스를 갖는다.

나. 실험과정

실험 장비 및 재료

- 가변 직류전압원
- 측정장비 : VOM 혹은 DMM 2대
- 저항기 : 10 kΩ, 1 kΩ 1/2 W 각 2개
- 연산 증폭기 : 741C
- 기타 : 1 kΩ 가변저항

전압-전류 변환기

1. 그림 21-5의 회로를 연결한다.
2. 입력전압이 1 V가 되도록 가변저항을 조정한다.
3. 출력전류를 측정하여 표 21-1에 기록한다.
4. 표 21-1에 주어진 다른 입력전압에 대해서도 2와 3번 과정을 반복하여 표 21-1에 기록한다.

전류-전압 변환기

5. 그림 21-6의 회로를 연결한다.
6. 입력전류가 1 mA가 되도록 가변저항을 조정한다.
7. 출력전압을 측정하여 표 21-2에 기록한다.

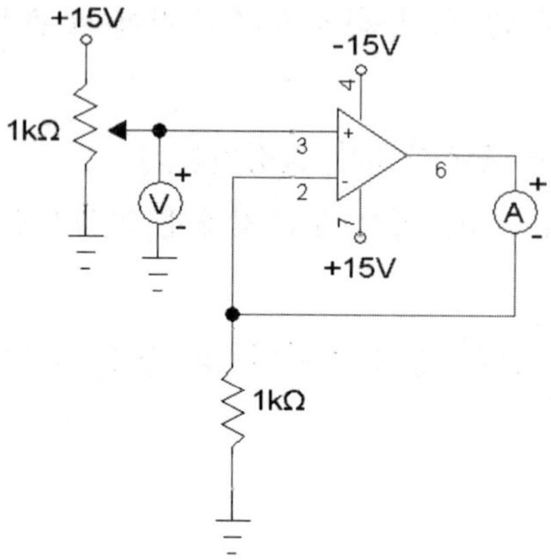

그림 21-5 전압-전류변환기

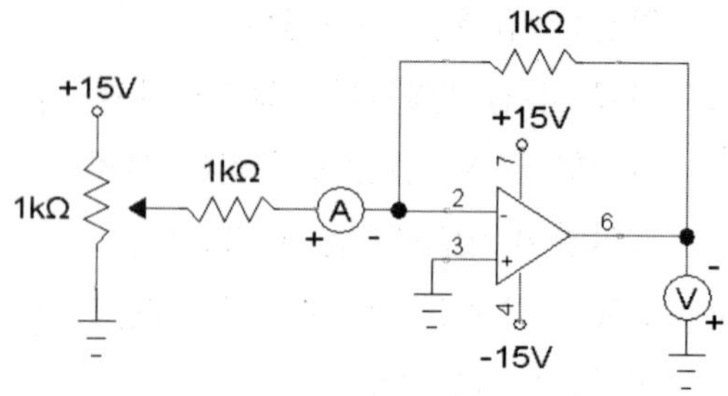

그림 21-6 전류-전압변환기

표 21-1 전압-전류변환기

v_{in} [V]	i_{out} [mA]
1	
2	
3	
4	
5	
6	
8	
10	

8. 표 21-2에 있는 다른 입력전류에 대해서도 1과 2번 과정을 반복하여 표 21-2에 기록한다.

전류 증폭기

9. 그림 21-7의 회로를 연결한다.
10. 입력전류가 0.1 mA가 되도록 가변저항을 조정한다.

표 21-2 전류-전압변환기

i_{in} [mA]	v_{out} [V]
1	
2	
3	
4	
5	
6	
8	
10	

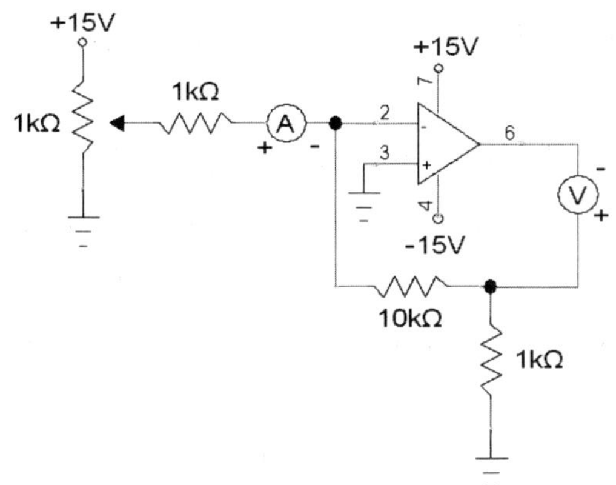

그림 21-7 전류 증폭기

표 21-3 전류 증폭기

i_{in} [mA]	i_{out} [mA]
0.1	
0.2	
0.3	
0.4	
0.6	
0.8	
1	

11. 출력전류를 측정하여 표 21-3에 기록한다.
12. 표 21-3에 있는 다른 입력전류에 대해서도 1과 2번 과정을 반복하여 표 21-3에 기록한다.

다. 검토 사항

1. 표 21-1의 전류는 이상적인 경우에 1, 2, 3, 4, 6, 8 및 10 mA가 되어야 한다. 측정값이 이론값과 다른 이유 2가지를 기술하라.
2. 그림 21-5의 입력에서 가변저항과 전압계를 제거한 후 남은 회로를 전자전압계로 사용가능한가? 그 이유는 무엇인가?
3. 그림 21-5의 회로에서 1 V의 전압으로 2 mA의 전류를 얻고자 한다. 무엇을 바꾸면 되겠는가?
4. 그림 21-6에서, 입력전류를 5 mA로 할 때 이상적인 출력전압은 얼마인가?
5. 그림 21-6의 입력단에 있는 가변저항, 1 kΩ 저항 및 전류계를 제거하면, 이 변환기는 전자전류계로 동작한다. 그 이유는 무엇인가?
6. 그림 21-6에서 입력전류가 1 mA인 경우, 2 V의 출력전압을 얻기 위해서는 무엇을 변경해야 되겠는가?
7. 그림 21-7의 이론적인 전류이득은 얼마인가?

실험 22

비선형 연산 증폭기 회로

실험목표

1. 비교기의 동작을 이해한다.
2. 능동 반파정류기의 동작을 관찰한다.
3. 능동 첨두 검출기의 출력을 관찰한다.
4. 저전압 신호 제한기의 동작을 공부한다.

가. 실험 내용

비교기

연산 증폭기를 사용하는 가장 단순한 방법은 그림 22-1 (a)에서와 같이 귀환저항을 사용하지 않는 개방루프(open loop)방식이다. 연산 증폭기는 높은 이득을 가지므로 전형적으로 수 마이크로 볼트 [μV]에 해당하는 극히 작은 입력 차이전압에 대해서도 최대 출력전압을 나타내게 된다. 예를 들어 V_1이 V_2보다 더 클 때 입력 차이 전압은 양의 값이 되고 이에 따라 출력전압은 양의 최대값, 즉 전원전압보다 약 1 V 정도 작은 양의 포화전압($+V_{sat}$)을 가지게 된다.

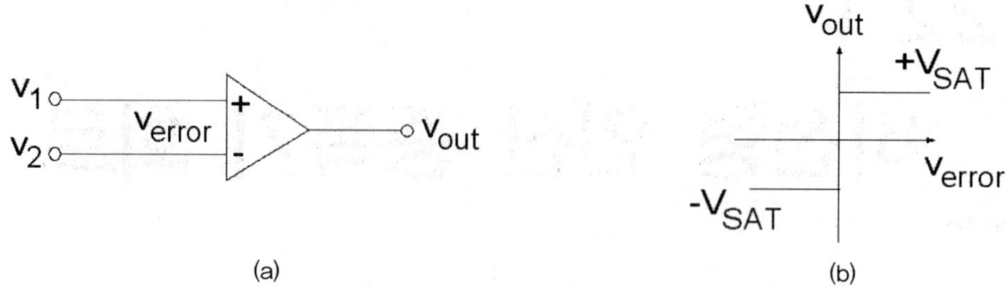

그림 22-1 (a) 비교기, (b) 입력에 대한 비선형 출력특성

반면에 만약 V_1이 V_2보다 작다면 부호가 음의 포화전압($-V_{sat}$)을 출력에 나타낸다. 위에서 언급했던 내용을 요약하면 그림 22-1 (b)와 같다. 즉, 그림 22-1(b)는 V_1이 V_2보다 양의 극성이면 출력전압은 양의 포화전압($+V_{SAT}$)을 출력하고, 음의 극성을 갖는 입력 차이전압은 음의 포화전압($-V_{SAT}$)을 출력 한다는 것을 보여주고 있다. 이와 같이 동작하는 연산 증폭기를 비교기라 부르는데 그 이유는 연산 증폭기가 하는 일이 단순히 V_1과 V_2를 비교하여 V_1이 V_2보다 크거나 작음에 따라 각각 양의 포화(saturated)전압 또는 음의 포화전압이 출력되기 때문이다.

능동 반파 정류기

연산 증폭기는 다이오드 회로의 성능을 향상시킬 수 있다. 한 가지 예를 들어 보면 연산 증폭기는 약 0.6 V의 다이오드 오프셋전압(offset voltage)의 영향을 제거할 수 있다. 따라서 오프셋전압보다 더 작은 크기를 갖는 낮은 전압의 신호들을 정류, 첨두검출(peak-detect), 리미터(limit), 그리고 클램프(clamp)하는 등의 기능이 가능하다. 또한 연산 증폭기의 완충(buffering) 능력은 다이오드 회로에 대한 전원(source) 및 부하(load)의 영향을 없앨 수 있다. 연산 증폭기와 다이오드를 결합한 회로를 능동 다이오드 회로라고 한다.

그림 22-2는 능동 반파정류기를 보여 주는 것으로 입력신호의 부호가 양이면 출력도 양의 극성을 갖게 되어 다이오드를 도통시킨다. 따라서 이 정류회로는 전압팔로워와 같이 동작하여 부하저항에 양인 부분에 해당하는 1/2 사이클(cycle)파형이 나타나게 된다. 반면에 입력신호가 음의 부호이면 연산 증폭기의 출력도 음이 되므로 다이오드가 도통되지 못한다. 결국 다이오드는 개방(open)된 형태가 되어 어떠한 전압도 부하저항에 나타날 수 없게 된다. 정류기의 최종 출력이 거의 완전한 반파신호가 되는 것은 바로 이와 같은 이유에서 비롯된다.

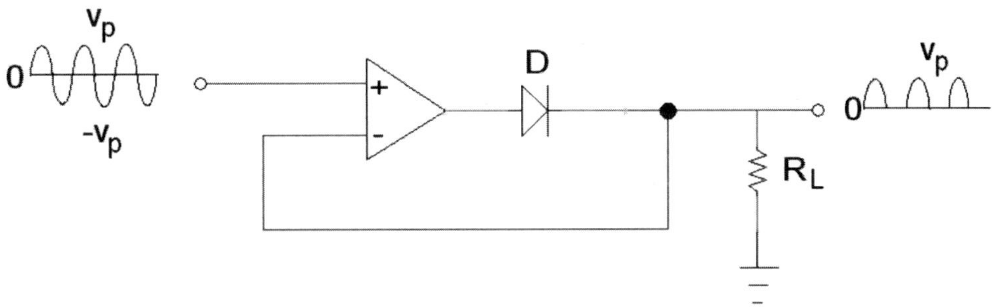

그림 22-2 능동 반파정류기

연산 증폭기의 높은 이득은 사실상 오프셋전압의 영향을 제거한다. 예를 들어 만약 오프셋전압 또는 컷인전압이 0.6 V이고 개방루프이득이 100,000이라면 다이오드를 도통시키는 입력신호는 아래와 같다.

$$V_{in} = \frac{0.6}{100,000} = 6\ \mu\text{V} \qquad (22-1)$$

따라서 입력신호가 6 μV보다 크다면 다이오드는 도통되고 그 회로는 전압 팔로워와 같은 형태로 동작된다. 그 결과 오프셋전압의 효과는 A_{ol}(개루프 전압이득) 만큼 감소되어 나타난다.

능동 반파정류기는 낮은 전압신호에 대해 유효하게 동작한다. 예를 들어 만약 밀리볼트 영역의 정현파전압을 측정하고자 하는 경우 그림 22-2의 R_L과 직렬로 전류계를 첨가할 수 있다. 적절한 R_L의 값을 선택하여 전압계가 실효치 값으로 밀리볼트를 지시하도록 교정할 수 있다.

능동 첨두검출기

첨두검출기는 출력이 입력파형의 첨두치와 같은 직류전압을 만들어 내는 회로이다. 예를 들면 5 V의 첨두치를 갖는 사인파(sine wave)를 이상적인 첨두검출기에 입력시키면 5 V의 직류전압이 출력에 나타나게 된다.

그림 22-3 (a)는 수동 첨두검출기로 오직 양의 부호를 갖는 1/2 사이클에 대해서만 다이오드를 도통시킴으로써 커패시터로 하여금 입력전압의 첨두치에서 오프셋전압 값을 뺀 만큼 전하를 충전하도록 한다. 이 수동 첨두검출기는 입력 첨두치가 오프셋전압보다 매우 큰 경우에만 유용하다.

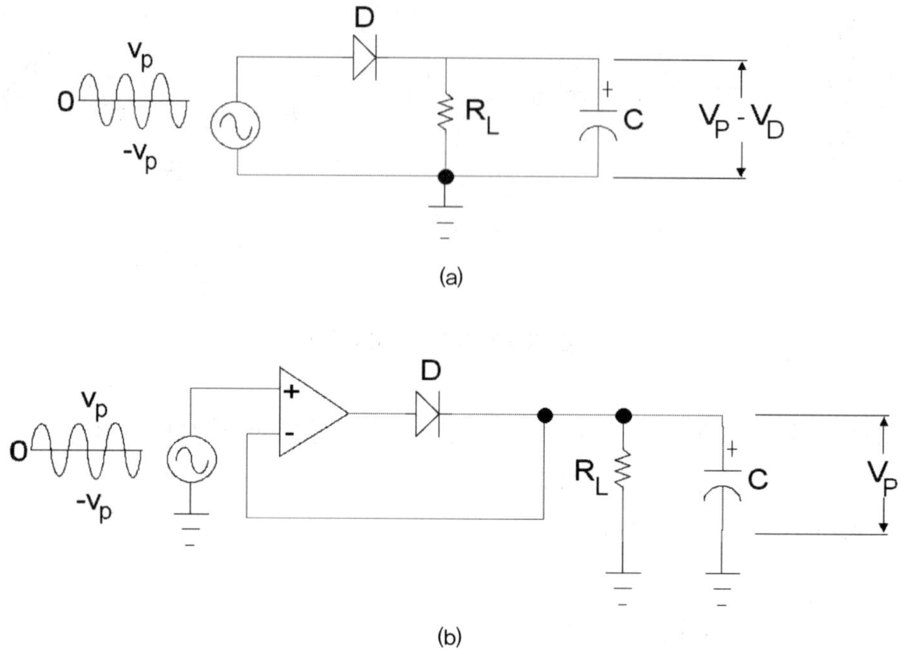

그림 22-3 (a) 수동 첨두검출기, (b) 능동 첨두검출기

작은 신호의 첨두치를 검출하기 위해서는 그림 22-3 (b)와 같은 능동 첨두검출기를 사용할 수 있다. 이 능동 첨두검출기는 앞에서 설명했던 능동 반파정류기와 거의 유사한데 단지 능동 반파정류기의 부하 저항에 병렬로 커패시터를 덧붙여 연결함으로써 입력신호의 첨두치 전압으로 충전하도록 한 점이 다르다. 연산 증폭기를 사용함으로써 다이오드의 유효 오프셋전압은 0.6 V로부터 수 마이크로 볼트로 줄어들게 되고 그 결과 밀리볼트 크기의 입력신호에 대한 첨두치검출이 가능하다.

◎ 능동 양(positive)의 리미터

그림 22-4는 능동 양의 리미터(limitter)로서 또한 클리퍼(clipper)라고도 불린다. V_{REF}를 조정해주는 가변저항을 왼쪽으로 완전히 이동시키면 V_{REF}는 0이 되어 비반전(non-inverting input)은 접지된다. 이 경우에 V_{in}이 양의 부호로 입력되면 입력 차이 전압은 연산 증폭기의 출력신호를 음이 되도록 함으로서 다이오드를 도통시킨다. 이것은 양의 부호의 V_{in}에 대해서도 최종 출력 V_{out}은 V_{REF}와 같은 0값을 갖게 됨을 알 수 있다.

V_{in}이 음인 경우는 연산 증폭기출력은 양이 되고 따라서 다이오드가 도통되지 못하게

되어 루프가 개방된다. 따라서 최종 출력 V_{out}은 음의 부호를 갖는 1/2 사이클 입력전압에 대해서는 입력전압과 같은 파형을 나타내게 된다. 출력은 연산 증폭기의 출력이 아니고 저항 R과 다이오드 D 사이에서 출력된다.

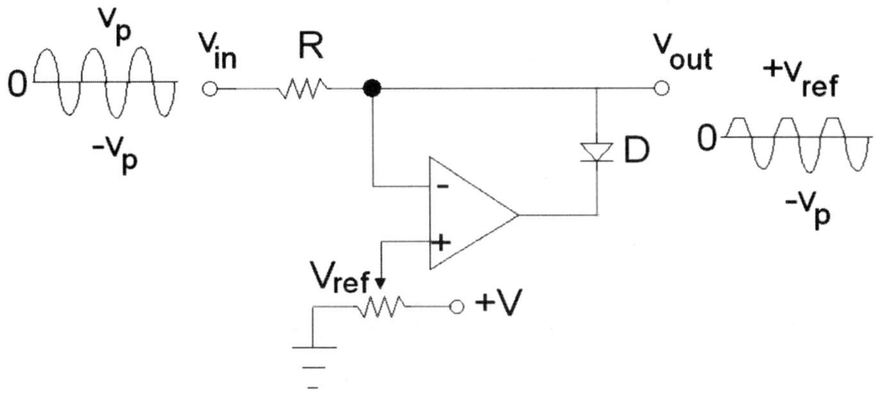

그림 22-4 능동 리미터

제한 레벨(limiting level)을 변화시키기 위해서는 단지 필요한 값으로 V_{REF}를 조정해 주기만 하면 된다. 이 경우 클리핑은 그림 22-4에서 보는 바와 같이 V_{REF}에서 발생한다.

일반적으로 연산 증폭기는 효과적으로 오프셋전압을 마이크로 볼트영역으로 낮출 수 있으므로 그림 22-4의 능동 리미터는 낮은 전압의 신호들을 제한할 수 있다.

능동 클램퍼

그림 22-5는 능동 양의 클램퍼(clamper)이다. 입력신호가 최초의 음의 부호를 갖는 1/2 사이클 동안 연산증폭기의 출력은 양이 되어 다이오드를 도통시킨다. 이 경우 커패시터는 그림에서와 같은 극성으로 입력전압의 첨두치까지 전하를 충전하게 되고 첨두치가 끝나는 시점부터는 다이오드는 도통되지 않게 된다. 이와 같은 클램퍼는 출력 파형을 0 V로 클램프하게 된다. 입력신호가 양의 1/2 사이클 동안 연산증폭기의 출력은 음이 되어 다이오드는 도통되지 않고 출력전압은 커패시터의 V_p 전압에 입력전압이 더해져 나타나게 된다.

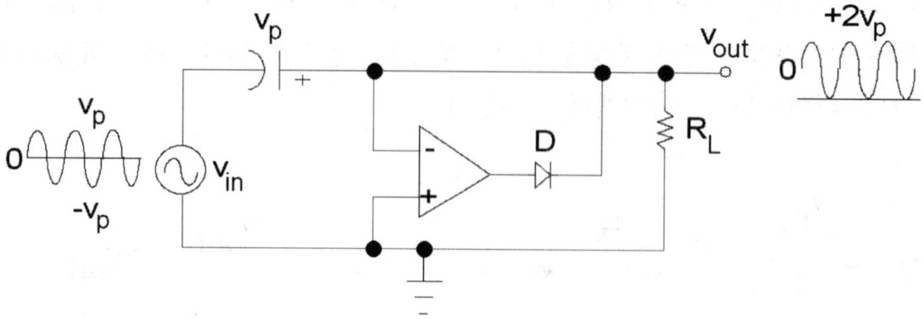

그림 22-5 능동 클램퍼

요 약

1. 연산 증폭기를 사용하는 가장 단순한 방법은 개방 루프 방식이며 연산 증폭기가 이와 같은 방식으로 사용될 때 비교기라 불린다.
2. 연산 증폭기는 약 0.6 V 다이오드 오프셋전압(컷인 전압)의 영향을 수 마이크로 볼트로 줄일 수 있어 능동 다이오드회로를 밀리 볼트영역에서 동작시키는 것이 가능하다.
3. 능동 반파정류기는 수 마이크로 볼트의 오프셋전압을 가진다.
4. 이상적인 첨두검출기는 입력 파형의 첨두치와 같은 직류전압을 출력한다.
5. 능동 첨두검출기는 수 밀리 볼트의 신호에 대한 첨두치를 검출할 수 있다.
6. 능동 리미터는 낮은 전압의 신호를 클립(clip)하기 위해 연산 증폭기와 리미터회로를 사용한다.
7. 능동 클램퍼는 낮은 전압의 신호를 클램프 할 수 있다.

나. 실험과정

실험 장비 및 재료

- 가변 직류전압원
- 장비 : 함수발생기, 오실로스코프
- 저항 : 1 kΩ, 2.2 kΩ, 10 kΩ 1/2 W

- 가변저항 : 1 kΩ(또는 1 kΩ에 가장 근사한 값)
- 다이오드 : 1N1004
- 발광 다이오드(LED) : 적색 및 녹색 발광 다이오드
- 연산 증폭기 : 741C
- 커패시터 : 47 μF(15 V 이상)

비교기

1. 그림 22-6과 같은 비교기회로를 연결한다.
2. R_{in}을 가변하면서 발광 다이오드의 발광상태를 관찰한다.
3. 핀 3에 대한 입력전압을 관찰하기 위해 오실로스코프의 직접 결합(direct-coupled, DC) 입력을 사용한다. +100 mV 입력이 되도록 가변저항을 조정한다. 불이 켜진 발광 다이오드의 색깔을 표 22-1에 기록한다.
4. −100 mV의 입력이 되도록 R_{in}을 조정한다. 불이 켜진 발광 다이오드의 색깔을 기록한다. 입력은 무엇과 비교되고 있는가?
5. 핀 2를 접지에서 분리하여 −5 V의 전원에 연결한다.
6. R_{in}을 조정하면서 핀 3의 어떤 전압값에서 발광 다이오드들이 발광되는가를 관찰하고 그 값을 표 22-1에 기록한다.

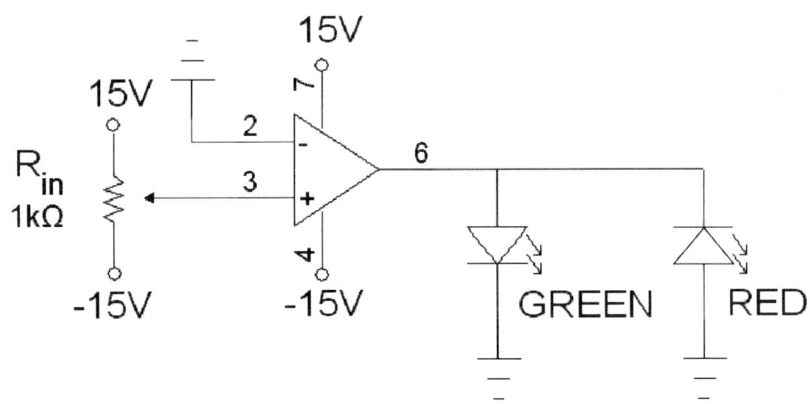

그림 22-6 비교기

표22-1 비교기 검출

색깔 (과정 3번) :
색깔 (과정 4번) :
전압값 (과정 6번) :

반파정류기

7. 그림 22-7의 회로를 구성한다.
8. 오실로스코프(직접 결합입력)을 10 kΩ 부하저항(R_L) 양단에 연결한다. 함수발생기를 1 kHz로 맞추고 오실로스코프 상에서 1V의 첨두치 출력이 되도록 신호 레벨을 조정한다. 출력신호가 반파신호인지 확인한다.
9. 오실로스코프를 입력(핀 3)에 연결한다. 입력사인파의 첨두치를 표 22-2에 기록한다.
10. 신호레벨을 100 mV의 첨두치를 갖는 반파출력을 얻을 수 있도록 조정한다. 그 때의 입력 첨두치전압을 측정하고 표 22-2에 기록한다.

첨두검출기

11. 그림 22-7의 R_L 과 병렬로 47 μF의 커패시터를 연결한다.
12. 입력전압의 첨두치가 1 V 되도록 함수발생기를 조정한다. 직류출력값을 측정하여 표 22-3에 기록한다.
13. 입력전압의 첨두치가 100 mV 되도록 함수발생기를 재조정한다. 직류출력값을 측정하여 표 22-3에 기록한다.

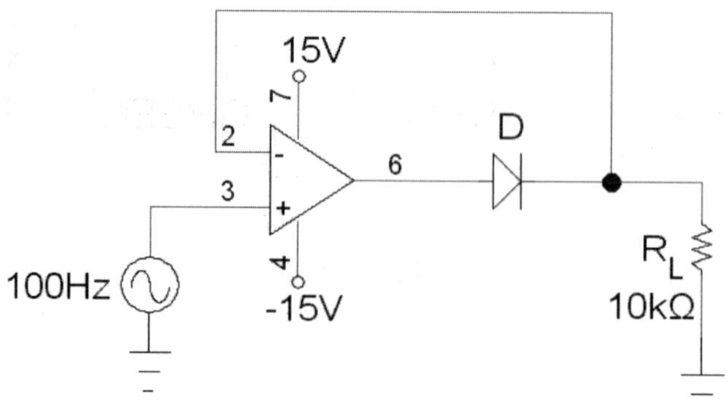

그림 22-7

표 22-2 능동 반파정류기

V_P (과정 9번) :
V_P (과정 10번) :

표 22-3 능동 첨두검출기

V_{dc} (과정 12번) :
V_{dc} (과정 13번) :

리미터

14. 그림 22-8과 같이 회로를 구성한다.

15. 2.2 kΩ 저항의 왼쪽 끝에서의 첨두치전압이 1 V 되도록 함수발생기를 조정한다.

16. 가변저항을 최대 가변범위 내에서 변화시키면서 출력신호를 살펴본다.

17. 2.2 kΩ 저항의 왼쪽 끝에서의 첨두치전압이 100 mV 되도록 함수발생기로 조정한 후 16번 과정을 반복한다.

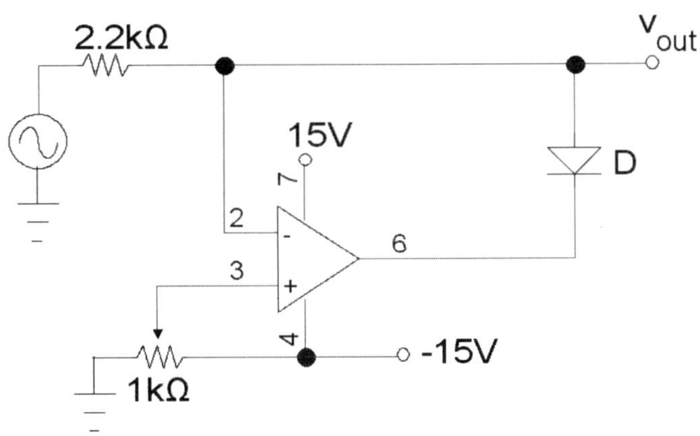

그림 22-8 리미터회로

다. 검토 사항

1. 그림 22-6의 회로가 왜 "go-no go 검출기(detector)"라 불리는가 설명하라.
2. 그림 22-6의 회로에서 핀 2를 −5 V 대신에 +2 V에 연결한다면 R_{in}이 변화될 때 어떻게 되겠는가 설명해보라.
3. 그림 22-7에서 다이오드의 극성을 반대로 연결하는 경우 첨두치가 100 mV인 사인파를 입력하면 출력은 어떻게 되는지 설명하라.
4. 그림 22-7에서 입력파의 첨두치가 200 mV라면 출력전압의 첨두치는 얼마가 되는지 설명하라.
5. 다이오드의 극성을 반대로 연결한 경우 첨두검출기의 출력에 대해 설명해보라.
6. 그림 22-8의 회로는 어떤 리미터(양 리미터 혹은 음 리미터)인가를 설명하라.
7. 그림 22-8의 회로에서 다이오드의 극성을 반대로 연결한다면 출력은 어떻게 되는가?

실험 23

능동여파기

실험목표

1. 1차 저주파여파기(low-pass filter)의 특성을 조사한다.
2. 2차 저주파여파기의 특성을 조사한다.
3. 2차 고주파여파기(high-pass filter)의 특성을 조사한다.

가. 실험 내용

수동여파기

저주파여파기는 저주파 신호는 통과시키고 고주파 신호는 저지시키는 기능을 수행하는 것으로 그림 23-1 (a)는 저주파여파기 회로를 보여주고 있다. 매우 낮은 주파수에서 유도성 리액턴스(inductive reactance)는 0에 접근하고 용량성 리액턴스(capacitive reactance)는 무한대에 가깝게 된다. 이로 인하여 인덕터는 단락(short-circuit)되고, 커패시터는 개방(open-circuit)된 상태와 같기 때문에 출력전압은 매우 낮은 주파수에서 입력전압과 같게 된다.

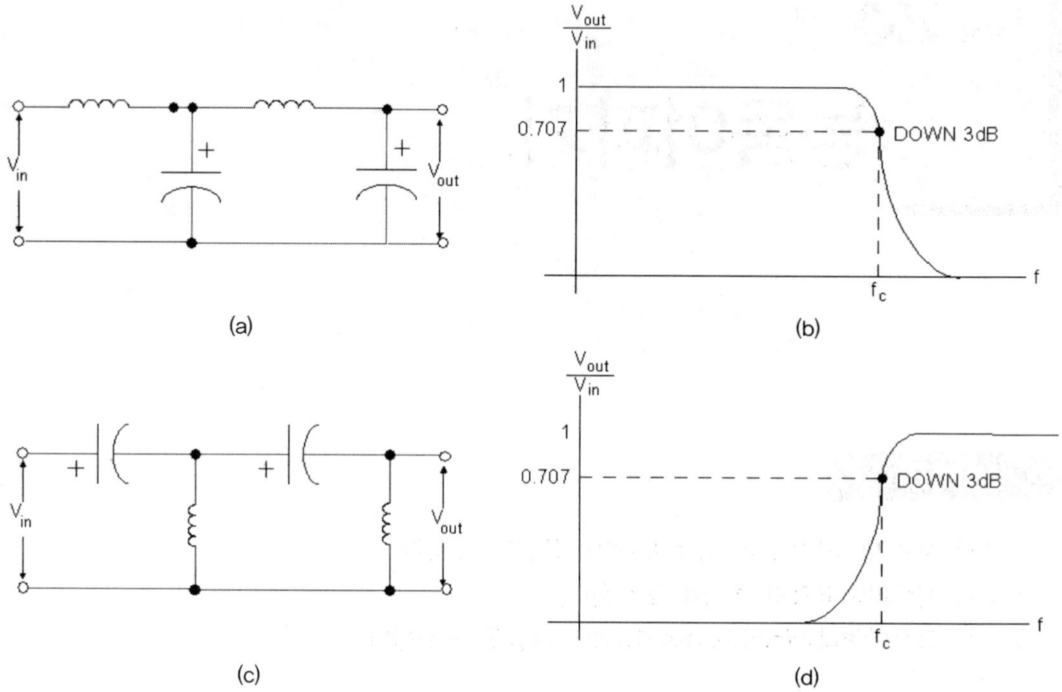

그림 23-1 (a) 저주파여파기, (b) 저주파응답곡선, (c) 고주파여파기, (d) 고주파응답곡선

주파수가 증가함에 따라 유도성 리액턴스는 증가하고, 용량성 리액턴스는 감소하는데 어떤 주파수에서부터 출력전압이 감소하기 시작한다. 매우 높은 주파수에서는 인덕터는 개방, 커패시터는 단락되기 때문에 출력전압은 0에 가깝게 된다.

그림 23-1 (b)는 저주파여파기의 전압이득이 주파수에 대해 어떻게 변화하는가를 보여 준다. 이상적인 경우 극히 낮은 주파수에서의 전압이득은 1이며 주파수가 증가함에 따라 전압이득은 떨어지기 시작한다. 이때 전압이득이 0.707되는 주파수, 즉 최대 전력이 1/2로 되는 주파수를 차단주파수라 한다.

그림 23-1 (c)는 고주파여파기 회로의 예로서 저주파 여파기와는 달리 저주파 신호는 저지하고 고주파 신호는 통과시킨다. 그림 23-1 (d)는 주파수에 대한 전압이득을 그래프로 나타낸 것인데 마찬가지로 차단주파수는 전압이득이 0.707로 되는 주파수를 의미한다.

◎ 데시벨

전압이득은 식 (23-1)과 같이 입력전압에 대한 출력전압의 비로 정의된다.

$$A = \frac{v_{out}}{v_{in}} \tag{23-1}$$

그림 23-1 (a)의 저주파여파기에서 A는 낮은 주파수에서 1이고, 차단주파수에서는 0.707이다. 데시벨은 보통 여파기와 함께 사용되는 단위로서 데시벨 전압이득은

$$A_{dB} = 20 \log A \text{ [dB]} \tag{23-2}$$

로서 정의된다. 여기서 로그(log)는 상용로그이며, 약자 dB는 벨(bel)의 1/10인 데시벨(decibel)을 나타낸다. 이제 데시벨 전압이득을 계산하는 예를 들어보자. 만약 전압이득 A가 200이라면 데시벨 전압이득은 아래와 같이 계산된다.

$$A_{dB} = 20 \log 200 = 20(2.3) = 46 \text{ dB}$$

또 다른 예로서 만약 전압이득이 0.707과 같다면 데시벨 전압이득은

$$A_{dB} = 20 \log 0.707 = 20(-0.15) = -3 \text{ dB}$$

와 같이 된다.

능동 저주파여파기

연산 증폭기와 리액턴스 소자를 사용하여 능동여파기를 구성할 수 있다. 이 능동여파기는 수동여파기에 비해 장점을 갖고 있는데 우선 부피가 크고 낮은 차단주파수에서 비경제적인 인덕터를 제거할 수 있다는 점이다. 또한 능동여파기는 전압이득을 가변시킬 수 있고, 차단주파수의 조정이 용이하다는 점 등의 장점을 갖는다.

그림 23-2 (a)는 능동 저주파여파기를 구성하는 방법을 나타낸 것으로 동작을 설명하면 다음과 같다. 즉, 낮은 주파수에서 커패시터는 개방된 것으로 등가될 수 있으므로 그 회로는 전압이득이 $-R_2/R_1$인 반전 증폭기(inverting amplifier)와 같이 동작한다. 주파수가 증가함에 따라 용량성 리액턴스는 감소되기 때문에 전압이득은 떨어지게 된다. 주파수가 더욱 증가하여 무한대에 접근하면 커패시터는 단락되고 따라서 전압이득은 0으로 된다.

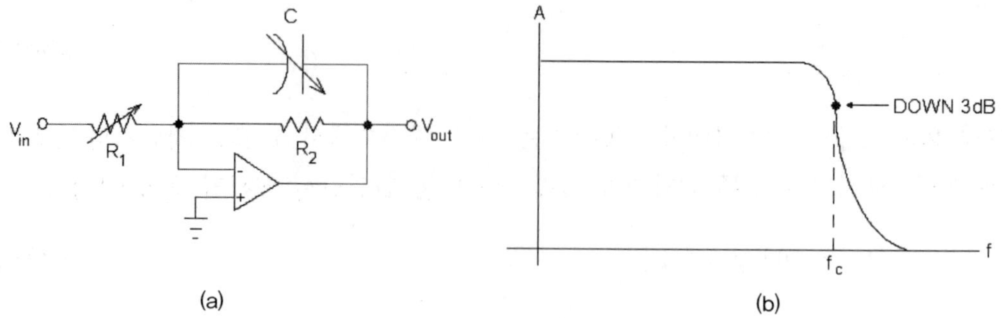

그림 23-2 (a) 능동 저주파여파기, (b) 주파수응답특성

그림 23-2 (b)는 출력응답을 보여주는 것으로 낮은 주파수에서 출력신호가 최대값이 됨을 알 수 있다. 주파수가 차단주파수에 도달하면 출력은 3dB 떨어지고 이 차단주파수를 넘어서면 주파수가 증가함에 따라 이득은 이상적인 경우 −20 dB/decade(주파수 10배 증가에 이득 10배 감소)의 비율로 떨어진다. 예를 들어 차단주파수가 1kHz라면 이득은 주파수가 2 kHz에서 20 kHz로 증가하면 근사적으로 20 dB 만큼 이득이 감소되는 응답특성을 나타낸다.

20 dB/decade 감소는 6 dB/octave와 같다. 즉, 만약 차단주파수가 1 kHz라면 이득은 주파수가 10 kHz에서 20 kHz로 변화하는 경우 6 dB 감소하게 되고, 또한 주파수가 1 MHz에서 2 MHz로 증가하면 6 dB만큼 이득은 더 감소하는 것이다. 차단주파수를 구해 보면 식 (23-3)와 같다.

$$f_c = \frac{1}{2\pi R_2 C} \tag{23-3}$$

따라서 그림 23-2 (a)에서 C를 조정하면 차단주파수의 변화가 가능하고, R_1에 의해서는 이득을 제어할 수 있다. 만약 고정된 응답특성을 얻고자 한다면 R_1과 C를 고정 값으로 사용하면 된다. 능동 여파기회로는 부귀환(negative feedback)에 의해 출력 임피던스가 거의 0과 같은데 이는 이 여파기가 낮은 임피던스 부하를 구동시킬 수 있음을 의미한다.

2차 저주파여파기

그림 23-2 (a)는 1차 여파기라고 불리는데 그 이유는 차단주파수보다 큰 주파수영역에서는 −20 dB/decade의 비율로 이득이 감소하기 때문이다. 이에 비해서 2차 저주파여

파기는 차단주파수보다 큰 주파수영역에서 −40 dB/decade 비율로 이득이 감소한다. 그림 23−3 (a)는 2차 능동 저주파여파기를 나타낸다. 이 여파기는 낮은 주파수에서 두 커패시터가 모두 개방된 것과 같기 때문에 여파기회로는 전압팔로워(voltage follower)로서 작동된다. 주파수가 증가하면 이득은 감소하여 차단주파수에서 −3 dB만큼 떨어지게 된다. 그림 23−3 (a)의 두 커패시터는 1차 능동 저주파여파기보다 2배의 속도로 이득을 감소시키는 기능을 수행함으로써 결국 −12 dB/octave 또는 −40 dB/decade 의 감소 비율을 나타내게 된다.

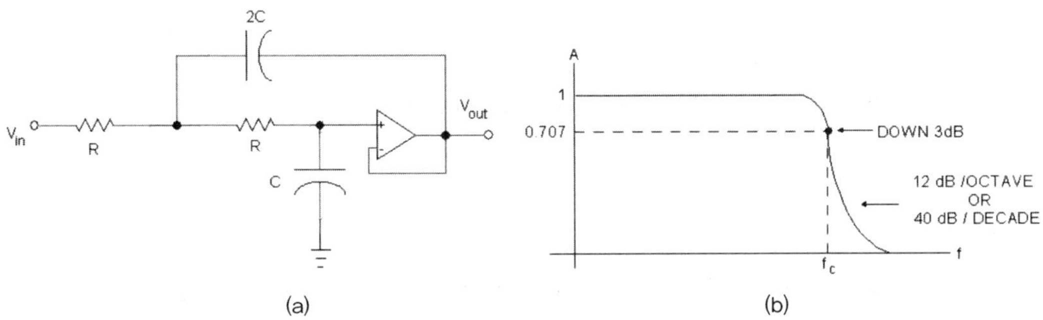

그림 23−3 2차 저주파 여파기. (a)능동LPF회로, (b) 주파수응답 특성

그림 23−3 (b)는 주파수에 대한 이득을 나타내고 있는데 먼저 차단주파수에서 이득이 −3 dB 떨어졌다. 물론 이 차단주파수는 데시벨로 표현하지 않은 보통의 전압이득으로 나타내는 경우 낮은 주파수에서의 전압이득에 대해 0.707배에 해당하는 전압이득을 갖는 주파수를 의미한다. 두 번째로 이득이 −12 dB/octave의 비율로 감소하고 있다. 예를 들어 차단 주파수를 1 kHz로 가정한다면 이상적인 경우 이득은 주파수가 2 kHz에서 4 kHz로 변화할 때 −12 dB 감소하게 되는 응답특성을 나타낸다. 차단주파수는

$$f_c = \frac{0.707}{2\pi RC} \qquad (23-4)$$

와 같이 주어진다.

2차 고주파여파기

그림 23−4 (a)는 2차 고주파 능동여파기로서 낮은 주파수에서는 커패시터가 개방된 것으로 등가시킬 수 있어 전압이득은 0에 접근하게 된다. 고주파에서 커패시터는 등가적으로 단락된 것으로 볼 수 있으므로 이 여파기회로는 전압팔로워로 동작된다. 그림

23-4 (b)가 이에 대한 주파수응답 특성을 보여주고 있으며, 차단주파수는 식 (23-4)로서 주어진다.

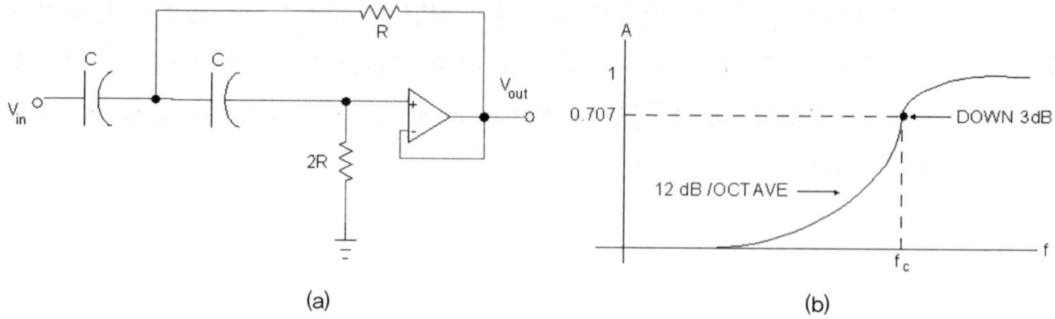

그림 23-4 2차 고주파 여파기. (a) 능동HPF회로, (b) 주파수응답특성

요약

1. 저주파여파기는 낮은 주파수 신호는 통과시키고 높은 주파수 신호는 차단한다.
2. 고주파여파기는 저주파 신호는 억제하고 높은 주파수 신호는 통과시킨다.
3. 능동여파기는 연산 증폭기와 리액티브(reactive) 소자, 주로 커패시터를 사용한다.
4. 능동여파기가 갖고 있는 한 가지 장점은 부피가 크고 낮은 주파수에서 비경제적인 인덕터를 제거할 수 있다는 점이다.
5. 차단 주파수보다 큰 주파수범위에서 1차 능동 저주파여파기는 −6 dB/octave의 비율로 전압이득이 감소한다. 이것은 데시벨로 나타내지 않고 보통의 전압이득으로 표시하는 경우 주파수가 2배로 증가하면 전압이득이 1/2로 감소한다는 것을 의미한다.
6. 6 dB/octave의 감소비율은 20 dB/decade의 감소비율과 동일하다.
7. 차단주파수보다 높은 주파수범위에서 2차 능동 저주파여파기는 −12 dB/octave의 비율, 즉 −40 dB/decade로 감소하는 전압이득을 갖는다.
8. 1차 또는 2차 여파기의 차단주파수에서 데시벨 전압이득은 −3 dB 떨어진다. 이것은 차단주파수에서 전압이득이 최대값의 0.707배가 된다는 것을 의미한다.

나. 실험과정

실험 장비 및 재료

- 전원공급장치 : 가변 직류전압원
- 장비 : 함수발생기, 오실로스코프
- 저항기 : 1 kΩ, 22 kΩ, 10 kΩ 1/2 W
- 연산 증폭기 : 741C
- 커패시터 : 0.01 μF 2개, 0.22 μF

1차 능동저주파여파기

1. 그림 23-5와 같이 회로를 연결한다.
2. 함수발생기의 사인파 주파수를 100 Hz로 맞추고 여파기출력이 1 V_{pp}가 되도록 신호레벨을 조정한다. 첨두-첨두(peak-to-peak) 입력전압을 측정하여 표 23-1에 기록한다.
3. 주파수를 200 Hz로 변경하여 입력과 출력전압을 측정한다. 측정결과를 표 23-1에 기록한다.
4. 표 23-1의 나머지 주파수에 대해과정 3번을 반복한다.
5. 표 23-1의 각 주파수에 대해서 전압이득을 구한다. 또한 데시벨의 단위로 전압이득을 계산하여 표 23-1에 기록한다.
6. 차단주파수(전압이득이 0.707배 되는 주파수)를 측정하여 아래에 기록한다.

f_c = ______________________

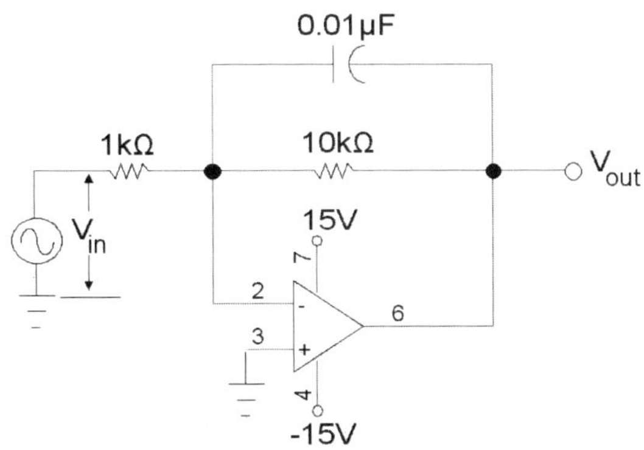

그림 23-5 1차 능동 저주파 여파기

표 23-1 1차 저주파 여파기

f	v_{in} [V]	v_{out} [V]	A	A_{dB} [dB]
100 Hz				
200 Hz				
500 Hz				
1 kHz				
2 kHz				
5 kHz				
10 kHz				

2차 능동저주파여파기

7. 그림 23-6의 회로를 구성한다.
8. 교류발생기의 사인파주파수를 100 Hz로 맞추고 여파기출력이 1 V_{pp}가 되도록 신호레벨을 조정한다. 첨두-첨두 입력전압을 측정하여 표 23-2에 기록한다.
9. 표 23-2에 있는 다른 주파수에 대해 입력과 출력전압을 측정한다.
10. 표 23-2의 각 주파수에 대해서 전압이득을 계산한다. 또한 데시벨의 단위로 전압이득을 구한다.
11. 차단주파수(전압이득이 0.707배 되는 주파수)를 측정하여 아래에 기록한다.

f_c = ____________________

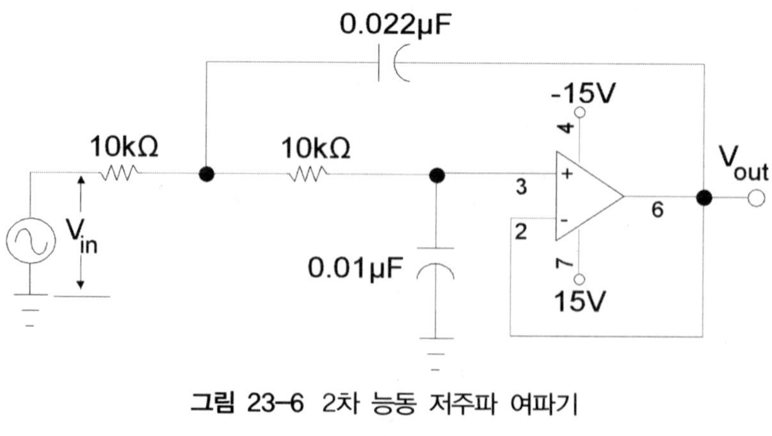

그림 23-6 2차 능동 저주파 여파기

표 23-2 2차 능동저주파 여파기

f	v_{in} [V]	v_{out} [V]	A	A_{dB} [dB]
100 Hz				
200 Hz				
500 Hz				
1 kHz				
2 kHz				
5 kHz				
10 kHz				

2차 능동고주파여파기

12. 그림 23-7의 회로를 구성한다.
13. 함수발생기의 사인파 주파수를 10 kHz로 맞추고 여파기출력이 1 V_{pp}가 되도록 신호레벨을 조정한다. 첨두-첨두 입력전압을 측정하여 표 23-3에 기록한다.
14. 주파수를 5 kHz로 변경하여 입력과 출력전압을 측정한다. 측정결과를 표 23-3에 기록한다.
15. 표 23-3에 열거되어 있는 나머지 주파수에 대해 가정 14번을 반복한다.
16. 표 23-3의 각 주파수에 대해서 전압이득을 계산한다. 또한 데시벨의 단위로 전압이득을 구하여 표 23-에 기록한다.
17. 차단주파수(전압이득이 0.707배 되는 주파수)를 측정하여 아래에 기록한다.

f_c = ______________________

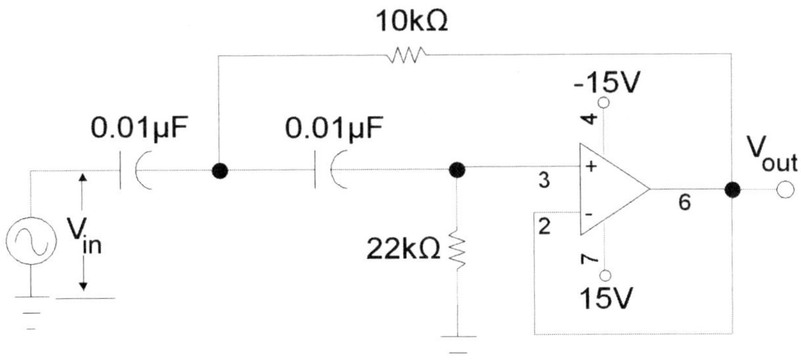

그림 23-7 2차 능동고주파여파기

표 23-3 2차 고주파 여파기

f	v_{in} [V]	v_{out} [V]	A	A_{dB} [dB]
100 Hz				
200 Hz				
500 Hz				
1 kHz				
2 kHz				
5 kHz				
10 kHz				

다. 검토 사항

1. 그림 23-5에서 주파수 100 Hz인 경우 이론적인 전압이득을 계산해 보고 이 계산값이 표 23-1에서의 전압이득과 차이가 있다면 그 이유를 설명해 보라.
2. 그림 23-5에서 이론적인 차단주파수를 구하고 이 이론값과 측정한 차단주파수비교하시오.
3. 그림 23-5의 경우 차단주파수보다 큰 주파수범위에서 전압이득은 얼마나 빨리 감소하는가 설명하라. 또한 표 23-1의 측정값에서 주파수가 5 kHz에서 10 kHz로 변화 할 때 전압이득은 얼마나 감소되었는가?
4. 그림 23-6에서 이론적인 차단주파수를 구해 보라.
5. 그림 23-6의 경우 차단주파수보다 큰 주파수범위에서 전압이득은 얼마나 빨리 감소하는가 설명하고, 표 23-2의 측정값에 의한 결과와 비교하라.
6. 그림 23-7에서 이론적인 차단주파수를 구해보시오. 또한 차단주파수보다 매우 작은 주파수범위에서 전압이득은 얼마나 빨리 증가하는가?

실험 24

전압조정

실험목표

1. 트랜지스터 전압조정기(regulator)를 구성한다.
2. 전류제한(curent–limiting) 기구를 관찰한다.
3. 인가전압의 변화와 부하변동에 대한 영향을 조사한다.

가. 실험 내용

제너다이오드 실험에서 전압조정을 위해 사용되는 소자로 제너 다이오드(zener diode)를 소개하였다. 큰 전류를 흘릴 수 있는 전압조정기를 구현하기 위해서는 제너 다이오드에 부귀환 증폭기를 결합할 필요가 있으며, 이 실험에서는 트랜지스터를 사용하는 전압조정기를 구성해 본다.

제너 다이오드 조정기

그림 24-1은 제너 다이오드 전압조정기를 구동하는 브리지 전파정류기(bridge rectifier)를 보여준다. 여파기 커패시터에 나타나는 직류전압의 리플(ripple)은 브리지 정류기의 출력 저항, 여파기 커패시턴스, 그리고 부하저항에 따라 결정된다. 그러나 V_{in}이 V_Z보다 큰 값으로 유지되는 한, 제너 다이오드는 출력전압을 일정하게 한다.

제너 다이오드 조정기의 동작에서 부하전류가 커지면 반대로 제너 다이오드 전류가 감소한다. 이 제너 전류의 변화는 제너 다이오드의 저항(수십 옴)을 통하여 흐르면서 최종 출력전압에 변화를 일으키게 된다. 제너 전류의 변화가 크면 클수록 출력전압의 변화도 커지게 된다. 만약 제너 전류가 단지 수 mA 범위에서 변한다면 부하전압에서의 변화는 별로 문제가 되지 않겠지만 만약 제너 전류의 변화 정도가 수십 mA 또는 그 이상인 경우는 부하에서 전압변화는 매우 커져 대부분의 응용에서 전압조정기로 사용하기 어렵게 된다.

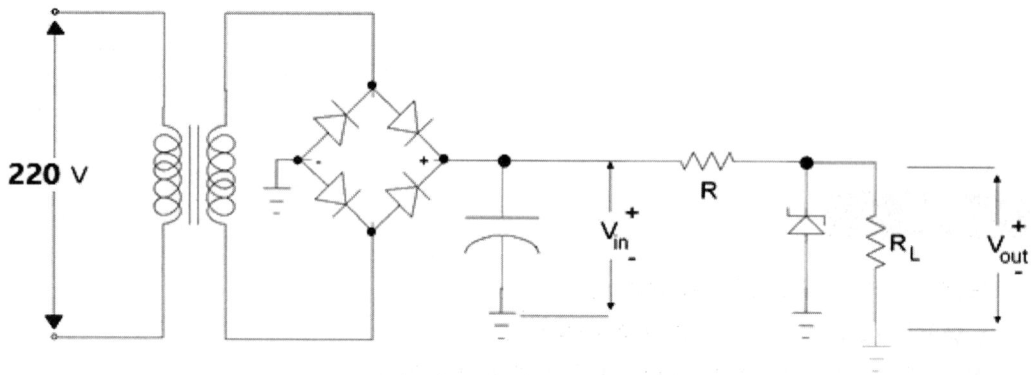

그림 24-1 브리지 정류 회로를 갖는 제너 다이오드 전압조정기

제너 다이오드와 이미터 팔로워

제너 다이오드 조정기의 전류제어능력을 증가시킬 수 있는 가장 단순한 방법은 그림 24-2와 같이 이미터 팔로워와 함께 사용하는 것이다. 부하전압은 여전히 제너 전압에서 트랜지스터의 V_{BE} 전압강하 만큼 더 작게 되지만 제너 다이오드의 전류 변화는 트랜지스터 전류이득, β의 계수 만큼 감소된다. 이와 같은 이유로 조정기는 거의 일정한 부하전압을 유지하면서 더 큰 부하전류를 제어할 수 있다.

이 회로는 직렬 전압조정기의 예로서 컬렉터-이미터(collector-emitter)가 부하와 직렬로 되어 있다. 결과적으로 부하전류는 트랜지스터를 통과하여야 하며 이와 같은 특성 때문에 이 트랜지스터를 통과(pass) 트랜지스터라 부른다. 통과 트랜지스터의 전압 V_{CE}는

$$V_{CE} = V_{in} - V_{out} \tag{24-1}$$

와 같고, 통과 트랜지스터에서의 전력소모는 식 (24-2)로 표시된다.

$$P_D = (V_{in} - V_{out})I_{out} \tag{24-2}$$

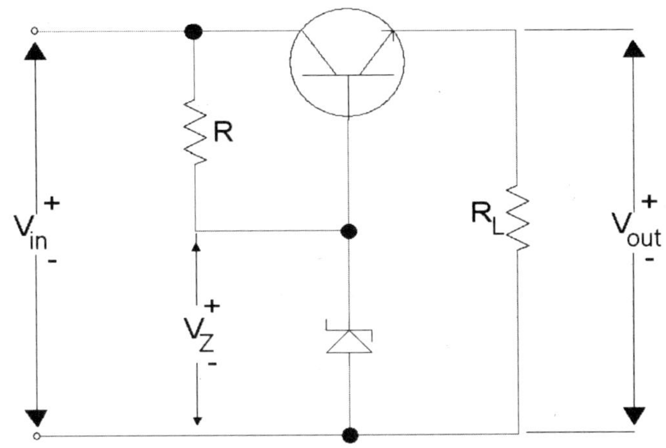

그림 24-2 제너다이오드의 전류공급능력을 증가시킨 이미터 팔로워

부귀환

그림 24-3은 부귀환 조정기의 한 예이다. 트랜지스터 Q_2는 앞의 예처럼 이미터 팔로워로서 동작되며 트랜지스터 Q_1은 부귀환루프에 전압이득을 제공한다. 이제 회로에 대한 동작을 살펴보기로 한다. 먼저 부하전압이 증가한다고 가정한다. 이 경우 귀환전압 V_F도 증가하게 되는데 Q_1의 이미터전압은 제너 다이오드에 의해 일정하게 고정되어 있으므로 더 많은 컬렉터전류가 Q_1과 R_3을 통해 흐르게 될 것이다. 이것은 Q_2의 베이스전압을 감소시키고 결과적으로 Q_2의 이미터전압도 감소하게 함으로써 부하에서 발생하였던 전압증가를 상쇄시키게 된다.

유사한 방법으로 만약 부하전압이 감소한다면 부귀환전압 V_F도 감소하고 따라서 Q_1과 R_3을 통하여 흐르는 전류도 감소하게 될 것이다. 이것은 Q_2의 베이스 및 이미터전압을 증가시키는 결과를 나타냄으로써 결국 부하에서 발생하였던 전압감소를 거의 상쇄하는 효과를 갖게 된다.

이와 같이 부하에 나타나는 전압 변화가 부귀환에 의해 상쇄되기 때문에 전체적인 효과는 부하저항에 변화가 발생한다 하더라도 거의 일정한 부하전압이 공급될 수 있다.

출력전압은 식 (24-3)과 같이 표현된다.

$$V_{out} = A_{CL}(V_Z + V_{BE}) \tag{24-3}$$

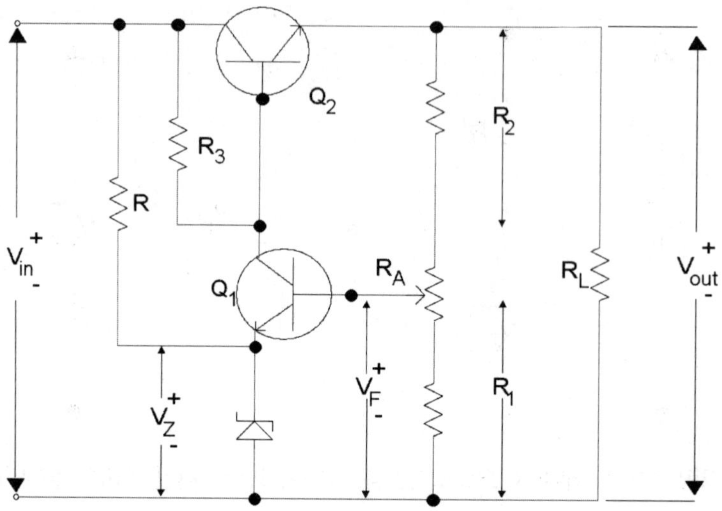

그림 24-3 부귀환 전압조정기

여기서 V_Z는 제너 전압이고, V_{BE}는 Q_1의 베이스-이미터 전압강하이다. 폐루프 전압이득은

$$A_{CL} = \frac{R_2}{R_1} + 1 \tag{24-4}$$

로 주어된다.

이것은 제너 다이오드의 온도 안정도(stability)가 최적인 6 V 근처에서 제너 전압을 사용할 수 있음을 의미한다. R_1에 대한 R_2의 비를 조절함으로써 본질적으로 제너 전압과 같은 안정도를 갖는 조정된 출력전압을 만들 수 있다. 그림 24-3에서의 가변저항 R_A는 출력 전압이 정확한 값이 되도록 해준다. 이와 같은 방법으로 제너 전압, V_{BE}전압강하, 그리고 귀환저항에 의한 허용범위(tolerance)를 조정할 수 있다.

전류제한

그림 24-3의 전압조정기는 직렬 조정기로서 회로가 단락되는 경우 보호를 받을 수 없게 된다. 만약 우연한 사고로 부하가 단락된다면 Q_2를 통하여 큰 전류가 흐르게 되어 Q_2의 파괴 혹은 전원공급기 내의 다이오드가 타버리는 결과를 초래하거나 아니면 이 두 소자를 모두 파손될 것이다. 이와 같은 가능성을 피하기 위해 전원공급기는 보통 전류제한 기능을 포함한다.

그림 24-4는 출력단자들이 우연히 단락된다 하더라도 부하전류를 안전한 값으로 제한하는 하나의 방법을 보여준다. 즉 정상적인 사용전류에 대해서는 R_4에 나타나는 전압강하는 작고 Q_3은 동작되지 않게 되어 전압조정기는 앞서 설명한대로 동작된다. 그러나 만약 지나치게 큰 부하전류가 흐르게 되면 R_4에 걸리는 전압이 충분히 커지게 되어 Q_3을 동작시키게 된다. 따라서 Q_3의 컬렉터전류가 R_3에 흐르고, Q_2의 베이스 전류가 감소하여 Q_2의 베이스전압을 낮추고 출력전압을 낮추는 효과를 나타냄으로서 Q_2의 파괴를 방지하게 된다. R_4를 $1\,\Omega$으로 하였으므로 부하전류가 600 mA 내지 700 mA 근처 (V_{BE}/R_4)가 될 때 전류제한은 시작된다. R_4의 값을 바꾸어 줌으로서 전류제한의 레벨을 변경할 수 있다.

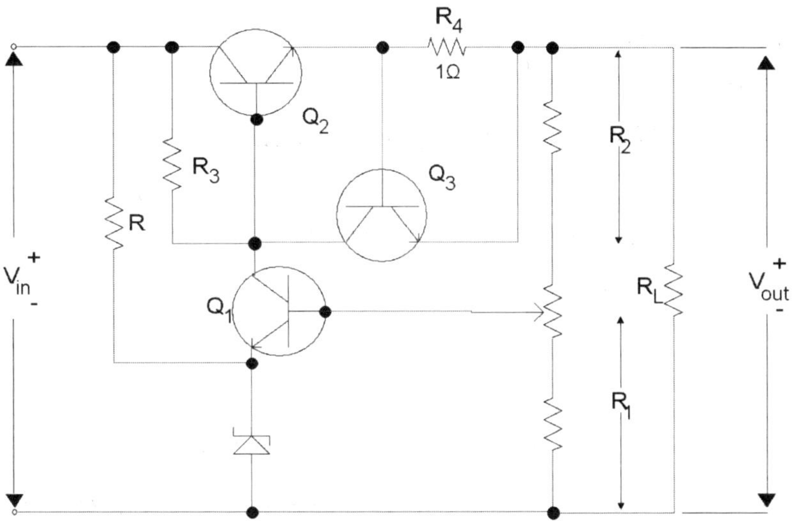

그림 24-4 전류제한기능을 가진 전압조정기

요 약

1. 제너 다이오드는 전압을 조정하기 위해 사용될 수 있다.
2. 제너 다이오드 조정기에 대한 제한은 전형적으로 mA 단위로 출력전류의 양을 제어하는데 사용될 수 있다.
3. 조정기의 전류능력을 높이기 위한 방법은 이미터 팔로워를 덧붙여 사용하는 것이다. 이렇게 하는 경우 트랜지스터의 전류이득, β만큼 출력 전류능력을 증가시킬 수 있다.

4. 제너 다이오드에서 온도에 대한 감도는 6V 근처에서 가장 작다.
5. 부귀환 증폭기와 제너 다이오드를 사용함으로써 전압안정도 높은 전압조정기를 만들 수 있다.
6. 전류제한은 우연한 사고로 조정기의 출력단자가 단락됨으로써 야기될 수 있는 위험을 회피하기 위해 사용된다.

나. 실험과정

◎ 실험 장비 및 재료

- 전원공급장치 : 가변 직류전압원
- 장비 : DMM, 오실로스코프
- 저항기 : 33 Ω, 680 Ω, 2.2 kΩ, 3.3 kΩ, 10 kΩ 1/2 W
- 가변저항 : 5 kΩ
- 제너 다이오드 1개 : 1N753(V_Z이 6.0 V 제너 다이오드)
- 트랜지스터 : 2N3904

◎ 계산치

1. 그림 24-5에서 R_A가 최대값이 되도록 이동한 경우 A_{CL}은 얼마가 되는가? 또한 R_A를 최소가 되도록 이동시키면 A_{CL}값은 얼마인가? 계산한 값들을 표 24-1에 기록한다.
2. V_Z이 6.0 V인 경우에 대해 부하전압의 최대값과 최소값을 계산하여 표 24-1에 기록한다(V_{BE}는 0.7 V로 할 것).
3. Q_3의 V_{BE}가 0.7 V일 때 Q_3이 동작한다고 가정할 때, 전류제한이 시작되는 부하전류의 값은 얼마인가? 구한 값을 표 24-1의 $I_{\max}$항에 기록한다.

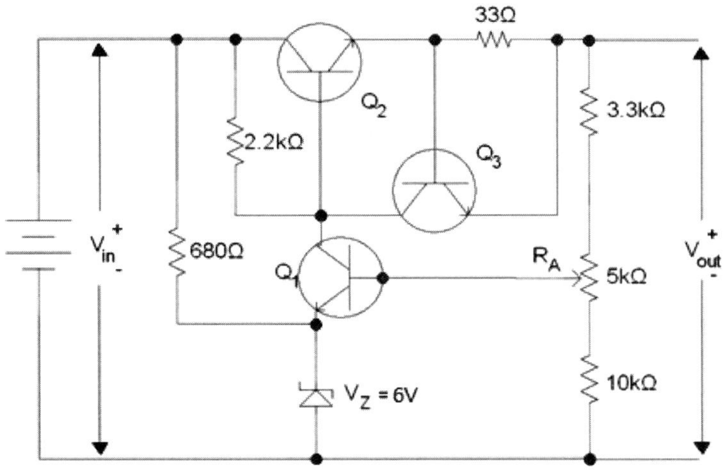

그림 24-5 실험회로

표 24-1 계산값

$A_{CL(\min)}$ =
$A_{CL(\max)}$ =
$V_{out(\min)}$ =
$V_{out(\max)}$ =
$I_{\max}$ =

◎ 조절 범위

4. 그림 24-5와 같은 회로를 구성한다.
5. V_{in}의 값이 20V가 되도록 전원공급기를 조정한다.
6. V_{out}이 최소가 되도록 R_A를 조정한다. 표 24-2에 이 최소 부하전압값(V_{out})을 기록한다. 마찬가지 방법으로 부하전압이 최대가 되도록 R_A를 조정한 다음 그 때의 최대 부하전압을 표 24-2에 기록한다.

◎ 부하변화에 대한 영향

7. V_{out}이 10 V가 되도록 R_A를 조정하고, 부하 양단에 가변 저항을 연결한 후 저항

을 100 kΩ에서 1 kΩ으로 변화시킨다. 그러면 전압은 약간 감소할 것이다. 이 변화값을 표 24-2의 $\Delta V_{out(load)}$항에 기록한다.

표 24-2 측정값

$V_{out(\min)}$=
$V_{out(\max)}$=
$\Delta V_{out(load)}$=
$\Delta V_{out(line)}$==

전류 제한

8. 부하전압이 떨어지기 시작할 때까지 부하 양단에 연결한 가변 저항을 감소시킨다. 이때가 전류제한이 발생하는 시점으로 저항을 더 낮추면 부하전압은 더 떨어지게 된다.
9. 부하 양단의 가변저항을 1 kΩ으로 맞춘다. 부하 양단을 단락회로를 이용하여 단락시킨 다음 전압강하가 0으로 되는가를 주시해본다. 다음 단락회로를 제거한 후 전압이 다시 10 V로 돌아오는가를 살펴본다.

인가전압 변화에 의한 영향

10. 전원공급기를 15 V에서 25 V로 변화시킨다. 그러면 부하전압은 약간 변화될 것이며 그 변화값은 표 24-2의 $\Delta V_{out(line)}$항에 기록한다.
11. V_{in}은 20 V, V_{out}은 10 V, 그리고 부하의 가변저항은 1 kΩ으로 맞춘 후 각 트랜지스터 단자에서의 직류전압을 측정한다. 이 측정값들을 그림 24-5의 각 트랜지스터 단자 옆에 기록한다.

다. 검토 사항

1. 표 24-2에 있는 부하전압의 최소값 및 최대값을 표 24-1의 이론값과 비교하라.
2. 부하저항이 100 kΩ에서 1 kΩ으로 변화되면 부하전압은 약간 변화한다. 이것이 전압조정기에서 왜 중요한가를 설명하라.
3. 입력전압이 15 V에서 25 V로 변화되면 부하전압은 더 작게 변화된다. 이것이 왜 중요한 것인가를 설명하라.
4. Q_2에 흐르는 컬렉터전류는 얼마인가? 이때 이 트랜지스터에서의 전력소비는 얼마인가?

실험 25

3단자 전압조정기

실험목표

1. 고정 전압조정기(IC regulator)를 이해한다.
2. 조절 가능한 전압조정기(IC regulator)를 실험한다.
3. 전류조정기(IC regulator)를 실험한다.

가. 실험 내용

◎ 초기의 집적회로 조정기

그림 25-1 (a)는 금속 캔 패키지(metal-can package) 형태를 갖는 LM300의 핀 다이아그램(pin diagram)를 보여준다. 그림 25-1 (b)와 같이 이 소자를 이용하여 회로를 구성하면 조절이 가능한 전압조정기로서 사용가능하다. 핀 1번에 연결된 외부저항은 전류제한을 위해 사용된다. 부스터(booster) 출력인 핀 2번은 외부 통과 트랜지스터가 부하전류능력을 증가시키기 위해 연결되는 곳이다. 조정이 안 된(unregulated) 입력은 핀 3번에, 그리고 접지는 핀 4번에 접속시킨다. 핀5번은 제너 다이오드를 바이패스하기 위한 커패시터 연결점으로 사용되는데 이 커패시터는 제너 다이오드가 발생하는 잡음을 감소시킨다. 핀 6번은 귀환 전압 V_F를 위해, 그리고 핀 7번은 보상을 위한 커패시터를 연결하기 위해 사용되는 것으로 이것에 의해 발진(oscillation)이 방지된다. 발진은 내부적으로 발생되는 바람직하지 않은 교류신호이다. 조정된 출력전압은 핀 8번에 나타난다.

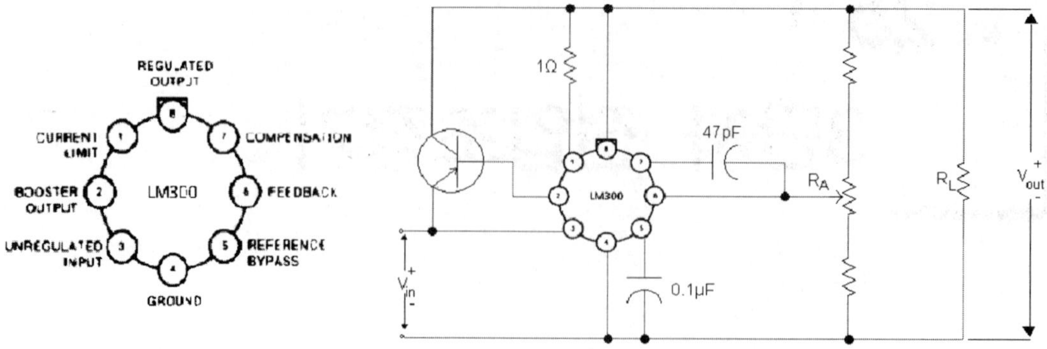

(a) (b)

그림 25-1 (a) LM300 핀 레이아웃, (b) 간단한 전압조정기

이 집적회로 조정기의 단점은 원하는 특성을 얻기 위해서는 여러 가지 방법으로 연결되어져야 하는 8개의 단자 또는 핀들과 함께 외부 구성요소(component)들이 필요하다는 것이다. 손쉽게 사용되기 위해 많은 외부 구성요소들의 연결이 요구되지 않아야 하며, 보통 집적회로 조정기는 단순히 3단자 소자로 사용된다. 여기서 3단자란 조정이 안 된 입력과 조정이 된 출력, 그리고 공통(접지)을 위한 단자를 의미한다.

3 단자 집적 회로 조정기

2세대 집적회로 조정기는 100 mA부터 3 A 정도의 큰 부하전류를 공급할 수 있는 3단자 소자이다. 이 새로운 집적회로 조정기는 플라스틱 또는 금속 패키지로 이용 가능한 것으로 사용하기 용이하고, 사실상 열파괴 되지 않도록 검증된 소자이다.

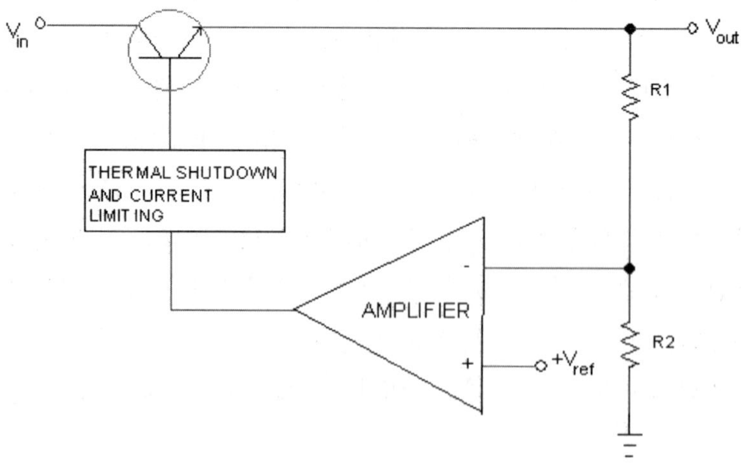

그림 25-2 LM340 시리즈에 대한 등가 회로

LM340 시리즈는 전형적인 2세대 집적회로 조정기로서 이 시리즈에 대한 블록 다이그램을 그림 25-2에 나타내었다. 내장되어 있는 기준(reference)전압이 증폭기의 비반전 입력을 구동시키며, 내부전압 분배기에 의한 귀환전압은 출력전압이 5 V부터 24 V까지 될 수 있도록 미리 맞추어져 나타나게 된다. 특별히 LM340시리즈에서 이용가능한 전압값은 5, 6, 8, 10, 12, 15, 18 그리고 24 V이다. 이 칩은 1.5 A 정도의 큰 부하전류를 제어할 수 있는 통과 트랜지스터를 갖고 있으며, 또한 전류제한 및 열차단(thermal shutdown)도 포함한다.

열차단은 내부 온도가 175℃에 도달하면 발생하는데 이 점에서 조정기는 동작을 중단함으로써 칩 온도가 더 이상 증가하는 것을 방지한다. 이와 같은 열차단은 지나친 전력소모에 대한 예방이 된다. 이 열차단과 전류제한의 특성으로 인하여 LM340 시리즈는 비파괴 소자로 이용가능하다.

단순 조정기

그림 25-3은 고정 전압조정기의 가장 단순한 형태로 구성된 LM340을 나타낸다. 이 경우에 브리지 정류기는 LM340-5를 구동하고, LM340-5 소자는 전형적으로 2%의 허용 오차가 있는 5 V 출력을 갖는다. 핀 1번은 입력, 핀 2번은 출력, 그리고 핀 3번은 접지와 연결된다. 이와 같은 회로는 출력전압을 조정할 뿐만 아니라 리플도 감쇠시킨다. LM340-5는 80 dB의 전형적인 리플 억제기능을 가지는데, 이를 다른 말로 표현하면 입력에 존재하는 어떤 리플도 출력에서는 10,000배만큼 작아져 나타난다는 것이다.

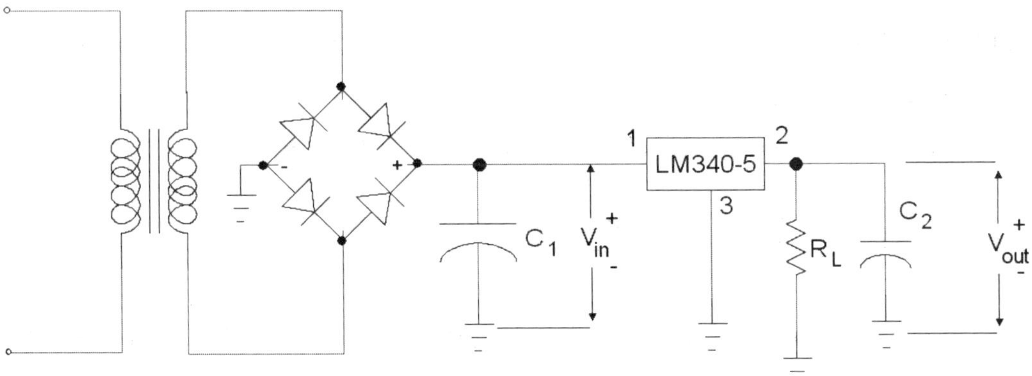

그림 25-3 집적회로 조정기를 구동하는 브리지 회로

집적회로가 전원공급 여파기 커패시턴스로부터 수 cm 이상 떨어지게 되면 연결선의 인덕턴스는 원하지 않는 발진을 생성할 수 있다. 이와 같은 이유 때문에 바이패스 커패시터 C_1을 종종 핀 1번에 연결하여 사용하게 되는데 이 바이패스 커패시터의 전형적인 값은 수 μF이다.

LM340-5는 7 V부터 20 V에 해당하는 입력을 조정하는 반면 LM340-24는 27 V부터 38 V의 범위에 해당하는 입력을 조정하여 24 V의 출력을 생성하게 된다. 일반적으로 LM340 시리즈는 조정되어 나오는 출력값 보다 입력 전압이 적어도 2 V 내지 3 V 커야 하며 그렇지 않을 경우 조정을 멈추게 된다.

조절 가능한 집적 회로 조정기

그림 25-4는 LM340에 외부 구성요소를 덧붙임으로써 출력전압을 조절할 수 있도록 한 것으로 LM340의 공통 단자는 접지되지 않고 R_2의 위쪽에 연결시켰다. 이것은 조정 출력 V_{REG}가 R_1 양단 사이의 전압과 같음을 의미한다. 정지전류(quiescent current) I_Q는 핀 3번을 통하여 흐르므로 결국 R_2에 흐르는 총 전류는 식 (25-1)과 같다.

$$I_2 = I_Q + \frac{V_{REG}}{R_1} \tag{25-1}$$

또한 출력전압 식 (25-2)로 표현된다.

$$V_{out} = V_{REG} + \left(I_Q + \frac{V_{REG}}{R_1}\right)R_2 \tag{25-2}$$

LM340 시리즈 경우, I_Q의 최대값은 8 mA이고 모든 입력전압 변화와 부하변화에 대해 오직 1 mA 변화한다.

종종 I_Q는 V_{REG}/R_1과 비교해 볼 때 무시할 수 있으므로 이 경우 식 (25-2)는

$$V_{out} = \left(\frac{R_2}{R_1} + 1\right)V_{REG} \tag{25-3}$$

과 같이 간략화 된다. 관계식 $(R_2/R_1)+1$은 비반전 증폭기에서의 전압이득과 유사하다.

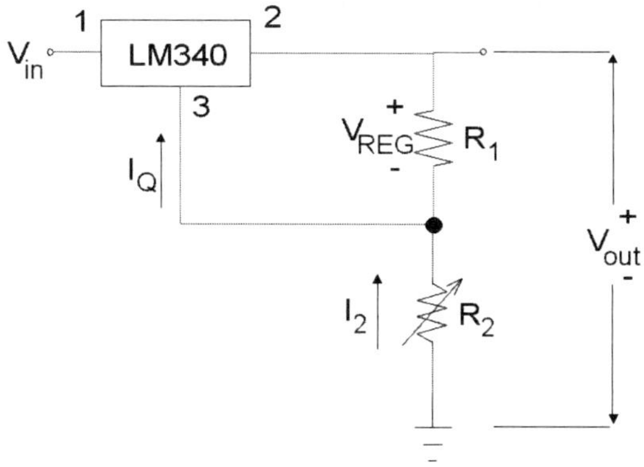

그림 25-4 조절이 가능한 전압 조정기

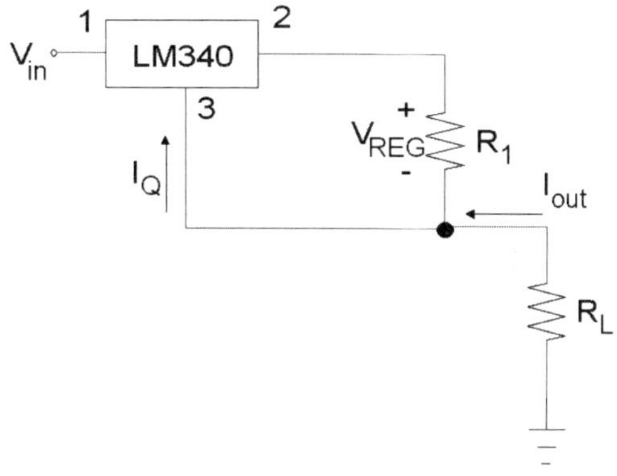

그림 25-5 전류조정기

전류 조정기

그림 25-5는 LM340의 또 다른 응용 예를 보여주는 것으로서 여기서는 R_2 자리에 부하저항을 대치시킨다. 이전의 경우처럼 정지전류 I_Q는 R_L을 통하여 흐르고, 또한 R_1의 전류도 R_L을 통과하여 흐른다. 그러므로 부하전류는

$$I_{out} = I_Q + \frac{V_{REG}}{R_1} \tag{25-4}$$

와 같이 나타낼 수 있으며, 만약 I_Q를 무시할 수 있다면 식 (25-4)는 다음과 같이 간략화 된다.

$$I_{out} = \frac{V_{REG}}{R_1} \tag{25-5}$$

예를 들어 $V_{REG} = 5\,V$, $R_1 = 10\,\Omega$인 경우 식 (25-4)에 의해 I_{out}을 계산하면 508 mA, 반면에 식 (25-5)로 구한 I_{out}은 500 mA가 된다. 이 출력전류는 근본적으로 일정하고 R_L의 영향을 받지 않는데 다시 말하면 R_L이 변하더라도 출력전류는 고정된 값을 유지하게 된다.

요 약

1. 2세대 집적회로 조정기는 3단자 소자로서 출력전압을 일정하게 유지시키는 기능을 갖는다.

2. LM340 시리즈는 전형적인 2세대 집적회로 조정기로서 5 V로부터 24 V까지의 조정된 전압을 생성할 수 있다.
3. LM340 소자는 전류제한과 열차단을 포함한다.
4. 집적회로 조정기가 전원공급기로부터 수 cm 이상 떨어지게 되면 조정기 입력에 바이패스 커패시터를 연결할 필요가 있다.
5. LM340 소자에 대한 입력전압은 조정되어 나오는 출력값 보다 적어도 2 V 또는 3 V 더 커야만 한다.
6. 전류제한은 우연한 사고로 조정기의 출력단자가 단락되는 위험을 회피하기 위해 사용된다.

나. 실험과정

실험 장비 및 재료

- 전원공급장치 : 가변 직류전압원
- 오실로스코프
- 저항 : 47 Ω, 100 Ω, 150 Ω, 180 Ω 1/2 W
- 커패시터 : 1 μF/50-V
- 장비 : 디지털 멀티미터(Digital multimeter)
- 집적회로 조정기 : LM340-8

고정 전압조정기

1. 그림 25-6과 같이 회로를 구성한다.
2. 오실로스코프의 입력을 직접결합(Direct Coupled)모드로 하여 조정기 출력(핀 2번)을 관찰한다.
3. 전원공급기를 1 V부터 시작하여 15 V까지 천천히 가변시키면서 오실로스코프의 파형을 관찰한다. 나타나는 파형은 안정된 직류전압이여야 한다(만약 출력에 진동이 존재하면 조정기의 입력 양단에 1 μF의 커패시터를 연결하라).
4. 입력공급전압을 표 25-1에 나열된 값으로 바꾸어가며 이 때 조정되어 나타나는 출력전압을 측정하여 기록한다.

표 25-1 고정 전압조정

V_{in} [V]	V_{out} [V]
1	
5	
10	
11	
12	
13	
14	
15	

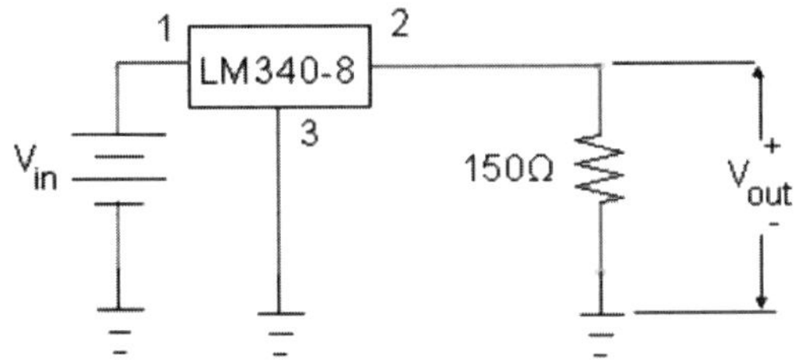

그림 25-6 고정 전압조정기

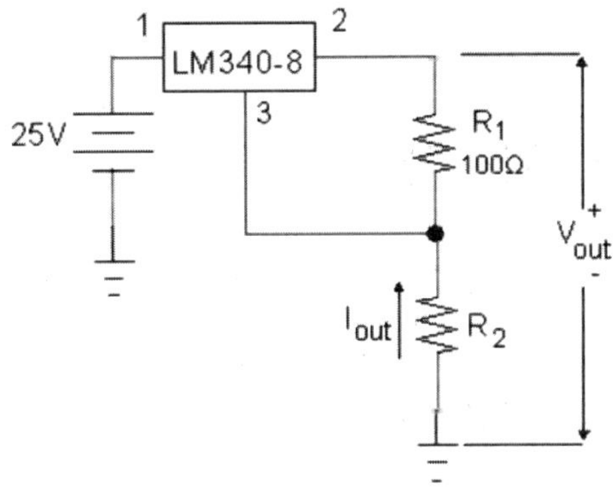

그림 25-7 출력전압 조절

출력전압의 조절

5. $R_2 = 47\ \Omega$로 하여 그림 25-7과 같은 회로를 구성한다.
6. V_{out}을 측정하여 표 25-2에 기록한다.
7. R_2를 표 25-2에 나열된 값들로 바꾸어가며 V_{out}을 측정하여 표 25-2에 기록한다.

전류조정

8. 표 25-3에 나열된 각 값에 대하여 R_2에 흐르는 전류를 측정하여 표 25-3의 I_{out} 항에 기록한다.

표 25-2 출력조절 전압

R_2 [Ω]	V_{out} [V]
47	
100	
180	

표 25-3 전류조정

R_2 [Ω]	I_{out}
47	
100	
180	

다. 검토 사항

1. 표 25-1의 데이터가 나타내는 의미를 설명하라.
2. 표 25-1를 참조하여 조정기가 적절하게 동작되는 최소의 입력 전압을 설명하라.
3. 그림 25-7에서 R_2가 100 Ω인 경우 식(25-2)와 $I_Q = 8$ mA를 사용하여 V_{out}을 구해보라.
4. 검토 사항 3의 계산 결과를 표 25-2의 데이터와 비교해 보라.
5. 표 25-3의 데이터가 나타내는 의미를 설명하라.
6. 그림 25-7에서 LM340-12가 사용된다면 R_2가 47 Ω인 경우 V_{out}은 얼마인가? 단 I_Q는 8 mA이다.

실험 26

하틀리 발진회로

실험목표

1. 하틀리 발진회로를 구성하고 컬렉터와 베이스의 파형을 관찰한다.
2. 발진주파수를 계산, 측정한다.

가. 실험 내용

탱크회로

발진기는 교류신호전압을 발생시키는 장치이다. 그 발진주파수는 회로형태와 소자값에 따라 결정된다. 발진기는 여러 형태로써 라디오, TV 수상기, 레이더, 송신기, 군용 및 산업용 전자장치 등에 응용된다. 발진작용은 진동운동으로 LC 병렬회로(탱크회로)가 여기(agitation)되면, 회로 내에서 전자의 진동작용이 발생한다.

그림 26-1의 회로에서 S_1을 닫으면 용량 C가 전원전압 V의 크기로 충전된다. 다시 S_1을 열고 S_2를 닫으면 용량 C에 충전된 전압은 L을 통하여 방전하게 되며 이때 L주변에 자장이 형성된다. C의 방전이 끝나면 L 주변의 자장은 감소되며 L 속에 유도(induction) 전류가 C의 방전 시 흐르던 방향과 동일 방향으로 흐른다. 따라서 이 유기 전류가 용량 C를 반대극성으로 충전시킨다. C는 다시 충전된 전하를 방전하게 되며 따라서 L 내의 전자흐름은 반대방향이 된다. 전류는 그림의 화살표 방향이 되고 커패시터나 인덕터 양단의 전압도 바뀌어 교류 파형을 만든다. L 주변의 자장이 다시 커지게 되나 이때의 방향은 다시 반대가 된다. 이런 과정으로 탱크회로 내에서 전자흐름은 바뀌게

되고 발진작용이 이루어진다. 탱크회로 내의 저항손실로 인하여 발진의 진폭이 그림 26-1에서와 같이 감소된다. 진폭은 감소하나 모든 주파의 주기는 일정하다. LC 탱크 회로의 발진주파수는 아래와 같이 구하여 진다.

$$f = \frac{1}{2\pi\sqrt{LC}} \tag{26-1}$$

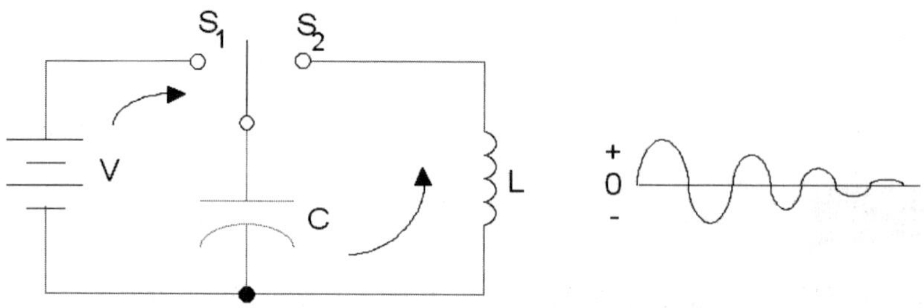

그림 26-1 LC 병렬회로의 여기작동과 발진

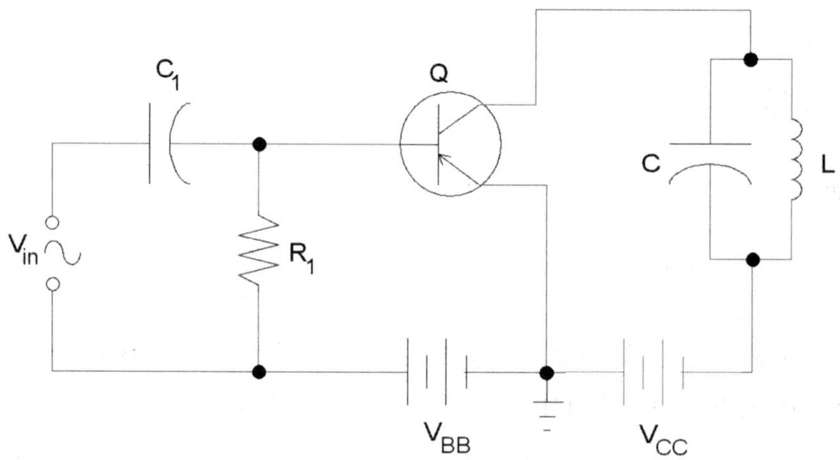

그림 26-2 LC공진회로가 있는 증폭기

탱크회로의 손실 극복

탱크 회로의 공급된 에너지가 소모되었을 때 전원 V로부터 용량 C로 에너지를 공급해 줌으로써 다시 L을 통하여 방전이 일어난다. 매주기마다 S_1, S_2로 스위칭 조작을 함으로써 발진을 지속시킬 수 있다. 따라서 진폭이 일정한 정현파 파형을 얻게 된다. 여기에서 회로에서 손실의 보충에 직류전원이 사용됨을 주의하라. 탱크회로의 발진을 일정하게 지속시키는 방법으로서, 그림 26-2와 같이 A 증폭기의 출력측에 탱크회로를 결선한다. 여기의 트랜지스터 증폭기는, 이미터와 베이스(입력회로)를 역바이어스 시켜주는 V_{BB} 전원으로 인하여, 차단상태에 있다.

정현파 입력신호가 음의 첨두치에 가까이 도달하면 베이스가 순간적으로 순방향이 되어 컬렉터전류는 흐르게 된다. 이는 Q의 컬렉터에 있는 탱크회로를 순간적으로 여기시키며 탱크회로가 발진을 하게 한다. 이때 입력측의 정현파 주파수가 탱크회로의 공진주파수와 일치하면 출력 LC 회로의 발진은 계속된다.

컬렉터 공진 발진회로

증폭기에 정귀환을 이용함으로써 발진에 필요한 입력신호를 자체 조달할 수 있다. 그림 26-3에서 L_1이 L에 유도 결합되어 있다. 먼저 전원을 가하면 컬렉터전류가 L을 통하여 흐르기 시작한다. L에 전류가 흐름으로써 이는 L_1 내에 반대극성의 전압을 유기시킨다. L_1의 음의 유기전압은 베이스에 가해져서 베이스가 순간적으로 순방향이 되어 베이스전류와 컬렉터전류를 흐르게 한다. 이 증가된 컬렉터전류는 다시 LC 탱크회로가 발진하도록 여기시킨다.

귀환전압의 주파수와 탱크회로의 공진 주파수는 동일하다. 귀환작용으로 인하여 별도 외부로부터의 입력신호의 필요성이 제거되었으며 LC 탱크회로는 전술한 바에 따라 발진을 하게 된다.

그림 26-4는 컬렉터 공진 발진회로의 다른 변형이다. 그림 26-3의 회로와 비교해보면 C_1이 제거되어 있음을 볼 수 있으며 이는 동작점에 변화를 주게 된다. 또 하나 변한 것은 L_1의 끝이 접지에서 떠나 전원의 −단자에 접속된 점이다.

직렬 하틀리 발진 회로

그림 26-5는 직렬 하틀리 발진 회로(series feed Hartley oscillator)이다. 이 회로에서 코일 L_1은 단권변압코일의 구성을 하고 있는 L의 일부분이다. NPN 트랜지스터는 보통의 증폭기로서 입력회로엔 순방향 바이어스로 출력회로는 역방향 바이어스로 되어 활성상태이다. 컬렉터전류가 L_1을 통과할 때 L 내에는 유기전류가 발생되고 이는 베이스에 가해지게 된다. L−L_1과 C가 공진주파수를 결정한다.

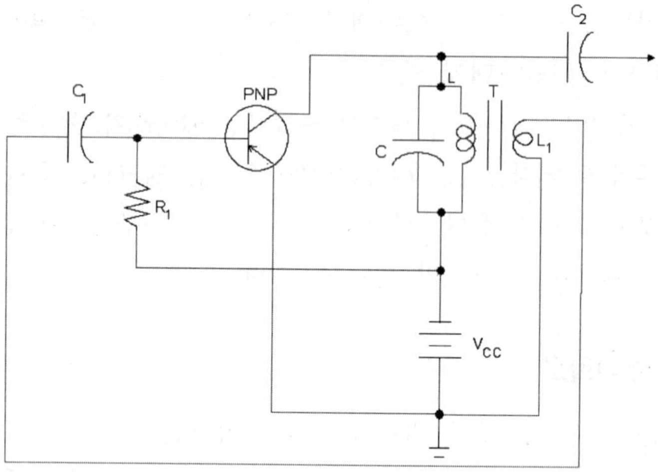

그림 26-3 컬렉터 공진회로

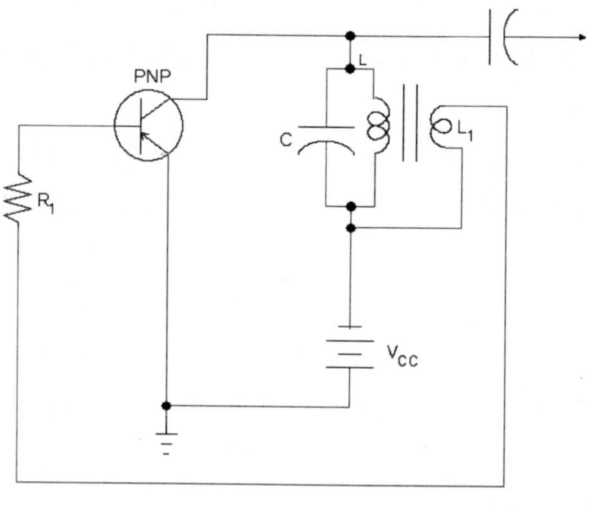

그림 26-4 컬렉터 공진 발진회로의 변형

R_1은 이미터 베이스간의 바이어스 전압을 결정해주며, C_1은 베이스전류로 충전되어 베이스가 이미터에 대하여 음의 전위를 유지하게 하여 차단상태로 있게 한다. 따라서 발진의 양의 첨두치에 가까운 구간에서 트랜지스터는 동작상태가 된다.

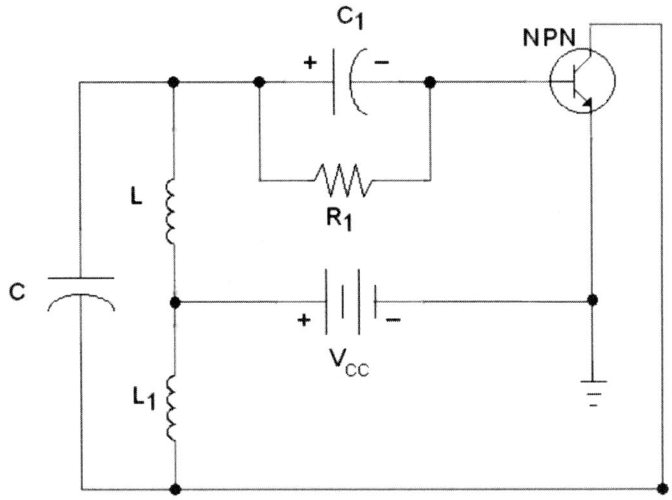

그림 26-5 직렬 먹임 하틀리 발진회로

병렬 하틀리 발진회로

그림 26-6은 병렬 하틀리 발진회로(parallel or shunt-fed Hartley oscillator)이다. ac 경로와 dc 경로가 병렬구성을 하고 있음으로 병렬형이라 부른다. 이런 형의 회로는 라디오 수신기의 국부 발진회로에 주로 사용된다. C_2와 L_1은 컬렉터에서 접지에 이르는 ac 전류의 통로가 된다. L_1을 통과하는 ac 전류는 발진을 지속시키기에 충분하고 적절한 진폭과 위상의 전압을 L 내에 유기시킨다. $L-L_1$ 코일의 이미터 접속 단자의 위치는 베이스에 가해주는 귀환량을 조절함에 이용된다.

C와 단권변압코일($L+L_1$)은 공진회로를 구성하며 발진주파수를 결정한다. 따라서 C를 가변시켜 발진회로를 조정할 수 있다. C_1과 R_1은 베이스에 바이어스전압을 공급하는 RC 회로를 구성한다. 컬렉터측의 ac 초크(RFC)는 ac 신호 전압이 V_{CC} 전원공급 회로측에 이르지 못하게 차단하는 구실을 한다.

이미터저항 R_2는 회로에 dc 안정화 작용을 하며 C_3는 R_2의 양단에서 ac 신호 전압을 바이패스 시킴으로써 부귀환 현상을 방지한다.

하틀리 코일에는 3개의 접속단자가 표시되어 있다. 이들은 코일이며 표시가 없어도 저항측정으로 쉽게 판별이 가능하다. PT간의 저항값이 TG간의 저항값보다 낮음에 유의하라. 하틀리 코일의 접속단자가 뒤바뀌어 접속되면 발진동작이 일어나지 않는다.

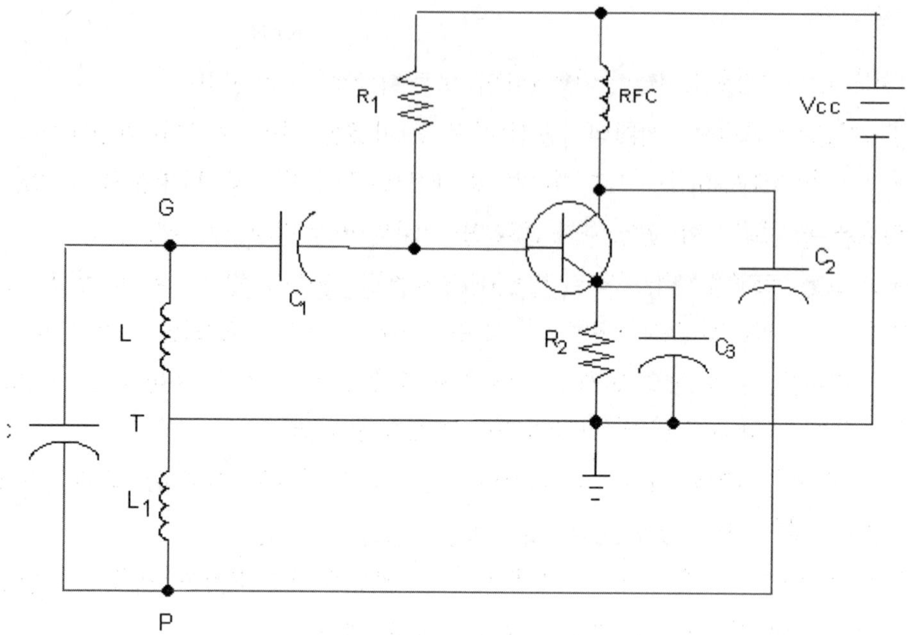

그림 26-6 병렬 하틀리 발진회로

◎ 발진회로의 주파수 측정

◎ 오실로스코프 시간축(time base)에서 측정

발진회로의 주파수(근사치)는 아래와 같은 수식으로 계산할 수 있다.

$$f = \frac{1}{2\pi\sqrt{LC}} \tag{26-2}$$

정현파신호의 주파수를 측정하는 한 가지 방법은 오실로스코프를 사용하여 측정신호파의 주기를 측정하는 것이다. 측정된 주기에서 주파수를 계산한다. 주파수는 다음 식을 사용하여 계산된다.

$$f = \frac{1}{T} \tag{26-3}$$

여기서 f는 [Hz], T는 [sec]의 단위이다.

요 약

1. 발진회로는 정현파 또는 비정현파의 교류 전압을 발생한다.
2. 발진회로는 라디오, 레이더, 송신기 등을 비롯한 여러 분야에 응용된다.
3. 그림 26-1에서와 같이 LC 회로는 순간적으로 여기 시켜 발진을 할 수 있으나 회로에서 손실이 보충 공급되지 않으면 감쇠되어 발진이 멈추게 된다.
4. LC회로를 트랜지스터 증폭기의 컬렉터에 접속하고 출력의 일부를 입력으로 귀환시켜, LC 회로의 손실 에너지를 보충 공급시켜줌으로써 발진이 지속된다.
5. 발진회로의 한 형태는 코일을 사용하여 적절한 위상의 귀환에너지를 출력측에서 입력측으로 공급하고 있다(그림 26-3, 26-4의 회로).
6. 그림 26-5는 직렬 하틀리 발진기라 부른다. 그 이유는 직류경로와 교류경로가 동일하기 때문이다.
7. 하틀리 발진기는 접속단자가 3개 있다. 단권변압기형 코일을 사용하여 발진을 지속적으로 할 수 있다(그림 26-6의 코일 $L-L_1$).
8. 그림 26-6은 하틀리 발진기 회로이다. R_2와 R_3이 직류 안정화 작용을 한다.
9. 그림 26-6은 병렬 하틀리 발진기 회로이다. 교류 신호의 경로와 직류 신호의 경로가 병렬로 구성되어 있다.
10. LC 발진회로의 주파수는 공진회로(탱크 회로)의 L과 C값으로 결정된다. 따라서 발진주파수는 아래의 수식으로 계산된다.

$$f = \frac{1}{2\pi\sqrt{LC}}$$

    여기서 f는 [Hz], L은 [H], C는 [F]의 단위이다.
11. 발진기의 주파수측정은 오실로스코프로 주기를 구하여 측정한다.

나. 실험 과정

실험 장비 및 재료

- 전원공급장치 : 직류 가변전압원
- 저항 : 390 kΩ, 270 kΩ 1/2 W
- 콘덴서 : 47 pF, 250 pF 1 nF, 0.01 μF
- Transistor : 2N3904
- 장비 : 디지털 멀티미터(Digital multimeter), 오실로스코프
- 기타 : 30 mH RF초크, 하틀리 발진코일, SPST 스위치

1. 그림 26-7과 같이 결선한다. L은 발진 코일이다. M은 전류계로서 10 mA 전류 범위로 설정한다. 전원을 가하기 전에 결선을 필히 재점검해야 한다.
2. 오실로스코프의 시간축 스위치를 1 [μs/cm]에 놓고 발진기의 S를 닫는다. 측정점 TP1과 TP2의 파형을 관찰하고 측정한 후 그 결과를 표 26-1에 기록한다
3. 디지털 멀티미터를 사용하여, V_{BE}(B와 E간의 직류 전압), V_{CE}(C와 E간의 직류 전압), 측정점 TP1, TP2 각각에서의 V_{PP}전압을 측정하여 표 26-1에 기입한다.

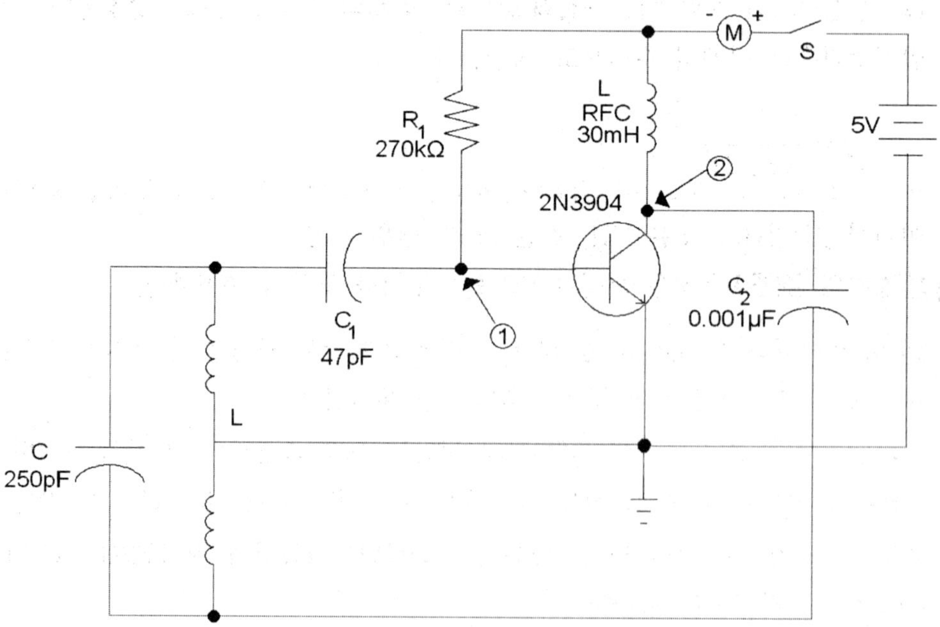

그림 26-7 하틀리 발진회로

표 26-1 실험용 발진기의 측정값

과정	TP1			TP1			
	파형	V_{PP}	V_{BE}	파형	V_{PP}	V_{CE}	I_T
2,3,4							
6							
7							

4. M으로 발진기의 입력전류를 측정하여 표 26-1에 기입한다.
5. S를 열어 전원을 끊고, R_2, C_3(바이어스 안정화 회로)를 그림 26-8과 같이 에미터에 연결한다.
6. S를 닫고 순서 2, 3, 4와 같이 실험을 진행한다.
7. C_3를 빼고 순서 2, 3, 4와 같이 실험을 진행한다.

발진주파수 측정

8. 오실로스코프를 사용하여 TP2점에서 관찰되는 파형의 한 주기의 폭을 측정하고 이 값에 [Time/Div] 스위치의 위치점 값을 곱하여, 주기 T를 계산하고 아래의 수식을 이용하여 발진주파수를 산출한다.

$$f = \frac{1}{T}$$

여기서 f는 [Hz], T는 [sec]의 단위이다. T와 f값을 표 26-2에 기입해 넣는다.

발진기의 고장진단

9. 발진부에서 문제가 생기면 출력신호가 사라진다. 신호가 없으면 나머지 회로는 입력이 없는 증폭기가 된다. S를 열고 C_2를 제거한다.
10. S를 닫고 측정점 TP1, TP2점에서의 전압을 각각 측정하여 그 값을 표 26-3에 기입한다. C_2가 없이는 발진을 지속시켜주는 귀환경로가 없게 됨으로 TP1, TP2 점에서 ac 파형이 나타나지는 않는다. 스코프를 사용하여 점 TP2에 AC 파형이 나타나는지 확인하여 보아라.

표 26-2 발진주파수 측정

과정	발진주기 [ms]	발진주파수 [kHz]
8		

표 26-3 고장진단 측정결과

과정	상 태	TP1의 측정전압	TP2의 측정전압
10	C_2 개방		
12	C_2 개방		
13	초크 개방		
14	초크 개방		

발진기의 고장진단

11. 발진기의 고장진단에 신호 추적법이 사용된다. 발진기의 주파수와 동일한 주파수의 정현파신호를 이제 증폭기로 작동하는 트랜지스터 발진회로의 베이스에 가해준다. RF 발진기를 C_1과 C 접속점에 접속시키고, 문제의 발진회로의 주파수에 RF 발진기의 주파수를 일치시킨다.

12. 측정점 2에서 출력이 나타날 때까지 RF 발진기의 출력을 높여준다. 이 때 TP1,2 점에서 나타나는 신호를 각각 측정하여 기록한다. 이 고장회로에 대하여 무엇이 밝혀지는가? 어떤 부품에 결함이 있는가? 만약 C_2가 불량(개방상태)이라면 TP2 점으로부터 컬렉터신호가 C_2를 통과할 수는 없을 것이다.

13. S를 열고, RF 발진기를 제거하고 C_2를 교환한다. RFC 코일의 일단을 끊고 S를 닫는다. TP 1,2점에서 전압을 측정하여 표 26-3에 기입한다.

14. RF 발진기를 전과 같이 다시 접속시키고 TP1,2에서 신호를 다시 측정한다. 위의 순서 13, 14에서 얻은 측정결과에 관하여 고찰해본다.

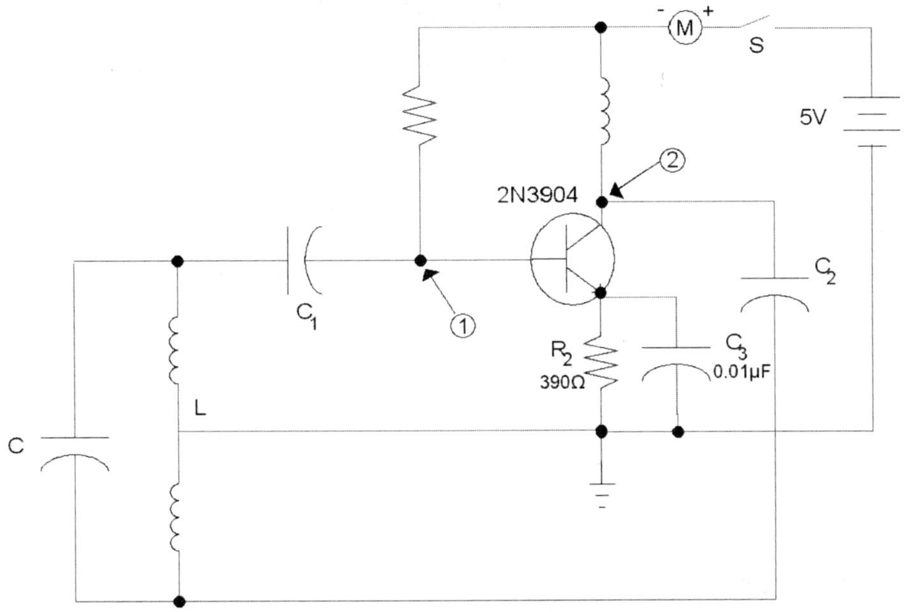

그림 26-8 바이어스 안정화 회로가 부착된 실험용 하틀리 발진기

다. 검토 사항

1. 발진에 필요한 조건은 무엇인가?
2. 그림 26-7의 회로가 발진을 하기 위해서는 어떤 상태의 조건이 갖추어져야 하는가?
3. 그림 26-8회로에서 C_3을 제거할 때 나타나는 결과에 대하여 설명하라.
4. 실습순서 4, 7에서 측정 기록한 전류값을 표 26-1에서 비교 설명하라.
5. 그림 26-8 회로에서 C_2의 역할은 무엇인가?
6. 만약 C_2를 개방시킨다면 발진기는 계속 동작하겠는가?
7. 식 (26-1)로 산출한 발진주파수와 측정하여 얻은 주파수를 비교해 본다면, (a) 어떠한 차이가 있는가? (b) 두 주파수간에 차이가 있다면 이에 관해 설명하라.
8. 발진기가 동작하고 있는지 여부를 판별하는 방법에 대하여 설명하라.

실험 27

연산 증폭기 발진기

실험목표

1. 빈브리지(Wien Bridge) 발진기의 특성을 측정한다.
2. 병렬-T 발진기를 구성하고 특성을 조사한다.

가. 실험 내용

선행지행 회로

그림 27-1 (a) 회로가 선행지행(Lead-Lag) 회로이다. 이와 같은 회로에서 V_{out} 신호의 위상은, 낮은 주파수에서 V_{in} 신호의 위상에 비하여 앞서게 되며 높은 주파수에서는 뒤지게 된다. 이 현상을 그림으로 나타내면 그림 27-1 (b)와 같이 된다. 여기서 위상변위가 0인 경우에 해당하는 주파수가 f_0임에 주의하라. 주파수 f_0에서 회로의 전압이득은 그림 27-1 (c)에서와 같이 1/3로서 최대치에 이른다. 위상변위가 0에 해당하는 주파수 f_0는 다음 식으로 주어진다.

$$f_0 = \frac{1}{2\pi RC} \tag{27-1}$$

그림 27-1 (a)과 같은 회로에서 주파수가 f_0에 이르면 전압이득이 최대치가 되고 위상변위가 0에 이르므로, 이 회로를 공진회로로 볼 수 있다. 따라서 f_0를 선행지행 회로의 공진주파수라 부른다.

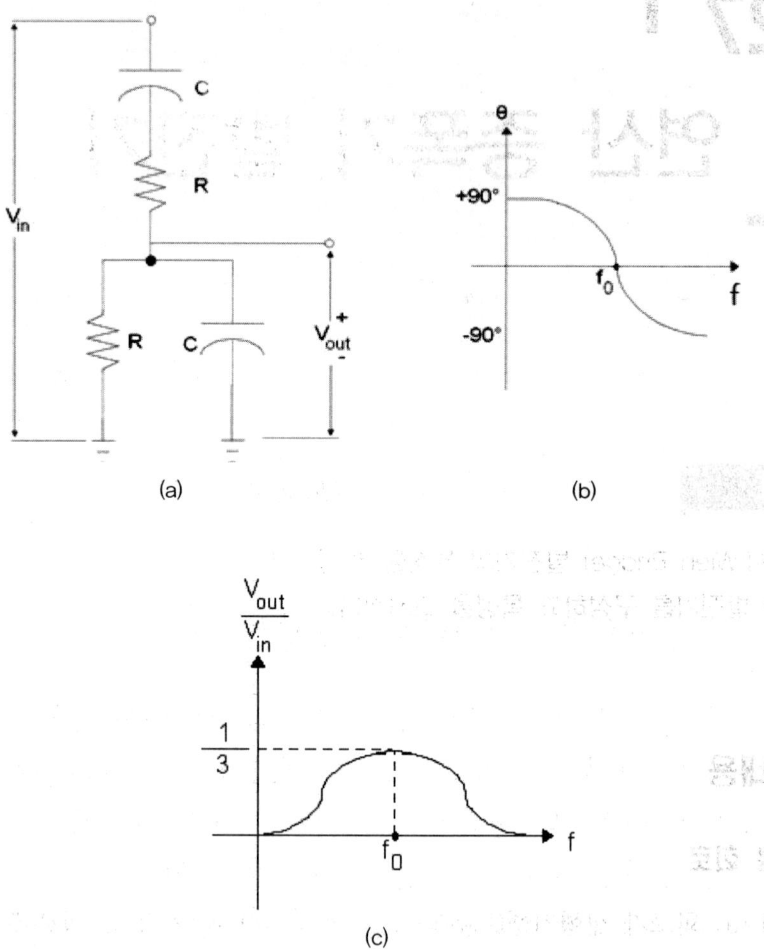

그림 27-1 선행지행 회로. (a) 회로도, (b) 위상변이, (c) 전압이득

빈(Wien)브리지 발진회로

빈브리지(Wien-Bridge) 발진회로는 5 [Hz]-1 [MHz]의 주파수범위에 사용되는 발진회로로서 가장 광범위하게 이용된다. 그림 27-2는 빈브리지 발진회로로 능동소자인 OP-AMP를 이용하여 필요한 전압이득을 얻고 있다. 빈브리지 좌측은 선행지행 회로(R과 C)과 우측은 전압분배회로(R_1과 R_2)로서 이루어진다.

그림 27-2회로는 정귀환과 부귀환이 함께 적용되고 있다. 정귀환은 선행지행 회로을 통하여 비반전 입력측에 가해지며, 부귀환은 전압분배회로를 통하여 반전입력에 가해진다.

보통 전압분배회로의 R_1에는 소형 텅스텐 전구가 이용된다. 먼저 전원이 가해지는 초기에는 텅스텐 전구는 저 저항 상태이고 전압분배회로의 전압이득은 1/3 이하가 된다.

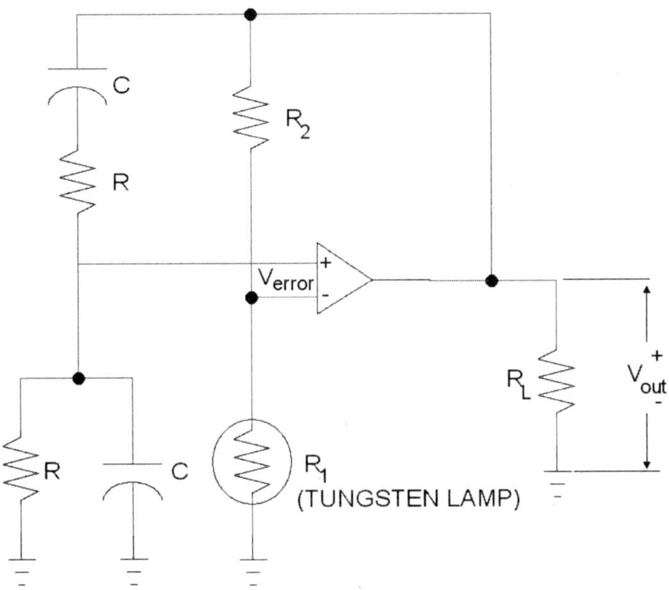

그림 27-2 OP 앰프를 사용한 빈브리지 발진회로

선행지행 회로는 f_0에서 전압이득이 1/3이며 위상변위가 0이기 때문에 연산증폭기의 입력 오차전압이 커서 발진이 시작되게 된다. f_0주파수로 발진이 되어감에 따라 출력신호는 커지고 텅스텐 전구는 가열되어 저항이 증가한다. 따라서 부귀환이 증가함을 알 수 있다. 전구의 저항 R_1이 $R_2/2$의 크기에 접근할 때 전압분배회로의 이득이 1/3에 접근하게 된다. 이때 입력 오차전압(error voltage)은 0에 접근하고 발진은 안정상태에 이르게 된다. 다시 말하면, 텅스텐 전구의 저항값이 $R_2/2$(근사치)와 같아질 때, 출력전압은 일정한 값을 유지한다.

병렬 T 여파기

그림 27-3 (a)는 병렬 T 여파기 회로도이다. 이 회로 동작 특성은 그림 27-3 (b)에 보인 바와 같이 위상변이에 대하여 선행지행 회로 같이 작용함을 해석적으로 알 수 있다. 주파수 f_0에서 위상변이는 0이 되며, 주파수가 f_0로부터 낮거나, 또는 높거나 하면 전압이득은 1에 접근한다. 주파수가 f_0일 때는 전압이득은 0으로 떨어진다[그림 27-3 (c)]. 병렬 T 여파기가 f_0에 가까운 주파수들을 제거하거나 감쇠시키므로 이 여파기를 노치여파기(notch filter)라 하며 f_0를 노치(notch)주파수라고 부른다. 노치주파수 f_0는 다음과 같이 주어진다.

$$f_0 = \frac{1}{2\pi RC} \tag{27-2}$$

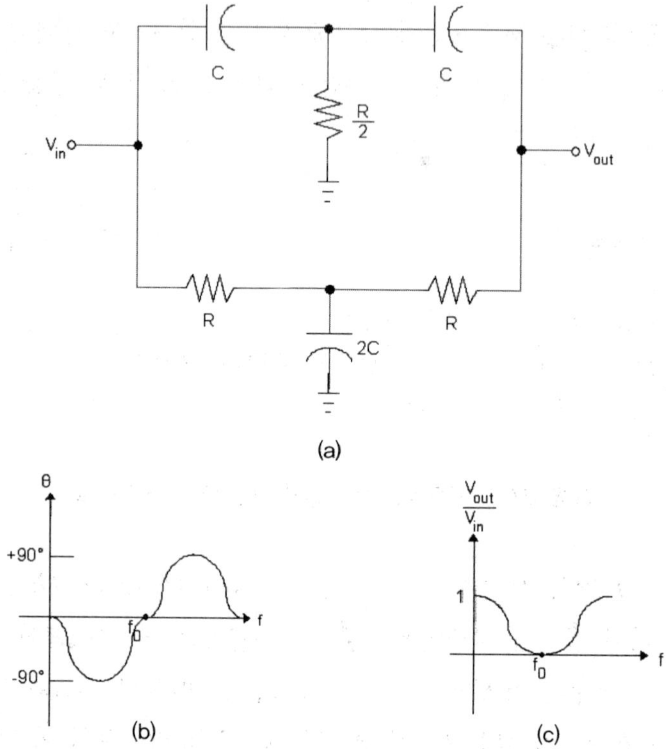

그림 27-3 병렬 T 여파기. (a) 회로, (b) 위상변이, (c) 전압이득

◎ 병렬 T 발진회로

그림 27-4는 병렬 T 발진회로이다. 전압분배회로(R_1, R_2)를 통하여 비반전입력으로 정귀환이 이루어지고, 부귀환은 병렬 T 여파기를 사용하여 반전입력으로 연결된다. 먼저 전원이 가해지면 텅스텐 전구의 저항, R_2 값이 작기 때문에 정귀환이 최대로 일어난다. 발진작용이 일어나, 출력전압이 커짐에 따라 전구의 저항이 증가하여 정귀환이 감소한다. 정귀환이 감소함에 따라 발진작용은 안정상태가 되어 출력전압은 일정한 상태를 유지한다. 이런 방법으로 텅스텐전구(R_2)는 출력전압을 안정화시키는 구실을 한다. 병렬 T 여파기회로의 R/2 저항소자는 가변시킬 수 있게 하면 식 (27-2)로 주어지는 이상적 노치주파수보다 다소 벗어난 주파수에서 발진하도록 할 수 있다. 발진주파수에서 병렬 T

여파기의 이득은 전압분배회로의 이득보다 다소 낮아야 하며, 따라서 여파기의 위상변위가 거의 0이 된다. 이런 방법으로 오차전압은 발진을 지속시킬 수 있는 정확한 진폭의 크기와 위상을 지니게 된다.

발진주파수가 확실하게 노치주파수에 가깝도록 하기 위해 전압분배회로에서 R_2가 R_1보다 훨씬 커야 하며 R_2/R_1이 10에서 100의 범위에 들게 한다. 이렇게 하면 발진기는 노치주파수 인근에서 발진한다.

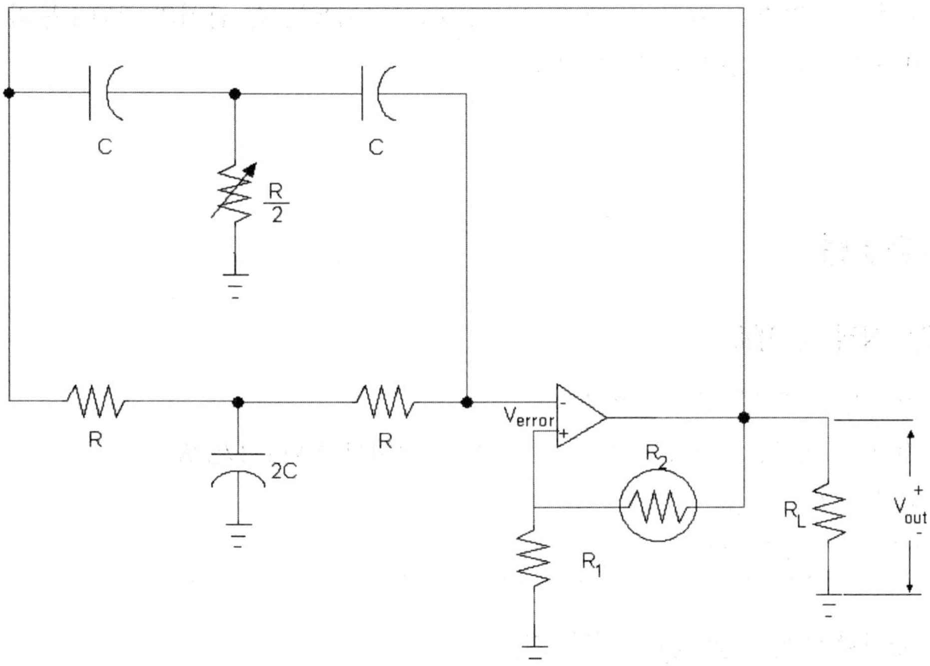

그림 27-4 병렬 T 발진회로

요 약

1. 선행지행 회로에서 위상변위는 낮은 주파수에서 양이 되고 높은 주파수에서는 음이 된다.
2. 주파수가 f_0일 때는 선행지행 회로의 위상변위는 0이 된다.
3. 선행지행 회로의 전압이득은 f_0 주파수에서 1/3로서 최대값이 된다.
4. 빈브리지 발진회로는 정귀환경로에 선행지행 회로을, 부귀환경로에는 전압분배회로를 연결한다.

5. 텅스텐 전구는 출력전압을 안정화시키기 위하여 전압분배회로에 사용한다.
6. 텅스텐 전구의 저항값이 $R_2/2$에 이를 때 빈브리지 발진회로의 출력은 안정상태에 이른다. 이때에 전압분배회로의 이득은 약 1/3이 된다.
7. 병렬 T 여파기도 선행지행 회로이다. 낮은 주파수영역에서 음의 위상변위를, 높은 주파수영역에서는 양의 위상변위를 발생시킨다.
8. 주파수 f_0에서 병렬 T 여파기의 주파수변위는 0이다.
9. 주파수 f_0에서 병렬 T 여파기의 전압이득이 이상적으로는 0으로 떨어진다.
10. 병렬 T 여파기를 때로는 노치여파기라 부르는 이유는 f_0 근처의 주파수들의 신호가 제거되거나 감쇠되기 때문이다.

나. 실험과정

실험 장비 및 재료

- 가변직류전압원, 오실로스코프
- 저항 : 100 Ω, 270 Ω, 1 kΩ, 10 kΩ, 가변저항 1 kΩ 1/2 W
- 커패시터 : 0.1 μF, 0.22 μF
- OP-AMP : 741C

빈 브리지(Wein bridge) 발진회로

1. 그림 27-5의 발진회로에서 그 발진주파수를 계산하여 표 27-1에 기입한다.
2. 그림 27-5의 회로도에 따라 빈브리지 발진회로를 연결한다. 편의상 미소 텅스텐 전구 대신 보통의 저항소자를 R_1으로 사용한다.
3. 클리핑이나 일그러짐 현상이 발생하지 않도록 하면서, 가급적 정현파의 큰 출력전압을 얻도록 R_2를 조정한다. 신호레벨이 14 V_p에 접근하는지 관찰한다.

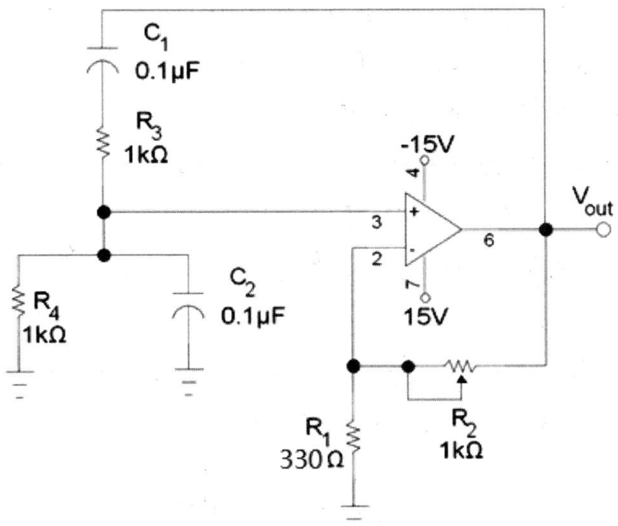

그림 27-5 실험용 빈브리지 발진회로

표 27-1 빈브리지 발진회로

f_0 (계산치)	f (측정치)	$\phi°$

4. 출력주파수를 측정하여 표 27-1에 기입한다.
5. v_{out}(그림 6)과 핀 3사이의 위상각을 측정하여 표 27-1에 기입한다.

병렬 T 발진 회로

6. 그림 27-6의 병렬 T 발진회로도에서 발진주파수(근사치)를 계산하여 표 27-2에 기입한다.
7. 그림 27-6의 회로도에 따라 병렬 T 발진회로를 구성한다.
8. 출력전압 v_{out}(6번 단자)과 3번 단자의 전압 사이의 위상각을 측정하여 표 27-2에 기입한다.
9. 출력이 약 25 V_{PP}가 되게 R_2을 조정한다.
10. 출력측의 발진주파수를 측정하여 표 27-2에 기입한다.

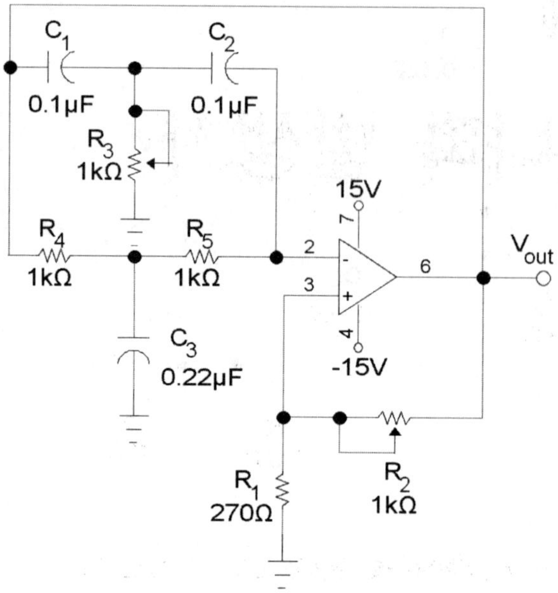

그림 27-6 실험용 병렬 T 발진회로

표 27-2 병렬 T 발진회로

f_0 (계산치)	f (측정치)	$\phi°$

다. 검토 사항

1. 표 27-1의 데이터를 이용하여 발진주파수의 이론적 계산치와 실제의 측정치를 비교하고 그 차이가 발생하는 이유를 설명하시오.
2. 발진이 지속되게 하는 요구되는 필요조건은 무엇인가?
3. 빈브리지 발진회로의 발진주파수가 5 kHz로 되도록 변화를 주려면, 어떤 소자를 가변시켜 주어야 하는가?
4. 병렬 T 발진회로에서 발진주파수의 이론적 계산치와 실제의 측정치를 비교하고, 그 차이가 발생할 수 있는 이유를 설명하라.
5. 병렬 T 발진회로에서 용량(C)을 고정하고 발진주파수를 10 kHz로 하려면 필요한 저항값은 얼마인가?

실험 28

톱니파 발생기

실험목표

1. 톱니파발생기의 파형을 관찰한다.
2. 주파수와 시정수(time constant)가 톱니파출력의 크기와 선형성에 미치는 영향을 살펴본다.

가. 실험 내용

◎ 톱니파

톱니파는 전자공학에서 사용되는 중요한 주기파형 중의 한 가지로서 오실로스코프의 시간축(time base)으로서, 레이더 지시기(indicator)에서, 그리고 많은 다른 응용분야에서 사용된다.

그림 28-1은 시간에 대해 선형적으로 변화하는 전압을 보여주는 것으로 전압파형은 주기적으로 반복된다. 전압은 t_1초 동안에는 0레벨에서 V 레벨로 증가, 그리고 t_2초가 지나면 V 레벨에서 다시 0레벨로 감소하며, 이와 같은 사이클이 계속해서 반복된다. 이때 파형의 모습이 톱의 이빨과 비슷하다고 하여 톱니파라고 부른다.

상승시간(rise time)이라고 부르는 시간구간(time interval) t_1 동안은 전압이 시간에 대해 선형적으로 증가한다. 시간구간 t_2 동안에 전압은 V 레벨에서 0레벨로 떨어지는데 전압이 떨어지는 하강시간(fall time) t_2는 전압이 올라가는 상승시간 t_1보다 훨씬 짧다.

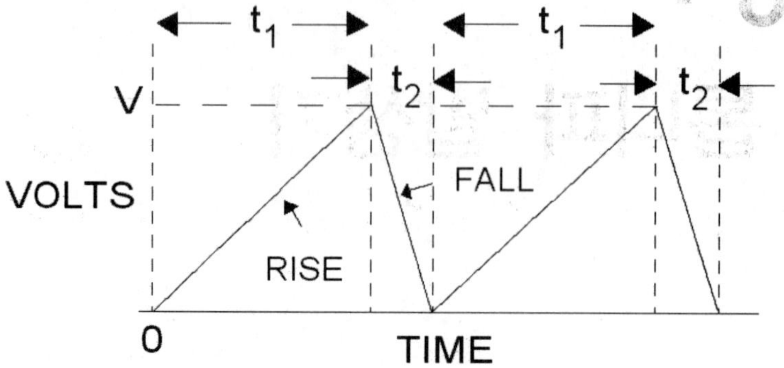

그림 28-1 전압이 시간에 따라 선형적으로 변화하는 톱니파

톱니파발생

톱니파는 적절한 RC 시정수를 이용하여 커패시터를 충전 및 방전시킴으로서 생성 할 수 있다. 톱니파발생기는 램프함수(ramp-function) 발생기라고도 불린다. 그림 28-2 (a)의 회로에서 Q는 NPN 트랜지스터 증폭기로서 입력신호가 없을 때 도통된다. 시정수 R_1C_1은 구형펄스(rectangular pulse)의 주기(t_1+t_2) 보다 매우 길다. 그림 28-2 (b)에서 v_{in}이 입력에 인가되면 구형파는 C_1에 의해 베이스와 결합된다. 신호가 음인 기간, 즉 t_1 시간 동안 베이스는 이미터에 비해 음으로 구동되어 베이스 및 컬렉터전류를 차단시키고 이에 따라 펄스가 가해지기 전에 0에 가까운 값이었던 Q의 컬렉터전압은 $+V_{CC}$의 전원전압으로 상승을 시도한다. 그러나 커패시터 C_2 양단의 전압은 순간적으로 전하가 충전될 수 없으므로 $+V_{CC}$의 값으로 순식간에 될 수는 없으며, R_2를 거쳐 C_2에 충전되는 전류의 비율에 따라 컬렉터전압은 V_{CC}값이 되도록 상승한다. 만약 시정수 R_2C_2가 구간 t_1과 비교하여 긴 값이면 C_2는 오직 V_{CC}에 미치지 못하게 충전된다.

시간구간 t_2 동안은 부호가 양인 v_{in} 신호가 베이스에 인가되어 Q를 도통하게 만든다. 그러면 커패시터 C_2는 방전을 하게 되고 이에 따라 컬렉터에서의 전압은 v_{in}이 인가되기 전의 값으로 떨어지게 된다. C_2의 방전을 의한 시정수 값은 비교적 작은데 그 이유는 방전을 위한 시정수가 $R_{EC}C_2$로서 이루어지고 R_{EC}는 트랜지스터의 포화시 이미터-컬렉터저항으로서 매우 낮은 값을 갖는다.

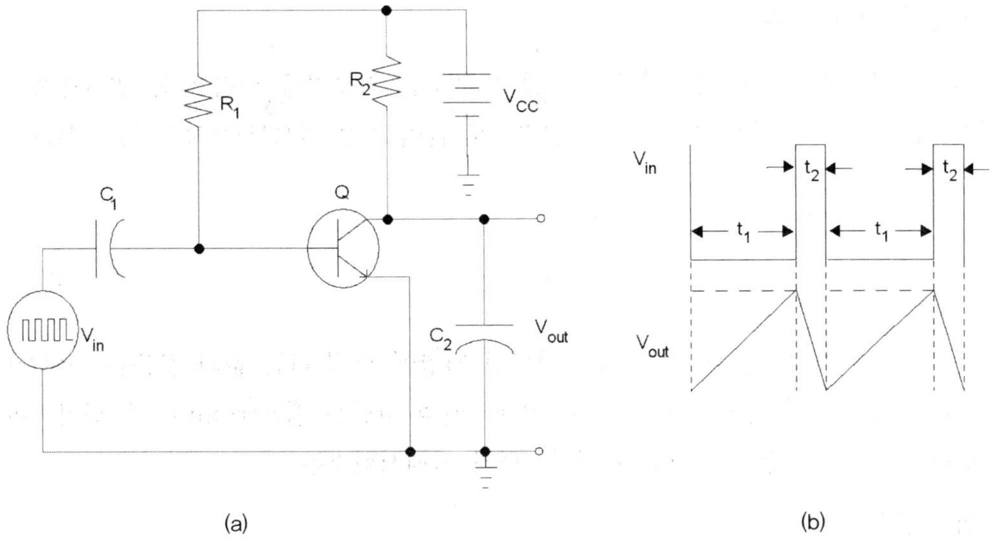

그림 28-2 (a) 스위치로 사용되는 증폭기, (b) 입력 및 출력 파형

톱니파를 생성하는 또 다른 방법이 그림 28-3에 제시된다. 여기서 신호가 없는 경우는 트랜지스터가 차단되는데 그 이유는 베이스와 이미터 모두 접지전위가 되어 베이스와 이미터 사이에 순방향 바이어스가 가해지지 않기 때문이다. 이제 v_{in}이 베이스에 인가되면 부호가 양인 짧은 펄스시간(t_2) 동안은 Q는 도통되어 R_{EC}를 거쳐 C_2를 방전시키고, 부호가 음인 긴 펄스시간(t_1) 동안에 Q는 다시 차단되기 때문에 C_2는 R_2를 통하여 향해 충전을 진행하게 된다.

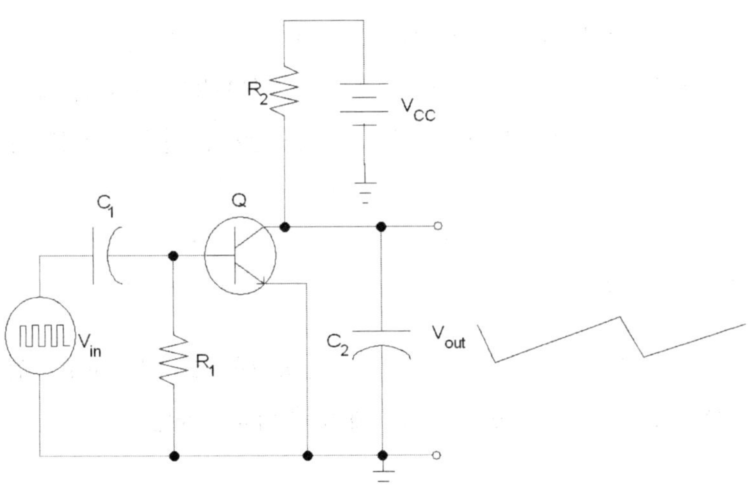

그림 28-3 다른 톱니파 발생회로, v_{in}이 낮을 때 C_2 충전

연산 증폭기 적분기

그림 28-4 (a)는 연산 증폭기를 사용하여 구성한 적분기를 나타낸다. 연산증폭기의 입력저항은 매우 커서 입력전류는 반전입력으로 들어갈 수 없으므로 모든 입력전류는 커패시터로 흘러야 한다.

$$i_{out} = i_{in} = -\frac{v_{in}}{R} \tag{28-1}$$

이 식은 커패시터의 충전전류는 입력전류를 저항에 의해 나눈 값과 같음을 의미한다. 커패시터가 일정한 충전전류를 가질 때 커패시터의 전압은 램프(ramp), 즉 선형변화를 나타낸다. 이유를 설명하면 다음과 같다. 먼저 커패시턴스는

$$C = \frac{Q}{V} \tag{28-2}$$

로서 정의되며, V로 식 (28-2)를 다시 쓰면

$$V = \frac{Q}{C} \tag{28-3}$$

와 같다. 전류가 일정할 때 $Q(i \times t)$는 시간에 대해 선형적으로 증가하게 되고, 식 (28-3)에 따라 V는 Q에 직접 비례하기 때문에 V는 시간에 선형적으로 증가한다. 일정한 값의 충전 전류가 커패시터 양단전압을 선형적으로 변화시킨다.

그림 28-4(b)의 구형파로 적분기를 구동할 때 출력은 그림 28-4 (c)와 같은 삼각파(triangular wave)의 형태를 나타낸다. $I_{in} = V_{inp}/R$, $V_{outp-p} = (I_{inp} \times T/2)/C = (V_{inp}/R) \times T/2C = V_{in\,p-p}/2/R \times T/2C = V_{in\,p-p}T/(4RC) = V_{in\,p-p}/(4fRC)$ 여기서 $f = 1/T$로 입력신호의 주파수이다. 따라서, 첨두–첨두값 출력전압은 식 (28-4)로서 표현된다.

$$v_{out(pp)} = \frac{v_{in(pp)}}{4fRC} \tag{28-4}$$

예로서 $f = 1\ \text{kHz}$, $R = 10\ \text{k}\Omega$, 그리고 $\text{C} = 0.2\ \mu\text{F}$이라고 가정하고, 입력 구형파가 12 V의 첨두–첨두값을 가진다고 한다면 그 때의 출력삼각파는

$$v_{out(pp)} = \frac{12\text{ V}}{4\times10^3\times10^4\times0.2(10^{-6})} = 1.5\text{ V}$$

와 같은 v_{out}(pp) 값을 가진다.

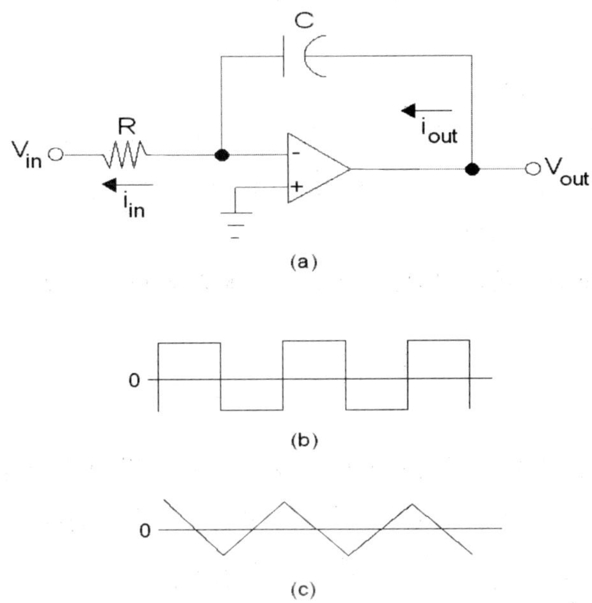

그림 28-4 연산 증폭기 적분기. (a) 회로, (b) 입력, (c) 출력

실제적인 연산 증폭기 적분기

커패시터는 주파수가 0인 경우에 개방 회로로 등가시킬 수 있으므로 그림 28-4 (a)에서의 입력오프셋(input offset) 전압은 연산 증폭기를 포화시킬 수 있다. 이것을 피하기 위해 그림 28-5처럼 보통 커패시터 양단에 병렬로 저항 R_2를 연결해준다. 보통 이 R_2 저항은 입력저항 R_1보다 10배 이상 큰 값이며, 입력주파수가 아래의 식 (28-5)보다 10배 이상 훨씬 큰 경우라면 실질적으로 출력에 어떠한 영향도 주지 않는다.

$$f = \frac{1}{2\pi R_2 C} \tag{28-5}$$

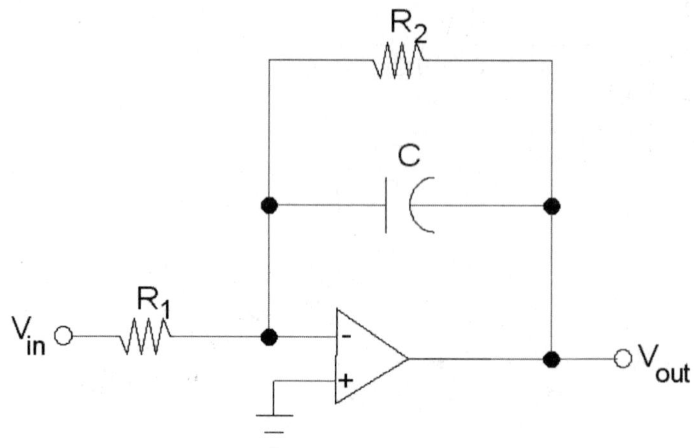

그림 28-5 입력 오프셋전압의 영향을 감소하기 위해 커패시터와 병렬로 연결한 R_2 저항

요 약

1. 톱니파형은 시간에 대해 선형적으로 변화하는 주기적 파형이다.
2. 하나의 완전한 사이클은 상승부분과 하강부분으로 구성된다.
3. 톱니파는 오실로스코프의 시간 축으로 사용된다.
4. 톱니파는 커패시터의 충전 또는 방전곡선의 선형구간을 이용함으로서 생성된다.
5. 그림 28-2 및 28-3에서 시정수 R_2C_2는 톱니 파형의 선형적인 특성을 결정한다. 즉, 시정수 R_2C_2가 입력파 v_{in}의 주기보다 훨씬 길면 파형은 선형적인 특성을 나타낸다.
6. 그림 28-2와 28-3에서 톱니파의 첨두-첨두 크기는 전원전압 V_{CC}보다 더 클 수 없다.
7. 반전입력은 가상접지로 동작함으로 커패시터에 대한 충전전류는 연산 증폭기 적분기의 입력전류와 같다.
8. 일정하게 흐르는 충전전류는 커패시터 양단전압을 선형적으로 변하게 한다.
9. 분로저항(shunt resistor), R_2를 커패시터 양단에 병렬로 하면 입력오프셋 전류가 출력을 포화시키는 것을 방지한다.

나. 실험 과정

실험 장비 및 재료

- 전원공급장치 : 가변 직류전압원
- 장비 : 오실로스코프, 함수발생기, 디지털 멀티미터
- 저항 : 470 Ω, 10,000, 12,000 Ω, 15,000 Ω, 100 kΩ, 1 MΩ 1/2 W
- 커패시터 : 0.022 μF, 0.047 μF, 0.1 μF, 100 μF 50 V, 25 μF 50 V
- 반도체 : 2N3904 트랜지스터, 2개의 741 연산 증폭기

톱니파

1. 그림 28-6의 회로를 구성한다. S_1을 닫고, 함수발생기의 구형파 출력을 250 Hz로 맞춘다. V_{in}에 발생기를 연결하고 3점에 정상(steady) 램프, 즉 선형변화가 나타날 때까지 구형파의 출력크기를 조절한다.
2. 1점에서의 파형을 오실로스코프 ch1에 입력하고 ch2로 2점, 3점에서의 파형을 관찰하고 측정한다. 표 28-1에 측정된 파형들을 그린다. 또한 파형의 첨두-첨두 크기와 주파수를 측정하고 표 28-1에 이 측정값들을 기록한다.

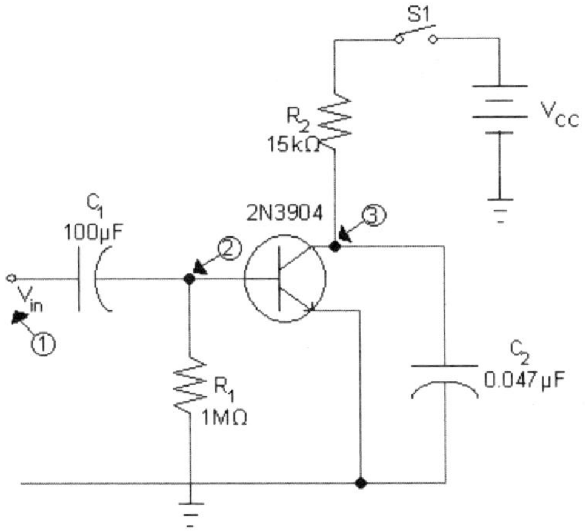

그림 28-6 톱니파 발생회로

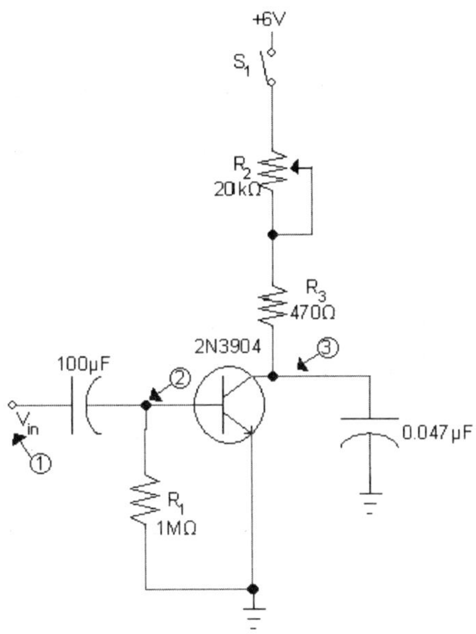

그림 28-7 가변 램프발생기

표 28-1 낮은 신호 톱니파발생기

과정	측정점	파형	V_{pp}	주파수 [Hz]
2	1			
	2			
	3			
3	3			
4	3			램프시간 t_1 [ms]

3. C_2를 25 μF으로 바꾸고 출력파형을 측정하여 표 28-1에 그려 넣는다. 또한 파형의 첨두-첨두값 크기와 주파수도 측정하여 표 28-1에 기록한다.
4. 실험회로를 그림 28-7과 같이 변경한다. 3점을 관찰하면서 R_2를 가변시킨다. R_2가 변함으로써 파형에 어떤 차이가 나타나는가? 표 28-1에 최대의 램프시간과 첨두치 전압값을 기록한다.

연산 증폭기 적분기(삼각파)

5. 0.022 μF의 C를 사용하여 그림 28-8에 보이는 회로를 구성한다.
6. 1점과 V_{out}에서 파형을 관찰하여 표 28-2에 그려 넣고 또한 파형의 첨두-첨두 전압값도 측정하여 같은 표 28-2에 기록한다.
7. 표 28-2에 나열된 C의 다른 값에 대해서 과정 6번을 반복한다.

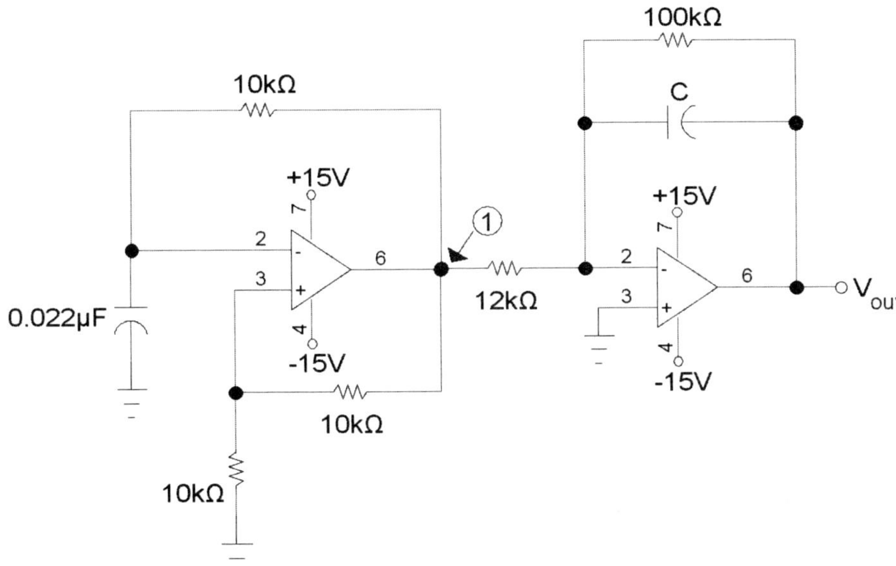

그림 28-8 삼각파를 발생시키기 위한 실험회로

표 28-2 적분기

C [μF]	1점		V_{out}	
	파형	V_{pp}	파형	V_{pp}
0.022				
0.047				
0.1				

다. 검토 사항

1. 실험 과정 2번과 3번에서 3점에 대한 파형의 측정 결과에 차이가 있다면 설명하시오.
2. 실험 과정 2번과 3번에서 3점에 대한 파형의 선형성 측정 결과에 차이가 있다면 이유를 설명하시오.
3. 적분기를 구동하는 주파수는 얼마인가?
4. 커패시터 C의 값이 증가하면 적분기 출력전압이 감소하는 이유를 설명하시오.

실험 29

슈미터 트리거

실험목표

1. 연산증폭기 슈미터 트리거의 트립점을 관측한다.
2. 정현파로 슈미터 트리거를 구동시켜 구형파를 측정한다.
3. 연산증폭기 이장발진기를 사용하여 구형파를 발생한다.

가. 실험 내용

◎ 연산증폭기 슈미터 트리거

그림 29-1 (a)는 연산증폭기 슈미터 트리거 회로를 보여준다. 비반전입력에 정귀환(positive feedback)이 되어, 출력은 양이나 음의 전압으로 포화된다. 출력이 양으로 포화되어 있다고 가정하자. 그러면 비반전입력에는 양전압이 귀환된다. 이 양의 전압을 상위 천이점(upper trip point, UTP)이라 부른다. 반전 입력전압이 UTP보다 작은 동안에는, 출력전압은 양으로 포화된 상태를 유지한다.

입력전압을 천천히 상승시키면, 결국 UTP보다 더 큰 지점에 도달하게 된다. 이러한 경우에는 오차전압의 극성이 바뀌어, 연산증폭기를 음의 포화상태로 구동한다[그림 29-1 (b)]. 이제 출력이 음으로 포화 되면, 저항분배기가 음의 전압을 비반전입력에 귀환한다. 이 음의 전압을 하위 천이점(lower trip point, LTP)이라 부른다.

입력전압의 크기가 LTP 보다 더 작은 동안에는 출력이 음의 포화상태를 유지한다. 출력을 변하게 하는 유일한 방법은 입력전압의 크기를 LTP보다 크게 하는 것이다. 그러면 오차전압의 극성이 바뀌고, 그림 29-1 (b)에서 보이는 바와 같이 출력이 양의 포화상태로 다시 바뀐다.

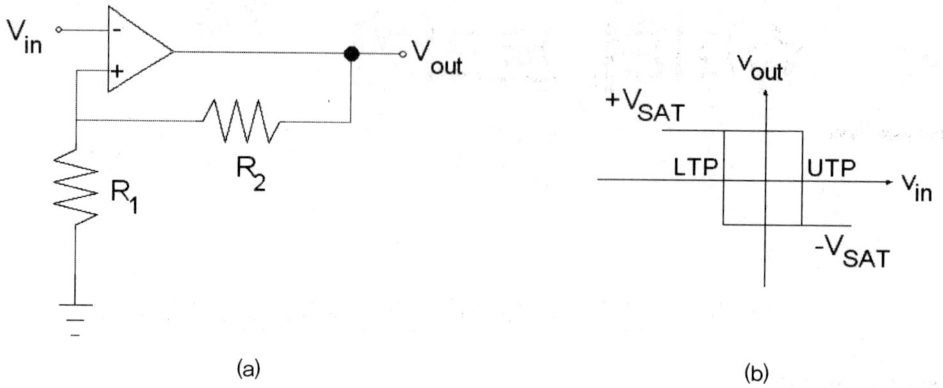

그림 29-1 (a) 연산증폭기 슈미터 트리거, (b) 입력-출력 특성

천이점을 계산하는 공식은 다음과 같다.

$$\mathrm{UTP} = \frac{R_1}{R_1 + R_2} V_{SAT} \tag{29-1}$$

$$\mathrm{LTP} = \frac{-R_1}{R_1 + R_2} V_{SAT} \tag{29-2}$$

구형파의 발생

구형파를 발생시키는 한 가지 방법은 최고치가 UTP보다 크고 최저치가 LTP보다 작은 정현파로 슈미터 트리거를 구동시키는 것이다.

한 예로서, 그림 29-2 (a)은 저항분배기에 같은 저항이 있는 슈미터 트리거를 보여준다. 이것은 UTP가 다음과 같다는 것을 의미한다.

$$\mathrm{UTP} = \frac{R}{2R} V_{SAT} = \frac{1}{2} V_{SAT}$$

마찬가지로, LTP는 $-V_{SAT}/2$와 같다. V_{SAT}가 12V이면, UTP는 +6 V이고 LTP는 −6 V이다. 만약 그림 29-2 (a)의 정현파가 +6 V보다 큰 최고치와 −6 V보다 작은 최저치를 갖는다면, 슈미터 트리거는 그림 29-2 (b)에 보이는 구형파를 발생시킨다. 입력신호의 모양은 중요하지 않다. 정현파 대신에, 슈미터 트리거를 구동할 수 있는 어떠한 주기적인 신호라도 그림 29-2 (b)와 비슷한 구형파를 만든다.

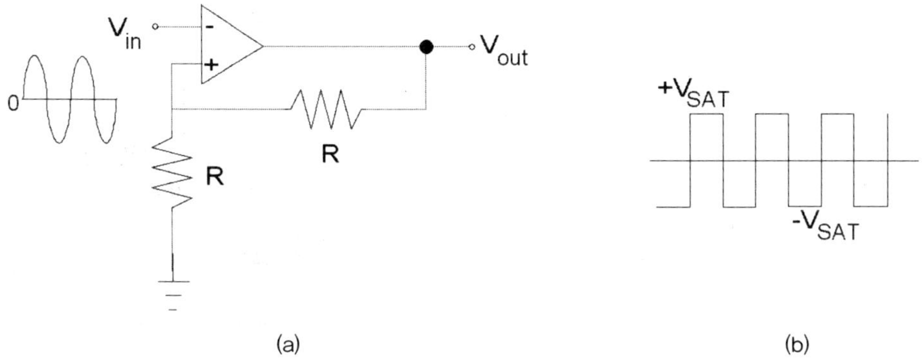

그림 29-2 정현파로 슈미터 트리거를 구동하면 구형파가 발생

이장발진기

그림 29-3 (a)는 이장발진기의 한 예로서, 출력주파수가 커패시터(또는 인덕터)의 충전과 방전시간에 의존하는 회로이다. 이 회로의 작동원리를 설명한다. 우선, 이 회로가 슈미터 트리거와 유사하다는 점을 유의하라. 저항분배기가 동일한 저항을 사용하므로, UTP는 $+V_{SAT}/2$이고 LTP는 $-V_{SAT}/2$이다. 통상의 슈미터 트리거처럼 외부 입력으로 구동되는 대신에, 그림 29-3(a)의 회로는 RC 회로에 의해 자체적으로 입력전압을 제공한다.

우선 전원이 공급되면 출력전압이 양으로 포화되어 있다고 가정한다. 저항분배기에 의해, $+V_{SAT}/2$이 비반전입력 쪽에 나타난다. 초기에 커패시터가 충전되어 있지 않다면 반전신호는 처음에 0 V에서 충전된다. 커패시터는 저항 R을 통해 지수함수적으로 충전된다. 커패시터전압이 UTP($+V_{SAT}/2$)보다 작은 동안에는, 출력이 양의 포화상태를 유지한다.

커패시터가 충전되어, 그 전압이 UTP보다 큰 값이 되면, 오차전압이 극성을 바꾸고 그림 29-3 (b)에 보이는 바와 같이 출력전압은 음의 포화상태로 바뀐다.

커패시터는 이제 지수함수적으로 방전된다[그림 29-3 (c)]. 커패시터전압이 LTP보다 큰 동안에는 출력전압이 음의 상태를 유지한다. 결국, 커패시터전압이 $-V_{SAT}/2$보다 작은 값으로 방전하게 되면 오차전압이 극성을 바꾸고 출력전압은 양의 포화상태로 되돌아간다.

그림 29-3 (b)와 (c)에서 볼 수 있는 바와 같이, 출력은 구형파이고 입력은 지수함수적인 삼각파이다. 출력구형파의 주파수는 다음과 같다.

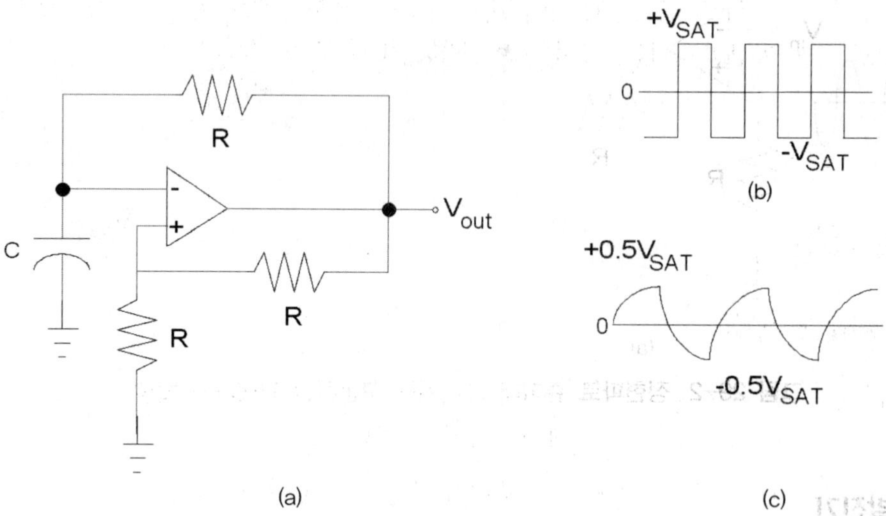

그림 29–3 연산증폭기 이장발진기. (a) 회로, (b) 출력전압, (c) 커패시터전압

$$V_c(t) = V_s(1-e^{-\frac{t}{RC}}) - \frac{1}{2}V_s e^{-\frac{t}{RC}} \tag{29–3}$$

$$\frac{1}{2}V_s = V_s(1-e^{-\frac{t}{RC}}) - \frac{1}{2}V_s e^{-\frac{t}{RC}}$$

$$\frac{t}{RC} = \ln 3,\ t = RC\ln 3,\ T = 2t$$

$$f = \frac{1}{T} = \frac{1}{2RC\ln 3} = \frac{0.455}{RC}$$

예를 들면, $R = 6.8\ \text{k}\Omega$ 이고 $\text{C} = 0.02\ \mu\text{F}$일 때 주파수는

$$f = \frac{0.455}{6.8(10^3)\times 0.02(10^{-6})} = 3.35\ \text{kHz}$$

이다.

◎ 요 약

1. 슈미터 트리거는 정현파입력을 구형파로 변환한다. 따라서 이 회로는 구형화회로 (squaring circuit)라고 부른다.
2. 연산증폭기 슈미터 트리거의 비반전 입력쪽으로 귀환되는 양전압은 상위천위점 (upper trip point, UTP)이고, 귀환되는 음전압은 하위천이점(lower tirp oint, LTP)이다.

3. 이장발진기는 커패시터의 충전과 방전속도에 의해 주파수가 결정되는 회로이다.
4. 연산증폭기 이장발진기는 정귀환을 이용하며 출력은 구형파이다.

나. 실험 과정

실험 장비 및 재료

- 전원공급장치 : 가변 직류전원원
- 장비 : 오실로스코프, 함수발생기, 디지털 멀티미터
- 저항 : 150 Ω, 820 Ω, 1 kΩ, 1.2 kΩ, 3.3 kΩ, 10 kΩ, 100 kΩ
- 커패시터 : 0.022 μF, 0.047 μF, 0.1 μF, 100 μF 50-V ;
- 반도체 : 2N3904 트랜지스터, 741 OP-AMP
- 기타 : SPST 스위치, 1 kΩ 가변저항

슈미터 트리거

1. 그림 29-4의 회로에 10 kΩ의 저항을 연결한다.
2. 오실로스코프로 출력을 관찰한다. 출력이 양으로 갈 때 까지 입력전압을 조정한다.
3. 출력이 음으로 갈 때까지 입력전압을 천천히 조정한다. 입력전압을 측정한다. 이 값을 표 29-1 UTP 아래에 기록한다.
4. 출력이 양으로 바뀌도록 다시 입력을 천천히 조정한다. 입력전압을 측정한다. 이 값을 LTP 아래에 기록한다(표 29-1).
5. 10 kΩ의 저항을 사용하여 그림29-5의 회로를 연결한다. 신호발생기를 1 kHz로 맞춘다. 슈미터 트리거의 출력단에 구형파가 나타날 때까지 신호크기를 증가시킨다.
6. 구형파발생이 멈출 때까지 신호크기를 천천히 감소시킨다.
7. 이 입력정현파의 첨두-첨두값을 측정한다. 이 값을 표 29-1의 V_{in} 아래에 기록한다.
8. 1 kΩ의 저항을 사용하여 과정 2에서 7까지 반복한다.

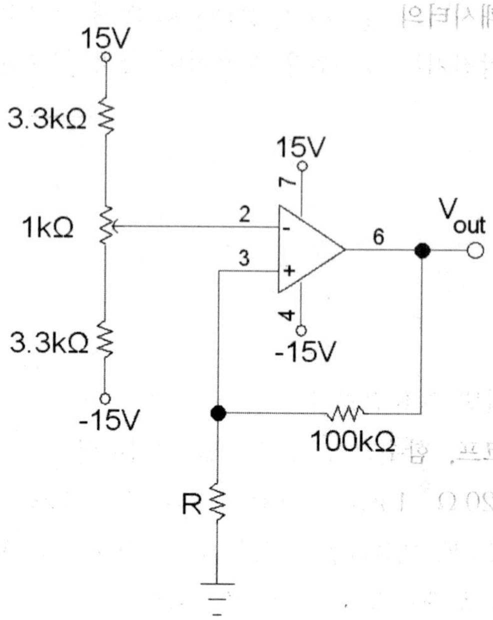

그림 29-4 슈미터 트리거

표 29-1 슈미터 트리거

R [kΩ]	UTP	LTP	v_{in} [V]
10			
1			

연산증폭기 이장발진기

9. 표 29-2에 기록된 각 커패시터 값에 대해 그림 29-6의 회로에서 발생하는 출력 신호의 주파수를 계산한다. 이 값을 표 29-2의 f_{clac} 아래에 기록한다.
10. 22nF의 커패시터를 사용하여 그림 29-6의 회로를 구성한다.
11. 오실로스코프로 구형파 출력을 관찰한다. 피크-피크 값을 측정한다. 이 값을 표 29-2의 V_{out}에 기록한다.
12. 출력주파수를 측정한다. 이 주파수를 표 29-2의 f_{meas} 아래에 기록한다.
13. 핀 2에 나타나는 지수함수적인 파형을 오실로스코프로 관찰한다. 첨두-첨두값을 측정한다. 이 값을 V_{in}에 기록한다.
14. 표 29-2에 보이는 다른 커패시터값에 대해서 과정 10에서 13까지를 반복한다.

표 29-2 이장발진기

C [μF]	f_{calc}	v_{out} [V]	f_{meas}	v_{in} [V]
0.022				
0.047				
0.1				

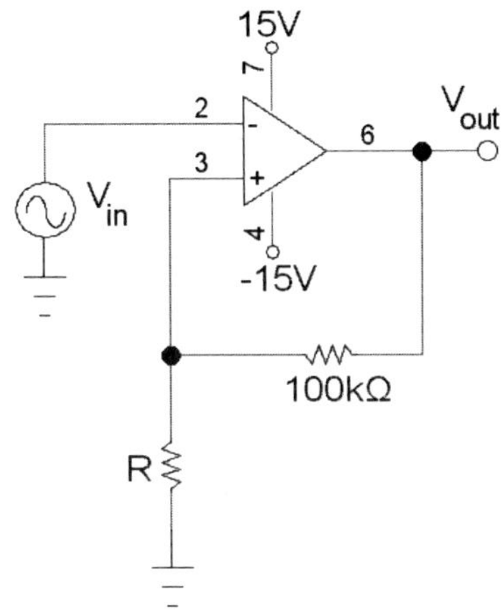

그림 29-5 정현파를 인가한 슈미터 트리거

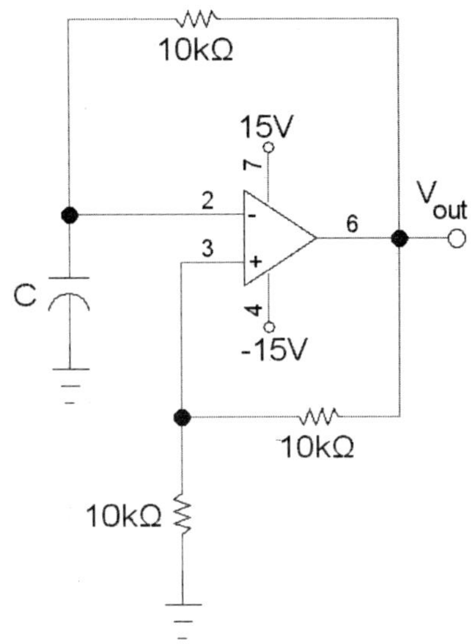

그림 29-6 이장발진기

다. 검토 사항

1. 표 29-2에서 측정된 값이 계산된 값과 다르게 나타나는 원인을 설명하시오.
2. 표 29-2에서 입력전압이 출력전압의 약 1/2이 되는 이유는 무엇인가?
3. 연산증폭기 슈미터 트리거에서 R이 10 kΩ보다 1 kΩ일 때 천이점이 가까워지는 이유를 설명하시오.
4. 연산증폭기 슈미터 트리거에서 V_{in}은 천이점과 관계가 있는가?

Multisim 사용방법

◎ 화면 메뉴

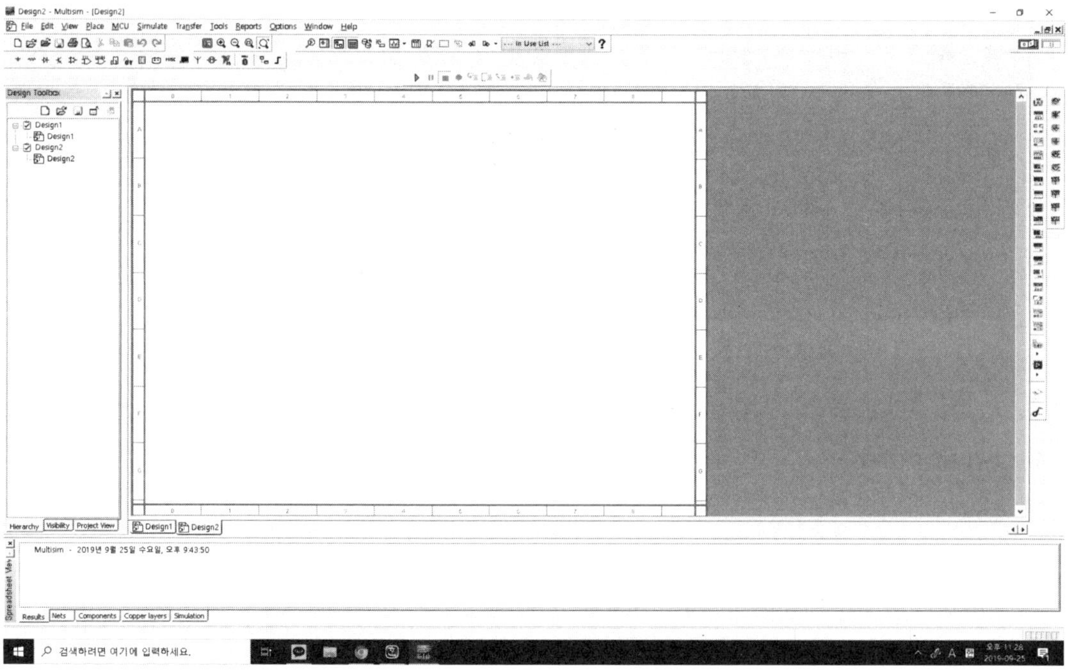

그림 1. 초기 multusim 화면

multiSIM에서 크게 8개로 분류 한다.

1. Standard Toolbar
2. Instrument Toolbar
3. Component Toolbar
4. Menu bar
5. Project bar
6. Circult window
7. Spreadsheet view
8. Graphic Annotation Toolbar

여기서

1 2 3번만 설명한다.

1. Standard Toolbar

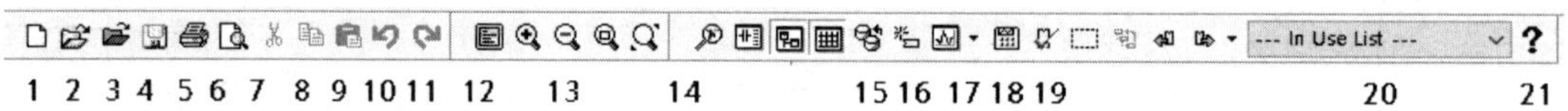

그림 2. Standard Toolbar

1. New : 파일을 새로 생성
2. Open : 저장된 파일 불러옴
3. sample open : 견본 파일을 불러옴
4. Save : 작업 저장
5. Print : 현재 도면 출력
6. Print preview : 도면 미리보기
7. Cut : 선택한 부분 잘라서 클립보드로 보냄
8. Copy : 선택 부분을 복사하여 클립보드로 보냄
9. Paste : 클립보드내용을 커서위치로 가져옴
10. Undo : 뒤로감기
11. Redo : 다시하기
12. Full Screen : 100%화면으로 봄
13. Zoom : 확대, 축소, 부분 지정, page에 맞게 조절
14. Find examples : 예시찾기
15. Database manager : 부품 데이터 관리

16. Create component : 부품 생성
17. Analyses : 모든 해석 화면에 표기
18. prcessor : 대화상자 표시
19. Electrical Rules Checking : 전기적 배선 체크
20. In use list : 회로에 사용된 부품 표시
21. Help : 도움말

2. Component Toolbar

그림 3. Component Toolbar

1. Source : 전원소자
2. Basic : 기본소자(R,L,C)
3. Diode : 다이오드 소자
4. Transistor : 트랜지스터 소자
5. Analog : 아날로그 소자(OP-AMP 포함)
6. TTL : TTL 소자
7. CMOS : COMS소자
8. Miscellaneous Digital : 기타 디지털 소자
9. Mixed : 혼합소자
10. Indicator : 표시소자(전압계 ,전류계 포함)
11. Power Component : 전원 부품소자
12. Miscellaneous : 기타 소자
13. Place Advanced Peripherals :
14. Place RF : RF소자
15. Place electromechanical : 전자기계소자
16. Place NI component : NI 부품소자
17. Place MCU : MCU소자
18. Place Hierarchical Block : 계층적 구조의 블록파일
19. Plcae Bus : 버스선

3. Instrument Toolbar

■ 장비 설명

그림 4. 측정 장비들

■ Multumeter(멀티미터)

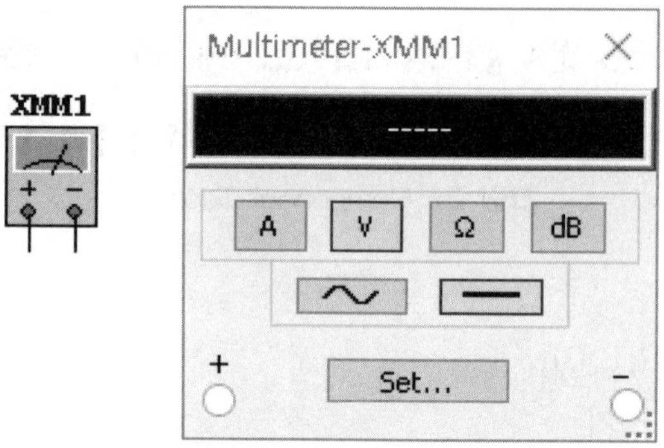

그림 5. 멀티미터 화면

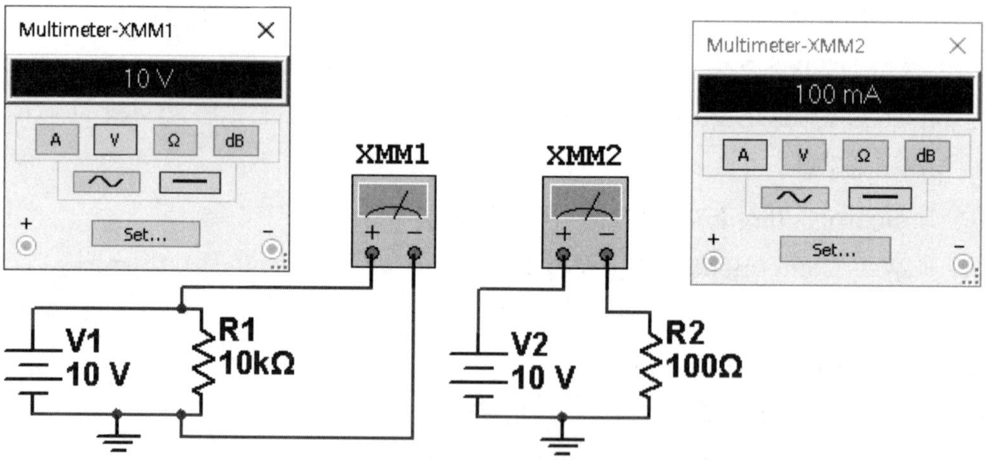

그림 6. 전압전류 측정방법

"A", "V", "Ω", "dB"를 측정할 수 있다.

dB 측정시에는 부하와 병렬로 연결하여 측정해야한다.

■ Function Generator(함수발생기)

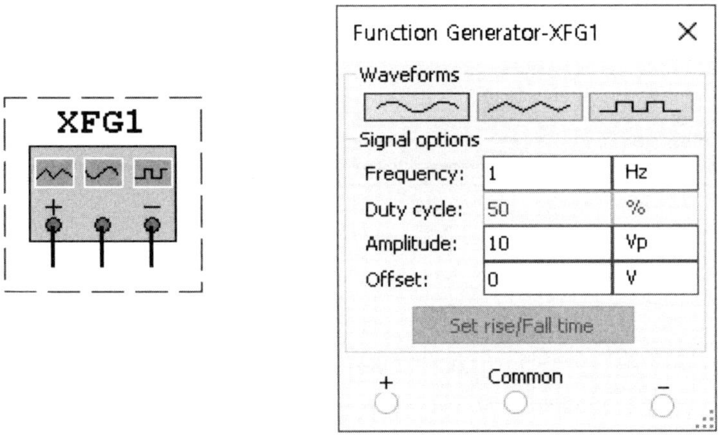

그림 7. 함수 발생기 화면

"+", "−", "common" 3개의 출력단자가 있고 "common"단자는 참조 레벨을 위한 중성점이다.

Waveform을 사인파 삼각파 구형파를 선택할 수 있고 Duty cycle을 조절하여 파형을 변경할 수 있다.

■ Oscilloscope(오실로스코프)

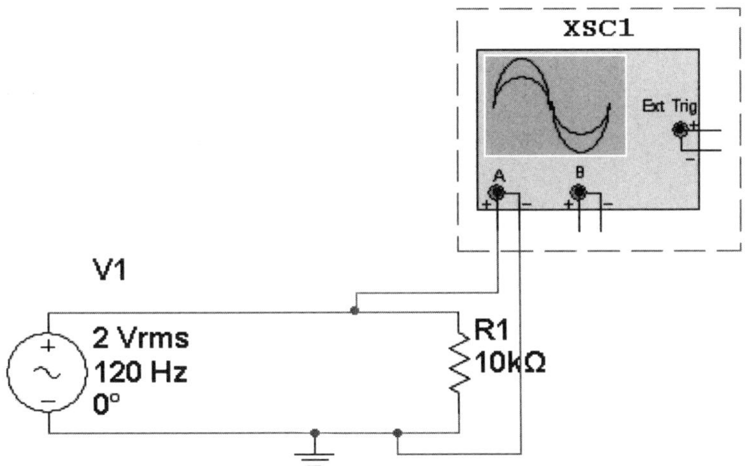

그림 8. 접지된 회로도 및 오실로스코프 측정방법

(−)단자는 회로도가 정상적으로 접지되었을 때 생략이 가능하다.

A B Trigger 단자로 구성되어있다.

회로도를 접지시키고 오실로스코프로 측정해야한다.

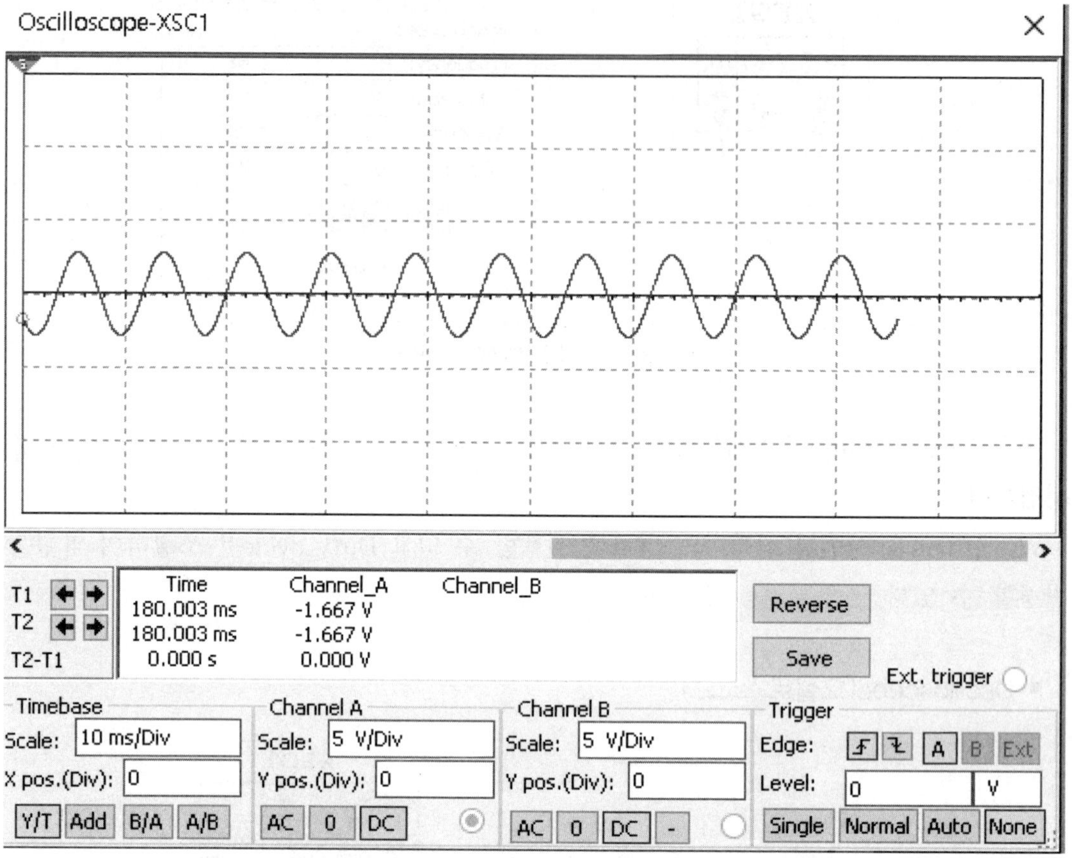

그림 9. 오실로스코프 출력 파형

Y/T : 진폭 대 시간

A/B : A 채널 대 B 채널

B/A : B 채널 대 A 채널

A/B, B/A는 frequency와 phase shift를 나타내는데, 이는 Lissajous pattern, hysterisis loop을 나타낼 수 있다.

■ 전압 전류 특성 곡선

1. Simulate → Analyses and simulation → DC Sweep 차례로 선택
2. source, start value, Stop value, Increment 입력
3. output에서 원하는 절점 번호를 추가

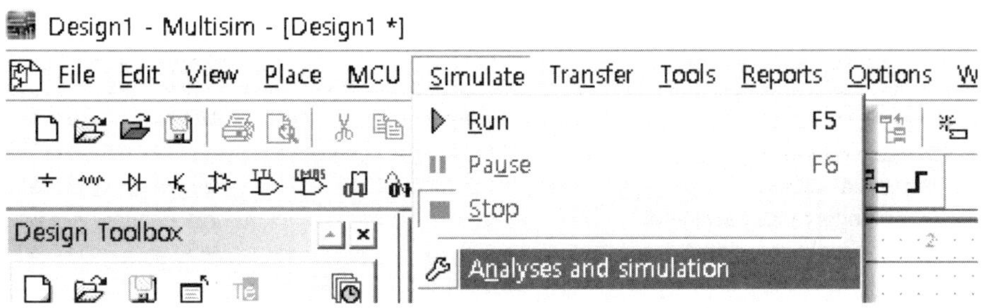

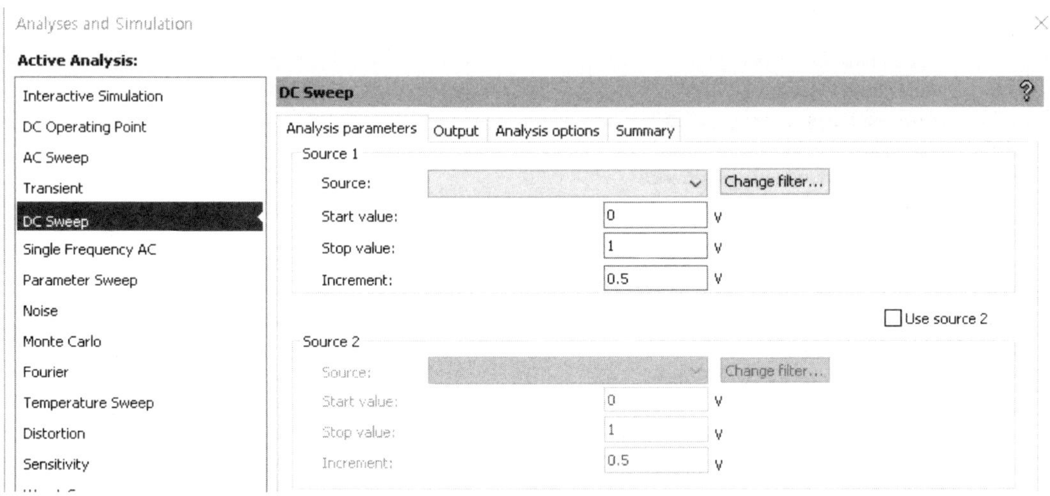

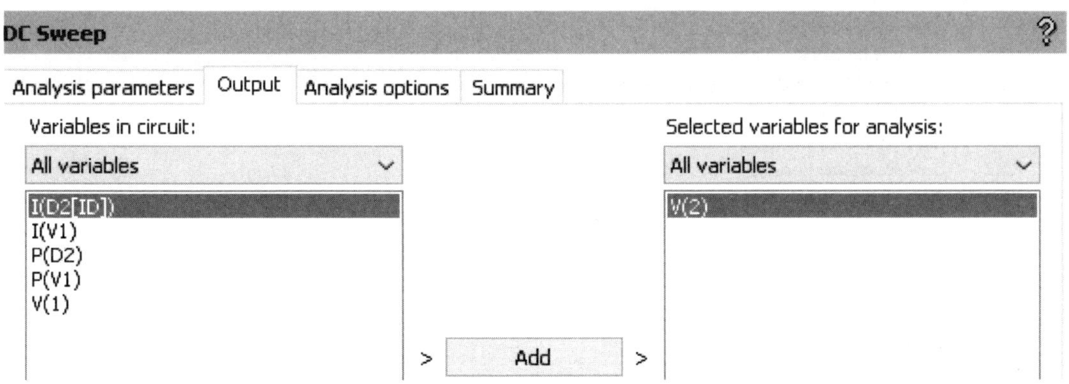

■ 소자값 변경

소자 클릭 시 세부정보가 나오며 세부 값을 수정 할 시 Edit model 클릭하여 문턱전압, 이동도, 온도, 산화막 두께를 조절할 수 있다.

Edit Model

Model

.model NMOS__TRANSISTORS_VIRTUAL__1 nmos   Tools ▾   Views ▾

Name	Description	Value	Units	Use default
Level	Device model level	MOS 1 (Level 1)		
VTO	Threshold voltage	0	V	☑
KP	Transconductance parameter	2e-5	A/V²	☑
GAM...	Bulk threshold parameter	0	V^0.5	☑
PHI	Surface potential	0.6	V	☑
LAM...	Channel length modulation	0	1/V	☑
RD	Drain ohmic resistance	0	Ω	☑
RS	Source ohmic resistance	0	Ω	☑
RG	Gate ohmic resistance	0	Ω	☑
RB	Bulk ohmic resistance	0	Ω	☑
RDS	Drain source shunt resistance	0	Ω	☑
CBD	Bulk-drain junction capacitance	0	F	☑
CBS	Bulk-source junction capacitance	0	F	☑
IS	Bulk junction saturation current	1e-14	A	☑
PB	Bulk junction potential	0.8	V	☑
CGSO	Gate-source overlap capacitance	0	F/m	☑
CGDO	Gate-drain overlap capacitance	0	F/m	☑
CGBO	Gate-bulk overlap capacitance	0	F/m	☑
RSH	Sheet resistance	0	Ω/sq.	☑
CJ	Bottom junction capacitance per area	0	F/m²	☑
MJ	Bottom grading coefficient	0.5		☑
CJSW	Side junction capacitance per area	0	F/m	☑
MJSW	Side grading coefficient	0.33		☑
JS	Bulk junction saturation current density	0	F/m²	☑
TOX	Oxide thickness	4e-9	m	☑
LD	Lateral diffusion	0	m	☑
U0	Surface mobility	600	cm²/...	☑
FC	Forward bias junction fit parameter	0.5		☑
NSUB	Substrate doping	0	1/cm³	☑
TPG	Gate type	1		☑
NSS	Surface state density	0	1/cm²	☑
TNOM	Parameter measurement temperature	27	°C	☑
KF	Flicker noise coefficient	0		☑
AF	Flicker noise exponent	1		☑
L	Length	100e-6	m	☑
W	Width	100e-6	m	☑
WD	Lateral diffusion (Width)	0	m	☑
N	Bulk P-N emission coefficient	1		☑
JSSW	Bulk P-N saturation sidewall current/le...	0	A/m	☑

참고문헌

1. 알기 쉽게 풀어쓴 전자회로, 제2판, 정규범저, 문운당, 2021년
2. 전자회로, 제10판, Thomas L. Floyd, 손상희외 번역, 퍼스트북, 2019년
3. 알기쉬운 전자회로, 박송배저, 문운당, 2019년
4. 단계별로 배우는 전자회로실험, 이강윤저, 한빛아카데미, 2017년
5. Multisim으로 배우는 전자회로실험, 김동식저, 생능출판, 2016년
6. FLOYD 전자회로실험, 제8판, D. M. Buchla 외, 강문삼외 옮김, Pearson
7. 기초전자회로실험, Boylestad 외, 남춘우역, 도서출판 인터비전, 2001년
8. Basic electricity a text-lab manual, 7판, Zbar 외, Mc Graw Hill, 2001년

반도체공학도를 위한
전자회로실험

초판인쇄 | 2021년 11월 19일
초판발행 | 2021년 11월 25일

저　　자 | 김정규·박기철
발 행 인 | 이성범
발 행 처 | 문운당
주　　소 | 서울시 종로구 혜화로5길 16 (명륜1가 45-3)
전　　화 | (02)762-6010
팩　　스 | 영업 (02)745-0265 / 편집 (02)762-8758
이 메 일 | 영업 munun2@chol.com
편집 mundang@naver.com
홈페이지 | http://munundang.co.kr

ISBN 979-11-5692-588-0 93560

정가 21,000원